江苏省"十四五"时期重点出版物出版专项规划项目

螺旋气动雾化控尘技术理论基础与应用研究

荆德吉　张　天　著

中国矿业大学出版社

·徐州·

内容提要

本书重点对风幕控尘理论，雾化控尘理论，螺旋气动雾幕形成机理、控尘机理等方面进行了系统的分析和研究。本书在粉尘污染综合治理的湿式降尘雾化方式的选择、利用多种雾化方式形成螺旋气动控尘雾幕以及达到工业应用水平和良好控尘效果等方面成果丰硕，对我国矿山灾害治理、安全科学技术等领域中粉尘污染的控制具有重要指导意义。

本书对从事安全科学技术、矿山灾害治理、粉尘污染防治、喷雾技术等方面研究和相关喷雾降尘装置研发、项目管理、工程管理等方面的专业技术人员，以及普通高等院校安全工程专业的师生具有使用、参考价值。

图书在版编目(CIP)数据

螺旋气动雾化控尘技术理论基础与应用研究 / 荆德吉，张天著.—徐州 ：中国矿业大学出版社，2022.5

ISBN 978-7-5646-5155-8

Ⅰ.①螺… Ⅱ.①荆…②张… Ⅲ.①除尘设备—研究 Ⅳ.①X701.2

中国版本图书馆CIP数据核字(2021)第279105号

书　　名 螺旋气动雾化控尘技术理论基础与应用研究

著　　者 荆德吉　张　天

责任编辑 章　毅

出版发行 中国矿业大学出版社有限责任公司

(江苏省徐州市解放南路　邮编221008)

营销热线 (0516)83884103　83885105

出版服务 (0516)83995789　83884920

网　　址 http://www.cumtp.com　**E-mail**:cumtpvip@cumtp.com

印　　刷 江苏淮阴新华印务有限公司

开　　本 787 mm×1092 mm　1/16　**印张** 17.25　**字数** 338千字

版次印次 2022年5月第1版　2022年5月第1次印刷

定　　价 68.00元

作者简介

荆德吉，男，1984 年 3 月生，辽宁抚顺市人，副教授，博士后，博士生导师。2013 年 6 月获辽宁工程技术大学安全技术及工程专业博士学位，2013 年 9 月至 2014 年 9 月于山西省吕梁市霍州煤电集团木瓜煤矿任矿长助理（挂职锻炼），是辽宁省百千万人才工程万人层次人选、中国职业安全健康协会通风安全与健康专业委员会青年常委、辽宁工程技术大学首批“双一流”学科建设创新团队“智能化高效节能粉尘治理装备研发创新团队”负责人。主要从事粉尘防治理论及技术的研究工作。主持国家自然科学基金青年科学基金项目 1 项、辽宁省自然科学基金面上项目 2 项、辽宁省教育厅基金项目 2 项等，发表学术论文 50 余篇，其中 SCI、EI 检索 10 余篇，授权发明专利 11 项，获省部级二等奖 2 项。

张天，男，1992 年 8 月生，辽宁阜新市人，工学博士，讲师。2021 年 6 月获辽宁工程技术大学安全技术及工程专业博士学位，是中国职业安全健康协会通风安全与健康专业委员会青年委员、辽宁工程技术大学首批“双一流”学科建设创新团队“智能化高效节能粉尘治理装备研发创新团队”成员。主要从事超音速同轴气动雾化喷雾、气动旋射流喷雾、螺旋气动喷雾、感应荷电水雾、负压卷吸雾幕、磁化及化学等控尘机理及应用的研究。参与国家自然科学基金面上项目 1 项、国家自然科学基金青年科学基金项目 2 项、辽宁省自然科学基金面上项目 2 项、辽宁省教育厅基金项目 2 项。发表学术论文 10 余篇，其中 SCI、EI 检索 6 篇，授权发明专利 3 项，获省部级二等奖 2 项。

前　言

粉尘是一种可进入人体呼吸道引发中毒、造成职业性疾病、引发爆炸、破坏电气设备等危害的细颗粒污染物，而我国存在粉尘危害的行业众多，长期以来包括粉尘爆炸事故、职业性尘肺病等呈高发势态。目前，湿式喷雾的粉尘污染治理方法成本低廉、作用效果好，但存在对粉尘捕集效率低、能耗成本高、喷头易堵塞、现场适用性差等问题。随着国内外学者在湿式雾化降尘方面的深入研究，逐步提出了一些新型的喷雾技术，其中具有代表性的就是螺旋气动雾化控尘技术。作为一种新型的喷雾降尘技术，国内外相关的基础性研究较少，基础理论和研究手段有待进一步发展和丰富。

该技术的核心理论为多种雾化机理、雾滴旋转扩散运移机理和雾滴与粉尘的耦合作用过程的动力学特性，主要涉及流体力学、射流力学、喷射技术理论、多相流等多学科领域，螺旋气动雾化控尘技术的理论基础、应用及工程建设研究是一个综合性较强的研究课题。因此，在多种雾化方式的选择、利用多种雾化方式形成的喷雾系统产生螺旋气动效果、令螺旋气动过程达到工业应用水平和较好的实际控尘效果等方面的研究对我国矿山灾害治理、安全科学技术等领域和各行业中粉尘污染的控制具有重要意义。多喷头系统形成的螺旋气动雾化控尘及其相关联合技术的快速发展，有望解决低能耗、高稳定性降尘和复杂工业环境中的高效控尘问题。

基于此，在本书中集中展示了辽宁工程技术大学智能化高效节能粉尘治理装备研发创新团队，以矿山热动力灾害与防治教育部重点实验室为依托，经过数年的研究，在螺旋气动雾化控尘技术理论基础、应用及工程建设方面的丰硕成果。本书利用理论分析、数值模拟、实验室相似性实验、现场工业性试验等方法，对螺旋气动雾化控尘及其相关联合技术展开了大量研究。从形式上采用了图文结合的方式，大量减少了公式的累积篇幅，聚焦技术的基础研究和应用研究，着眼于现场实际粉尘污染特性，力求反映对螺旋气动雾化控尘技术的科学性、系统性和实用性的研究成果。本书对从事安全科学技术、矿山灾害治理、粉尘污染防治、喷雾技术等方面研究和相关喷雾降尘装置研发、项目管理、工程管理等方面的专业技术人员，以及普通高等院校安全工程专业的师生具有使用、参考价值。

本书共三篇，主要内容如下。

第一篇为综述，主要论述了风幕控尘理论的研究现状、雾化控尘理论的研究现状、气动喷雾捕尘理论国内外研究现状、湿式降尘雾化技术研究进展、高压喷雾的国内外研究现状和空气辅助雾化的国内外研究进展。

第二篇为螺旋气动雾化控尘技术理论数值模拟与实验研究，包含 3 章内容。主要分为两大部分，分别为基于高压喷雾的螺旋气动雾化控尘技术和基于气动喷雾的螺旋气动雾化控尘技术，其中螺旋气动雾化控尘技术又包含了最新型的超音速螺旋雾化控尘和多喷嘴联合气动螺旋控尘的相关技术研究。研究涉及雾化过程的机理、雾化场的特性分布规律，包括喷雾供给压力、喷雾角度、喷雾距离等影响下的雾滴速度、粒径、浓度等分布规律。并深入研究其控尘特性，诸因素与降尘效率的关系，形成全面的多喷嘴、多种喷雾技术共同组成的螺旋气动雾化控尘技术理论体系。进一步利用数值仿真技术、相似性实验等手段，对煤矿井下综掘面、综采面高压螺旋气动雾幕雾化特性进行数值仿真研究，通过对煤矿井下掘进工作面螺旋气动雾幕的模型建立研究掘进工作面螺旋气动雾幕的形成特性和机理。通过建立多层螺旋雾幕装置除尘实验系统，对螺旋气动雾幕装置的除尘性能进行系统的实验研究，得到多气动喷嘴联合螺旋雾幕形成机理和影响规律、多气动喷嘴螺旋耦合控尘工业应用特性。

第三篇为螺旋气动雾化控尘技术的工业应用研究，包含 2 章内容。第 5 章为得到螺旋气动雾化控尘技术的工业应用研究特性，对应用场所粉尘运移扩散特性进行分析，包括了煤矿井下采煤工作面、掘进工作面粉尘运移规律扩散特性的分析，根据模拟结果搭配综掘工作面粉尘浓度扩散规律，分析综掘工作面粉尘浓度进而研究螺旋气动雾化控尘系统工程的应用。第 6 章为螺旋气动雾化控尘技术工业性的应用研究，主要为煤矿井下若干现场工程的应用研究。首先利用现场试验和测定，分析测试了煤矿井下工程现场的粉尘特性，得到采煤工作面和掘进工作面现场的粉尘特性，根据不同工作面影响因素对粉尘分布的影响规律、采煤机滚筒及支架移动产尘运动机理和掘进工作面粉尘运移规律，建立了采煤工作面、掘进工作面螺旋气动雾幕联合通风方式控尘实验系统，并依托研究项目在煤矿井下建立了回风顺槽超音速螺旋气动雾化控尘系统，进行了工程应用研究，建立了回风顺槽随变电列车移动式超音速全断面螺旋气动控尘雾幕的示范工程应用，研究得到现场应用特性和控尘效果。

为本书编写做出巨大贡献的单位有辽宁工程技术大学、太原理工大学、国家卫生健康委职业安全卫生研究中心、国家能源集团国神集团等众多单位，在此全体编写人员向上述单位表示诚挚的谢意！

本书研究基础内容是由辽宁工程技术大学智能化高效节能粉尘治理装备研

发创新团队和矿山热动力灾害与防治教育部重点实验室三届研究生在校期间的研究与项目成果组成，整体内容体现了全体研究人员和合作单位的智慧，凝聚了编写人员（荆德吉，张天，葛少成，陈景序，黄志辉，杨琳，孟祥曦，马明星，任帅帅，刘鸿威，蒋卓，于涛）的心血。但由于螺旋气动雾化控尘技术发展时间尚短、技术设计面广、研究条件有限，数据难免存在误差，编写内容难免有纰漏之处，敬请广大读者批评指正，以期在本书再版时补充和修正。

著者

2022 年 4 月

目　　录

第一篇　综　　述

第二篇　螺旋气动雾化控尘理论数值模拟与实验研究

第三篇 螺旋气动雾化控尘技术的工业应用研究

第一篇

综　　述

第 1 章　煤矿粉尘污染湿式降尘治理方法及研究进展

1.1　煤矿粉尘污染危害

1.1.1　职业性尘肺病现状

据世界卫生组织最新报道，虽然直径为 20 μm 或更小（≤PM_{10}）的粉尘都可威胁人体安全，但更为有损健康并渗透及嵌入肺脏深处的则是那些直径为 10 μm或更小（≤$PM_{2.5}$）的呼吸性粉尘，如 $PM_{2.5}$，只有人类头发直径的 1/60～1/40，可以透过肺屏障进入人体血液系统。与它们长期接触会加大患心血管、呼吸道疾病以及肺癌的风险。针对 $PM_{2.5}$，《世界卫生组织关于颗粒物、臭氧、二氧化氮和二氧化硫的空气质量准则》设定最高安全水平是年平均浓度为 10 $\mu g/m^3$ 或更低，全世界约有 90％的人呼吸的是被污染的空气[1]。根据《中华人民共和国 2020 年国民经济和社会发展统计公报》可知，在监测的 337 个地级及以上城市中，全年空气质量达标的城市占 59.9％，未达标的城市占 40.1％。细颗粒物（$PM_{2.5}$）未达标城市（基于 2015 年 $PM_{2.5}$ 年平均浓度未达标的 262 个城市）年平均浓度为 37 $\mu g/m^3$。

尘肺病是我国目前最严重的职业病。尘肺病发病人数占职业病发病总人数的 85％左右，我国 2019 年职业病发病总人数已超过 97.5 万例，其中职业性尘肺病发病人数为 87.3 万例，2007—2019 年我国新发尘肺病人数及占职业病总人数比例如图 1-1 所示。

从图 1-1 中可以看出，职业性尘肺病的患病人数由 2007 年的 10 963 人增长到了 2016 年的 28 088 人。随着国家对尘肺病重视程度增加，2017—2019 年新发尘肺病人数开始下降，但在 2020 年 6 月国家卫生健康委公布数据显示，2019 年新发尘肺病人数为 16 898 人（新发职业病人数为 19 428 人），新发尘肺病占比为 86.98％，回弹到 2010 年水平。

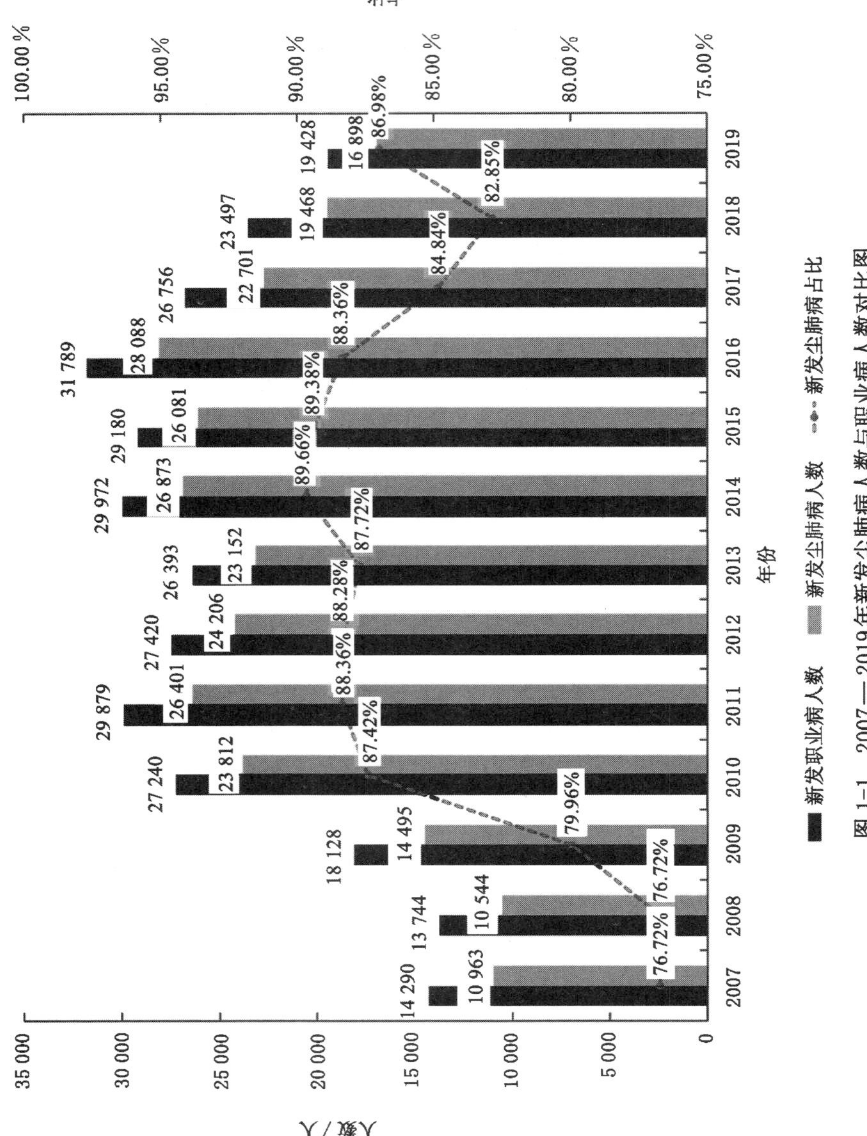

图 1-1　2007—2019年新发尘肺病人数与职业病人数对比图

如图 1-2 所示，据《中华人民共和国 2005—2020 年国民经济和社会发展统计公报》报道：2019 年全年各类生产安全事故共死亡 29 519 人，煤矿百万吨死亡人数为 0.083 人，比 2018 年下降 10.8%；2020 年全年能源消费总量为 49.8 亿吨标准煤，比 2019 年增长 2.2%。煤炭消费量增长 0.6%，煤炭消费量占能源消费总量的 56.8%。表明煤炭仍为我国能源消费结构的主要部分。

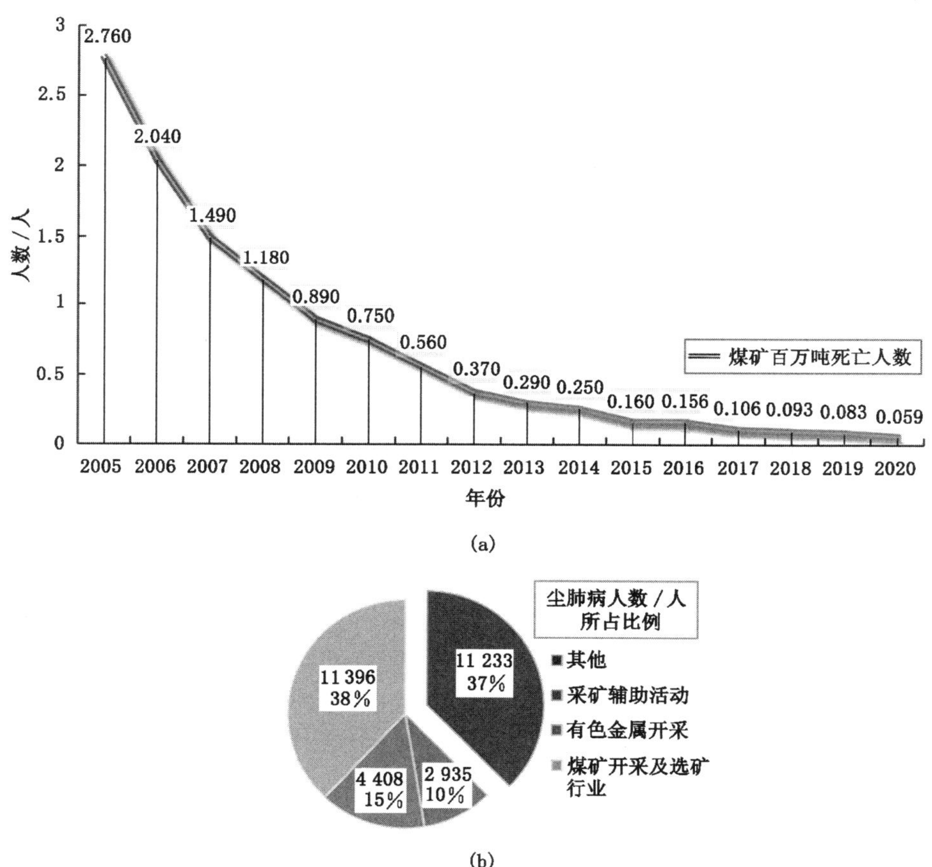

图 1-2　2005—2020 年煤矿百万吨死亡人数与新发尘肺病行业构成

(a) 煤矿百万吨死亡人数；(b) 新发尘肺病行业构成

同时，2020 年全年各类生产安全事故共死亡 27 412 人，煤矿百万吨死亡人数为 0.059 人，比 2019 年下降 28.9%。从 2005 年至 2020 年，煤矿生产事故总死亡人数由 5 986 人下降至 228 人，煤矿百万吨死亡人数由 2.760 人下降至 0.059人，表明我国矿山安全生产水平逐年提升。然而与之相反的是，矿山尘肺病人数仍然占尘肺病总人数的63%，表明尽管矿山安全生产事故死亡人数逐年下降，但因职业性尘肺病在我国煤炭等企业中重视程度不足，实际的呼吸性粉尘治理效果与总体煤矿安全状况相比很差[2]。

2019年4月28日国家卫生健康委办公厅印发了《国家卫生健康委办公厅关于在矿山、冶金、化工等行业领域开展尘毒危害专项治理工作的通知》，组织研发典型职业病危害作业预防控制关键技术与装备，以采掘工作面为防治重点，大力推广先进适用技术装备，推动淘汰煤矿职业病危害防治落后工艺、材料和设备[3]。据相关资料显示，我国存在粉尘危害的行业领域众多、涉及面广，长期以来，所引发的尘肺病、职业性中毒仍呈现高发势态[4]。

究其原因，呼吸性粉尘是空气动力学直径在10 μm以下的细颗粒污染物，可进入人体呼吸道深处，因其非光滑表面的特点，常附着有“毒害”成分，与之发生一些复杂的化学反应，易随风流扩散、运移，难以靠重力沉降[5-6]。而依靠现有湿式治理方式如高压喷雾、干雾抑尘、洒水降尘等，捕捉难度大、捕集效率低、成本高，并且在矿山、冶金、化工等行业的治理中，现场环境恶劣，风流扰动强，设备、工艺复杂，这些湿式降尘方式的适用性、稳定性差[7]。因此，在恶劣条件下呼吸性粉尘如何高效、稳定降除成为亟待解决的重要问题。

1.1.2 呼吸性粉尘治理难点

如图1-3所示，从呼吸性粉尘的形成和生长机制来讲，主要可分为四种模态[8]：核模态、爱根模态、积聚模态、粗模态。核模态和爱根模态颗粒物以空气动力学直径小于0.1 μm颗粒物为主，大气中的核模态主要来自可燃物的燃烧和氧化，少部分来自机械过程，爱根模态一部分来源于核模态的凝并。积聚模态颗粒物空气动力学直径主要在0.1～2.5 μm之间，除上述两种生成方式外，还来自核模态颗粒物的相互碰撞、凝并和生长。因这三种尺寸的颗粒物粒径同样小，靠重力沉降作用都极不明显，均会长时间悬浮在空气中，对大气污染最为严重也最不容易治理，因此核模态和积聚模态分布被相关研究者称之为“双模态”，而治理“双模态”颗粒物的常规策略是令它们继续凝并、生长成为空气动力学直径在2.5 μm以上的“粗模态”再进一步处理。

然而，在自然条件下，由“双模态”颗粒物向“粗模态”转化十分困难，任由其进入大气后，对区域环境污染严重，极大地威胁着人体的健康[9]。为保障生命健康和生态环境，必须从呼吸性粉尘源头治理入手，针对源头处PM_{10}以下粉尘的清洁高效润湿，促进其凝并、生长的研究十分必要。尤其国家“十四五”规划也指出了“推动绿色发展，坚持节约优先”，加强细颗粒物控制，推动煤炭等行业清洁生产与智能高效开采，强化源头预防[10]，界定了“节能高效”的呼吸性粉尘源头控制方针。研究生产环节对呼吸性粉尘的高效捕集对提高矿山、冶金、火力发电

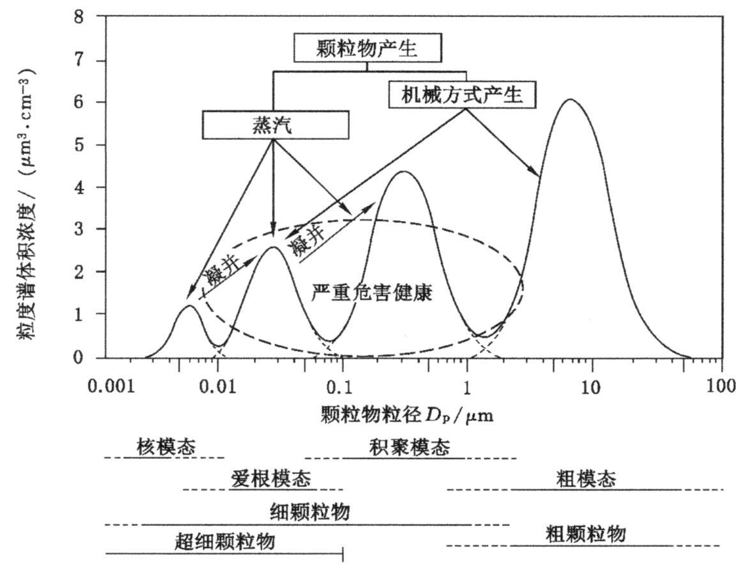

图1-3　呼吸性粉尘粒径分布及来源

等行业安全生产、工人健康具有重要意义，有利于环境保护和增加社会效益。

呼吸性粉尘运动时受空气阻力小更易扩散，易跟随气流轨迹流线运动，难以通过自身重力摆脱，而喷雾降尘方式多数因雾化效率差、捕尘动力弱，水雾捕尘时捕集效率低，难以形成对其有效的凝并和增长，很多传统除尘方式在实际应用中并不理想。只有找到能有效抑制其扩散和高效捕集的雾化治理方式，才能实现对呼吸性粉尘的有效治理。又因部分矿山地区环境条件复杂，如高海拔区域空气密度低、大气压力小，雾化时气液相间作用力弱，雾化效率差；如部分地区蒸发量大、空气寒冷干燥容易产生二次扬尘、湿式降尘水雾蒸发快，治理环境对除尘方式影响大[11-12]，系统不能稳定高效运行，需要研究一种高效雾化的、稳定的、适用性强的雾化降尘方式。

空气动力学气液两相喷雾是应用在除尘领域中重要的细雾化喷雾方式之一[13]，它相比高压雾化和超声雾化方式动力更强、喷雾量更大、射程更远、覆盖范围更大，受风流扰动影响较小，蒸发量大时，能形成饱和水蒸气雾池促进粉尘的凝并，较其他除尘方式更具优势[14]，但在强环境风流扰动条件下，其雾化射程和喷射效率会降低，使能耗增加，尽管降尘效果不错，但对呼吸性粉尘的捕集效率仍存在很大不足，实际应用效果并不理想[15-16]。探究如何在强环境风流扰动等条件下，采用气液两相雾化方式对呼吸性粉尘达到高效节能治理效果具有重要意义。此间需要研究高效雾化的气液两相雾化作用机理、能量迁移规律，通过增强作用效率、减少非必要能耗来提高节能水平。

1.2 粉尘运移动力学理论研究进展

现阶段，大多数产煤国家诸多学者采用理论研究、实验研究和数值模拟相结合的方法对粉尘颗粒运动情况进行研究，并结合现场测定的方式研究验证了地下矿井内粉尘污染扩散迁移规律。*The Mechanics of Aerosols* 第一次提出“气溶胶力学”[17]，以粒子动力学理论为背景对粒子在流体中的运动轨迹进行研究分析，得出了固体粒子在风流场中的运动、迁移及沉积规律。W.G.Courtney 等[18]针对空气中可吸入粉尘颗粒在巷道壁面上的沉降规律进行研究，指出沉积速率在数量上与斯托克斯沉降速率相当，而与相对湿度无关，并总结出了粉尘沿程浓度分布表达式。J.F.Colinet 等[19]研究指出工作面粉尘在通风条件下的运动规律，指出工作面风速是主要影响因素。前人的研究成果显示，风速是粉尘扩散运动的必要条件，并根据实验推导出粉尘分布规律的预测数学模型，指导粉尘在气流场中扩散迁移理论的发展进步。

因粉尘颗粒在气相流场中的运动可用气固两相流的数学模型描述，20 世纪初一些著名的物理学家对球形颗粒在输送过程中的经典受力问题进行分析，并提出了著名的斯托克斯公式[20]。1910 年，L.F.Richardson 给出了一种基于拉普拉斯方程迭代的解法，为今后数值分析中的偏微分方程发展构筑了一定的基础，使研究者在数值计算分析的道路上更进一步[21]。随着湍流理论、多相流理论和计算流体力学理论的高速发展，以及后来高速计算系统的推出，计算流体力学的数值分析法被广泛应用在各种工程领域中，促进了颗粒流迁移扩散在计算流体力学应用领域中的发展进程[22]。20 世纪 60 年代末，S.L.Soo 打破常规，基于双流体理论首次将粉尘颗粒群作为连续的对象进行了分析，将颗粒团采用气体-颗粒固相的运动模型描述，并在模型中添加了气固两相间相对滑移和扩散迁移[23]。1986 年，R.Bhaskar 等[24]基于现有研究成果，针对球形颗粒在气相流体中的运动规律进行分析总结，同时依托所获得研究结果总结了稳态条件下的一维颗粒扩散方程，并用有限差分法进行求解计算。M.I.Cantero 等[25]基于计算流体力学中的平衡欧拉方法对高雷诺数流动条件下的二维两相流模型进行模拟，获得了粒子惯性对颗粒沉降的影响规律。

自 20 世纪 80 年代后国内学者针对井下粉尘扩散污染情况相继展开了分析研究。李恩良等[26-27]基于紊流传质理论针对井巷气相湍流传质过程中的粉尘等有害污染物的质量传递和动量传递进行了探究，遵循 Fick 和 Boussinesq 假设建立紊流传质三维各向异性模型，给出了污染物在井巷紊流传质过程中弥散系数的方程式。杨胜来[28]用气-固两相流理论分析了综采工作面空间的粉尘分布，采用有限容积法求解微分方程组，模拟分析了综采工作面三维粉尘紊流流动规律。刘毅等[29]以计算流体力学气-固两相流粉尘颗粒的扩散理论为基础，基于流体力学FLUENT模拟软件中欧拉-拉格朗日粒子运动模型，分别以胶带运输巷振动扬尘、综采工作面割煤过程中、多尘源点综放工作面的粉尘运动为研究对象进行了仿真分析，并采用现场实测与仿真分析结合的方法对尘源点提出整改意见。葛少成等[30]对粉尘尘源点粉尘的析出及扩散规律进行了理论与数值仿真分析，并提出了诱导气流理论，研究认为当胶带输煤系统工作时，胶带牵引物料造成后端空气发生挤压而产生了随胶带运动方向的气流，气流卷吸由胶带震动或碰撞产生的粉尘发生扩散，并依据气-固两相流理论分析了颗粒的受力状况、迁移及分布规律。

近年来，张大明等[31]对煤尘颗粒在气相流场条件下的运移规律进行了动力学分析研究，获得了球状煤尘颗粒沉降运动力学模型，并对沉积煤尘粒子在不通风流场条件下的气固耦合运动进行了模拟与重建，获得了煤尘颗粒属性与颗粒气动风速之间的数学关系。秦跃平等[32]基于离散相的气-固两相流模型对综掘工作面粉尘质量浓度分布特性进行研究，得到了不同气相湍流流场影响区域的粉尘分布规律；并对所提出的基于压风分流的通风除尘方式进行模拟分析验证，研究指出压入式通风和压风风流式通风除尘技术可以有效降低综掘工作面沿程粉尘质量浓度分布。胡方坤等[33]借助FLUENT建立了巷道全尺寸模型，对比前人研究结果，基于离散相模型对综掘工作面压入式通风条件下煤（岩）粉尘的产生及其在巷道内部的迁移规律进行分析。N.Wei等[34]首先对气相流体中粉尘进行受力分析及理论方程建立，并基于欧拉-拉格朗日方法构建了描述全机械化工作面中气流-粉尘颗粒迁移的数学模型，获得了不同通风条件下的气流迁移和粉尘扩散规律，并通过在现场测量和数值仿真结果对比来验证数学模型与各相关参数设置的有效性。

1.3 粉尘防治技术概述

国外主要产煤国家开展粉尘污染治理的研究工作较早，主要产煤国家针对掘进过程中粉尘污染的治理手段主要依靠雾化降尘、通风除尘、化学抑尘及煤层注水[35]。实际生产过程中最有效、最易于实施的治理方法是喷雾降尘，但介于井下煤尘自身的疏水特性及普通水喷雾所形成的雾滴粒径较大，使得传统水喷雾降尘效率较低，且对水质有一定要求，大面积喷雾同时亦会导致工作环境恶化，而现今喷雾技术的进步，各种新型雾化除尘技术的使用使得降尘效果大幅提升；化学抑尘成本较高，试剂制备较为困难；通风除尘对除尘风机的吸入和净化能力有一定要求且因设备复杂、噪声大，高瓦斯及突出矿井中存在一定的安全隐患，故而使用受到一定的限制；煤层注水工艺系统复杂难度大，注水工作量巨大且受煤质条件限制，当孔隙率或破碎煤层低于 4% 的区域进行注水时难度巨大[36]。

针对地下矿井掘进工作面粉尘污染较多采用通风除尘技术，大多数矿井根据现场连续开采环境及工作条件，针对现有通风系统的气流形态和呼吸性粉尘的扩散特性进行研究分析，设置合理的通风方式和降尘策略，实施新策略可以有效地解决地下工作环境中尘源点产生的粉尘[37]。或通过利用巷道顶部的附壁压风风筒（多径向螺旋气幕发生器）形成螺旋推进的风流，这样的螺旋气流在巷道内形成了一面空气幕墙，然后在抽风风筒尾端增加除尘风机对含尘气流收集处理；或设置混合通风系统及在掘进机上安装风幕系统，即使用风幕系统进行矿井阻尘系统实验[38]。虽然国内对综掘工作面的防尘技术进行了一系列的研究，但总体而言，我国煤矿井下现有除尘设备较老，多是国外引进或自主开发设计的，而随着科技的发展及相关安全规程的完善原有设备已经不能满足现今地下矿井的开采需求。

化学抑尘的技术从诞生之日起就为各国学者利用，虽然我国针对化学抑尘技术的发展较国外晚很多，但依然取得了较大的成就。抑尘剂的主要类型有：高分子抑尘剂（壳型抑尘剂、软膜型抑尘剂）、环保型抑尘剂、功能型抑尘剂。化学抑尘的润湿性优于纯水喷雾，具有优异的表面黏度，高渗透性、高凝聚性和稳定性；具有更好捕获空气尘埃、抑制静电粉尘和封闭粉尘源的能力，对煤尘控制更强；抑尘持续时间长、生产工艺相对简单、综合效益高、环境良好但缺点是化学抑尘剂成本较高[39]。煤层注水防尘技术已有 130 多年的历史，早在 1890 年左右，德国就开始进行煤层注水实验，到 20 世纪 40 年代之后各产煤国家进行了大量实验并开始应用于矿井。煤层注水通过利用压力水的渗透运动、毛细运动和扩散运动进入煤层裂隙和孔隙中，进一步增加煤的水分，达到湿润煤体，降低工作面现场的粉尘产量的目的，而煤层注水的难易程度主要取决煤层裂隙、孔隙的发育程度，这是不受控制的[40]。

虽然国内外对粉尘污染防治技术进行了大量研究，但鉴于地下矿井开采设备复杂性，在现有控尘技术条件下还没有办法将综掘工作面的粉尘浓度降到《煤矿安全规程》规定的范围内，因此寻找出一种新的针对复杂条件下粉尘污染的高效控尘方法已非常必要。

1.3.1 风幕控尘理论的研究现状

空气幕理论较早被应用于国外主要产煤国家，1930年左右，苏联学者谢别列夫等人将空气幕理论引入井巷中，并针对井巷内风速条件对空气幕形成进行了实验研究，研究结果显示空气幕的遮断程度是空气幕隔断作用效果的主要决定因素，并推导出空气幕与巷道断面积、通风风量、空气幕面积之间的关系，但由于井巷通风条件下的干扰风流较大，对空气幕的形成影响严重，而认为此法不适用于井巷[41]。然而此法引发了针对空气幕的热点研究。

G.Grassmuck[42]首先针对空气幕前后端两边产生的压力差进行研究，获得了空气幕前后端两边的压差计算式，并以此式对在一定条件下的Berry型空气幕两边进行了压力测定，研究表明空气幕两边具有一定的压力差且功耗较低。

有学者通过对空气幕形成及应用进行实验测定，给出形成空气幕的各影响参数之间关系的经验公式，但是经验公式结果具有一定的局限性。波兰学者依据动量守恒定律，建立相似实验模型对空气幕效果进行实验，因假设实验域内风流为均匀分布的层流，而现实矿井巷道内风流流场多为湍流流态，这就导致所获得的空气幕有效压力计算公式理论计算值与实验值产生了高达25%的偏差[43]。L.Guyonnaud等[44]认为空气幕装置可阻碍隧道火灾时的烟雾传播，通过建立比例模型对几何和动态参数影响进行研究，确认了隧道集合形状、空气幕喷嘴形状对欧拉数的影响规律，并利用隧道横向压差、喷嘴宽度、喷射角度、喷嘴高厚比、湍流强度、喷嘴出口速度等变量获得了描述的空气幕传质效率的计算公式。

虽然我国矿用空气幕理论技术开发晚于国外，但近年来取得了较大的进步。中南大学(原中南矿冶学院)等[45]率先引进并模仿苏联的空气幕运行模式进行研究，认为空气幕效果较优，但同时也认为单一阻风率难以评价空气幕指标且运行成本较高。徐竹云等[46]通过“有效压力平衡”理论相关的方程定义，给出了风机特性参数与出口断面间的计算关系式，得到了风机功耗与空气幕结构设计间的内在联系，并验证了无风墙辅扇工作过程，随后提出了以有效压力平衡理论和宽口大风量空气幕可以有效节能方法解决矿井通风系统中的长期隔断漏风难题，并结合矿井采区通风系统进行空气幕设计、结构模型、性能参数的现场试验，该矿用空气幕的研究与现场应用从节能减排和合理参数设计的角度出发，为后续理论的发展提供了重要的先导作用。王海宁等[47]对用于隔断井下巷道风流的多机并联空气幕进行了理论和现场应用研究，建立了具有风门、引射风流及调节风窗多功能多风机并联的矿用空气幕理论模型，并在金川等矿井下运输巷、有淋水的井筒及斜坡道等巷道采用空气幕进行风流控制应用研究，取得了良好的应用效果。

近年来，我国借助国外的经验，国内主要科研单位已经在国内多个煤矿开展了这方面的应用研究，P.F.Wang 等[48]基于 FLUENT 软件对煤矿的全机械化工作面上通风系统及掘进头旋转横向扰动挤压气流流场和灰尘分布进行模拟分析，增加空气幕隔离后可明显减少粉尘污染；深入对条形出气口宽度的影响效果进行分析，研究表明增加风量和出气口宽度可改善除尘效果，并给出了最佳出气口宽度。Q.Liu 等[49]提出了一种基于新型气幕发生器的粉尘防治技术，基于k-ε双方程湍流模型、Hertz-Mindlin 模型和用 C++语言编译的 CFD-DEM 耦合接口，对综采工作面使用新型气幕发生器的情况下的通风风流场和粉尘运移场耦合过程进行模拟，通过改变不同的径向-轴向强制压力气流速率比获得了粉尘扩散和污染行为的影响规律。

与国外相比较，我国空气幕用于井下机掘工作面防止粉尘扩散的研究发展起步较晚且与国外掘进巷道有所区别，沿巷道螺旋式出风的附壁风筒体积大，螺旋风流速度场不够理想，所需进入工作面的风量多，而与之配套的除尘器风量也必须很大才会取得好的防尘效果。

1.3.2 雾化控尘理论的研究现状

在治理矿山粉尘污染方面，雾化降尘技术理论一直是国内外学术界极为重视和研究极为活跃的领域，总体来说雾化降尘理论的发展研究过程大致分为三个阶段。第一阶段的喷雾降尘大多是采用实验归纳总结喷嘴喷雾降尘模型的理论算法，进而通过理论计算给出雾化参数，对于喷嘴设计及喷雾降尘模型在最初设计时给出理论指导及使用性能的评估，但由于喷嘴喷雾机理的复杂性，喷嘴内部形态复杂、高湍流动以及两相流动高动态变化，采用纯理论计算很难满足高精度雾化模型的需求。第二阶段的研究发展可以归类为：由宏观理论计算模型逐渐向定量实验分析前行，同时期雾化降尘理论认为惯性碰撞作用和截留作用导致粉尘重力沉降是雾化降尘主要机理，对雾化降尘机理展开更深一步的研究。但因完全实验法的经验模型无法保证复杂变量因素的实验结果一致，依旧不具备很高的通用性，而伴随着先进激光测量技术大量应用，使得研究者验证了前人对液体喷雾学的理论公式并趋于完善，对射流分裂雾化的认识过程也上升至非线性理论水平，数学的非线性理论的发展推动了流体力学线性稳定性分析的进步，从而整体上推动了喷雾学的进步。第三阶段是整合后的综合理论计算、实验测定及模拟仿真分析的综合研究阶段。迄今为止，高湍流动以及两相流动问题依旧是研究重点，雾滴捕尘过程中的微观物理作用依旧是一个难以描述的现象[50]。

最早于 1976 年斯考温格德和布朗的一份研究报告涉及了对喷雾除尘工艺的研究，文中提出了细雾的水雾捕尘能捕集到空气中的呼吸性粉尘，与粉尘颗粒大小相似的雾滴粒径，可有效地与空气中的粉尘颗粒结合，提高呼吸性粉尘的除尘效率，但是更细小的水雾更容易受环境影响而发生蒸发和凝聚，凝聚的水滴增大了粒径同时也降低了除尘效率[51]；随着科技的进步与人们安全意识的提高，针对大多数地下矿井巷道布置复杂，其他除尘方式应用后并不理想，国内外学者逐渐开启了针对雾化除尘的实验以及技术研究工作[52]。

各国在雾化技术应用中取得了大量成果，利用雾化技术可以达到控制矿井温度、降低粉尘浓度，以及控制火灾蔓延，这些研究中多采用实验与数值模拟相结合的方法验证实验准确性。A.M.Sterling 等[53]建立了固液颗粒间表面张力的测试平台，液面较大的表面张力会导致固体颗粒被其弹开；W. W. Hagerty 等[54]得到了粉尘突破液滴作用的最小表面张力作用的穿透功，并优化了突破速度最小计算方法；S.M.An 等[55]给出了固体颗粒与液滴捕捉之间的动能关系；H.T.Wang 等[56]基于早期的水滴碰撞实验结果，建立了一种碰撞检测概率算法统计模型——KTVA 方程，计算过程只考虑了聚合与摩擦分离情况，且在碰撞频率计算过程中假定液滴是均匀分布，不符合实际喷雾过程中粒子是离散的。M.Mezhericher 等[57]提出了一种可以预测喷雾过程中多相流中颗粒间的理论模型，所设计的颗粒间的相互碰撞模型符合离散粒子相互作用的硬球方法和O'Rourke的碰撞检测概率算法，利用这种方法对喷雾干燥器雾化性能进行分析。J.G.Swanson 等[58]研究指出使用安装在采煤机屏蔽支架上的喷水系统在采煤时提前润湿要开采的煤壁，可以有效降低长壁工作面因采煤机破煤引发的高浓度粉尘污染。S.Arya 等[59]基于长壁采煤机的全尺寸物理模型设计并建造了一种新型淹没式除尘器，深入讨论了设计概念和工作机理，并采用实验的方法验证了设备除尘的合理性。

虽然国内学者较国外学者对雾化除尘技术研究较晚，但近年来也进行了大量相关的实验及模拟研究，引导着国内雾化除尘理论的进步。徐立成等[51]基于云物理学冷凝核化理论开发出了超声雾化器应用及实践。张延松[60]基于高压喷嘴结构及喷雾参数等基础参数，对雾化场中的水分布、雾滴粒度、雾滴速度及雾滴带电进行分析研究，并将高压喷雾在主要产煤工作面的降尘效果进行测试。马素平等[61]以地下矿井为依托，研究了压力与对雾化喷嘴雾化情况的粒径分布，采用数学方法结合分析软件对降尘效果进行回归分析，指出了雾化压力对降尘效率有效性的影响。张小艳[62]以微细水雾凝并沉降捕尘技术为基础，设计了一种惯性沉降分离为一体的含尘气流净化系统，并对该净化系统进行了大量的实验研究，应用回归分析建立了数学回归模型。张明星等[63]通过对喷流除尘性能影响因素的正交实验得到了流场速度、含尘浓度、喷嘴间距、倾斜角度和润湿含尘气流耗水量对除尘效率的影响，分析了不同条件下对除尘效率影响最大的因素，然后对此机理进行了全面的阐述。

陈曦等[64]针对选煤厂典型尘源点的喷雾除尘系统开展了大量的研究工作，

根据选煤厂不同产尘环节采用不同的喷雾方式，并通过多相流模拟技术雾化参数的选择与优化进行了一系列研究，形成了以射流雾化机理为理论基础，尘-雾场模拟为技术核心，降尘参数优化为发展动力的体系。P.F.Wang 等[12]提出了包含采煤区域粉尘源的新型除尘系统，并较深入地研究了雾化场中液滴的扩散破碎机理，并搭建雾化除尘平台测量了不同压力条件下的喷嘴宏观雾化性能，结合 ANSYS FLUENT 软件数值分析中离散粒子模型进行数值分析，来评估外部喷雾系统的粉尘抑制性能。F.W.Han 等[65]基于计算流体力学软件(CFD)的粒子跟踪技术，分析了微风和强制通风等不同风速条件下外部气相流场对外部喷嘴喷出的液滴分布的影响规律，当使用具有柯恩达效应的外部通风风管时可有效降低因通风气流对液滴分布产生的干扰；并使用相位多普勒粒子分析仪(PDPA)分别对中低喷雾压力下的喷嘴雾化参数进行测定，精确测量获得了不同位置的液滴尺寸，雾化性能研究结果对降尘技术的应用具有重要指导意义。H.T.Wang 等[66]为探究雾化效果对降尘效率的应用，基于五种不同的典型水基降尘介质的喷雾雾化性能和差异性进行了实验分析，获得了雾化压力、液体表面张力下的雾化性能影响关系，为喷雾降尘提供了重要指导。

1.3.3 气动喷雾捕尘理论国内外研究现状

根据国内外有关气固液三相耦合降尘研究文献来看，代表性的观点与理论如下：

M.J.Andrews 等[67]对颗粒物雾化性质进行了实验室研究，确定了核模态成核后凝聚长成积聚模态的过程。J.Torano 等[68]对地下矿井的气体流动和粉尘运移进行模拟，发现控制粉尘扩散最有效的方法是增加通风气流速度、减小后退距离和改善通风管道高度。K.Washino 等[69]采用实验与软件模拟的方法对液滴颗粒碰撞、黏附于墙面的过程进行了研究。V.S.Sutkar 等[70]从能量角度实验研究了颗粒与液面之间碰撞的特性，建立了相应的数学方程。F.Z.Chen 等[71]通过一种将光滑离散颗粒流体力学(SDPH)和有限体积法(FVM)相结合的方法，降低计算量，适用于广泛的体积分数。G.B.Zhang 等[72]基于计算流体力学(CFD)理论探讨了多级外部喷雾对综采工作面雾化和降尘的影响，该系统可有效降低工作面扬尘浓度。X.M.Fang 等[73]研究了不同粒径的细水雾的降尘效率，表明了不同粒径的水雾捕尘阶段不同。Z.K.Sun 等[74]通过实验研究了不同湍流流场下细颗粒的团聚和去除特性，确定了流场中具有小尺度和三维旋涡的湍流团聚装置对细颗粒的团聚和去除效果最好。

A.G.Li 等[75]考虑布朗扩散、湍流扩散和重力对颗粒沉积的影响，利用数值 CFD-DEM 方法模拟了通风管道中的颗粒物沉积。葛少成等[76]基于碰撞模型、破碎模型以及蒸发模型 UDF 方法研究不同雾化参数、多喷管干涉条件下的雾化除尘效率和不同诱导气流条件下雾滴粒径的分布特性，提出过饱和湿空气的粉尘沉降的论点。刘邱祖等[77]采用格子 Boltzmann 方法模拟维多辛斯基曲线喷管喷口处的压力，得到分布较平稳、减少喷管能量进而提高喷雾效率的结论。G.Zhou 等[78]研究了高温紊乱气流作用下的颗粒物温度、浓度、速度的分布规律。F.Geng 等[79]采用 Euler-Euler 和 Euler-Lagrange 法研究了混合通风系统受限空间的颗粒物的动力学演变规律。王鹏飞等[80]通过建立煤矿井下气水喷雾降尘数学模型，拟合了全尘降尘效率与呼吸性粉尘降尘分级效率的理论计算式。孙其飞等[81]根据工作面粉尘粒径、喷雾粒径与降尘效率关系，确定了高压喷雾粒径最佳范围。丛晓春等[82]采用基于时间的动态质量平衡模型剖析了颗粒物在不同环境介质间的传输渗透机理。许圣东等[83]基于标准 k-ε 湍流模型和离散相模型，模拟受限空间呼吸性颗粒物浓度分布，主要集中在顶部空间运移不易沉降。李刚等[84]研发了一种适合矿山井下使用的移动式矿用湿式振弦螺旋除尘器，通过使雾滴与含尘气流接触面积增大、接触时间加长进而提高捕尘效率。蒋仲安等[85]用相似原理推导出了高溜井卸矿气流及颗粒物的相似准则数，并通过相似实验和数值模拟对不同粒径及不同卸矿高度下溜井内气流变化、粉尘运移规律进行研究。

从国内外学者研究情况来看，目前主要依靠雾滴的惯性碰撞捕集颗粒物，但对于粒径小于 10 μm 的呼吸性粉尘，捕集效率低。主要由于处于该粒径分布的颗粒会表现出对流体较好的跟随性，难以依赖重力作用脱离气载流线自然沉降。并且矿山井下风流扰动严重，需要雾滴与固体颗粒间保持比较大的速度差，才能有足够的动量实现惯性碰撞、增湿，且此过程的分级效率受到相对速度系数的影响。由此，本书提出增强相间速度差，破坏含尘气流原始流线，增强射流雾化空气卷吸作用，降低雾滴空间分布离散性，提高颗粒有效碰撞概率和主动捕捉能力以实现对双模态颗粒物的高效降除。

1.4　湿式降尘雾化技术研究进展

1.4.1　高压喷雾的国内外研究现状

美国、苏联、德国等国家对高压喷雾降尘技术应用开展较早并且较为普遍，降尘率平均可达 80%～90%[86]，美国、苏联和德国等国家通过实验对应用高压喷雾降尘系统降低滚筒割煤时产生呼吸性粉尘的作用进行了研究。德国在瓦尔苏姆矿也通过实验对高压水喷雾湿润沉降滚筒截割区内的粉尘进行了研究，研究结果显示，在工作水压 6～6.5 MPa 时，采煤机附近的粉尘浓度平均降低 30%～35%。除此之外，澳大利亚和英国也对采煤机高压喷雾系统进行了大量的实验研究[87]，在产尘点喷洒水雾可以充分地湿润煤尘从而进行沉降，即在截齿与煤体接触处向截缝喷洒水雾来润湿煤尘。

在中国，高压喷雾的实验研究开展的比较晚，此项研究首先在煤炭科学研究总院重庆分院开展，并应用于宁夏石炭井矿务局乌兰矿。该实验结果显示[88]，在采煤机下风向 10 m 位置处和采煤机司机处采用了高压喷雾降尘系统后，降尘率高达 85%和 94%。此后重庆分院又和山东兖州矿业集团共同研制开发了采煤机机载电动泵高压外喷雾系统，现场测试结果显示，其喷雾降尘效率高达 90%以上。

马素平等[61]为了更充分地利用喷雾技术来降低煤矿生产过程中的高浓度粉尘而更加细致地研究了喷雾降尘机理，同时把井下回风巷中的浮尘作为研究对象，以此来深入分析影响降尘效率的主要因素，在创建数学模型的基础上，应用 MATLAB 软件绘制降尘效率曲线，并进行数值模拟，通过模拟得出结论：降尘效率的高低与雾滴粒径的大小有关，雾滴粒径越小，降尘效率越高；而不同粒径的粉尘都有一个最佳的雾滴粒径与之对应，以此粒径的雾滴喷洒尘粒，降尘效率明显提高；而采用压力型雾化喷嘴沉降浮尘时，降尘效率是由供水压力决定的，不同粒度的尘粒对应的最佳降尘水压也不同，按照实际粉尘粒子的分散度和降尘要求来选择合适的供水压力，将会达到更好的降尘效果，得到最佳的经济效益。杨志刚[89]所在的冀中能源峰峰集团小屯矿在掘进机作业期间，使用改进的 BP25/8J 型电机驱动机载喷雾泵，使得产尘量大幅度降低，改善了掘进工作面的生产环境，大大降低了职业病给煤矿工人带来的危害，保障煤矿工人的身体健康，大大提高了安全效益和经济效益。马超等[90]详尽地介绍了通过煤尘监测传感器实现自动喷雾装置的工作原理、特点和操作方法，这种方法大大提高了煤矿的防降尘能力，为煤矿工人提供了一个良好的安全生产环境。

近年来，国内外的科研人员还对喷雾系统中最重要的构件喷头进行了优化设计，并且为选择最佳的喷雾压力等重要参数进行了大量的研究。赵丽娟等[91]以 Pro/ENGINEER 与 GAMBIT 两个软件组合为基础，建立了综采作业面模型，运用气固两相流理论及 k-ε 湍流模型，创建流场数学模型，应用 CFD 软件模拟得到井下巷道内的平均风速为 1.8 m/s，同时模拟了采煤机外喷雾系统在不同喷雾压力、喷头口径情况下的雾滴粒径及雾滴浓度的变化规律。周建平等[92]提出了一种以 PLC 逻辑编程为基础的采煤机喷雾降尘系统，来解决综采工作面粉尘产生量大的问题，通过红外定位、可视化探头、预警传感器等设备实时监控采煤机设备的重要工作参数，实现喷雾降尘与远程监控一体化。

1.4.2 空气辅助雾化技术的国内外研究现状

空气辅助雾化技术是指具有一定压力的气体和液体相互作用的动态过程，

即利用气流对液体的冲击作用将液体撕裂成小液滴，形成雾化。其雾化效果要比高压喷雾雾化效果好，并且空气辅助雾化喷嘴喷出的雾滴粒径小、分布均匀且可适用于更多种类的液体。国外对于空气辅助雾化技术的研究开展比较早，早期，J.O.Hinze[93]深入研究了液滴在气流中的破碎形状，提出液滴的变形形状受到周围气流流动的影响：液滴在平行气流作用下出现椭球形变形；当双曲气流冲击液滴时，液滴展现出雪花形变形；当不规则气流作用于液滴时，液滴会呈现凹凸变形。A.H.Lefebvre 等[94]首次提出了气泡雾化技术，在接下来的大量研究的基础上又提出了气动雾化技术。R.A.Wade 等[95]实验分析了不同气体压力对雾化性能的影响，实验结果显示，随着压力的增大，雾滴粒径逐渐减小。H.N. Buckner 等[96]以质量守恒、动量守恒和能量守恒方程为基础，建立了一个能预测雾滴粒径的半经验模型，通过与实测值进行对比，发现误差在 25%之内。S.K.Chen等[97]分析研究了不同压力下单个喷嘴的雾化特性，研究结果显示，当操作压力增大时，雾滴粒径减小，这是因为随着压力的增大，雾化场中的液体颗粒受空气的挤压作用而破碎，形成大量小粒径雾滴颗粒，同时，还推导出雾滴颗粒破裂的最小等熵膨胀功。G.M.Faeth 等[98]深入研究了不同气液两相压力下的喷嘴雾化角及流量，描绘出索太尔平均粒径在空间上的分布，在这种研究结果的基础上研发了一种新型喷嘴。P.Berthoumieu 等[99]实验分析了不同初速度下不同粒径的液滴在气流作用下的破碎情况，以此为基础分析气流对液滴破碎过程的影响，提出空气与液滴的相对速度和液体黏度是影响液滴破碎的首要因素。D.Kim 等[100]利用 Level Set 方法捕捉到液柱表面波动现象，这种波动现象出现在一次射流雾化中，同时对比得到的轴向和径向波长值与实验结果，发现理论值与实测值相差不大。G.Tomar 等[101]以 VOF 多相流模型与 DPM 颗粒相模型的多尺度方法为基础，对喷嘴的初级雾化过程进行了数值模拟。

气动微雾技术广泛应用于煤矿井下，航空航天、石油、金属粉末制备等行业，国内学者以数值模拟和实验研究为基础对空气辅助雾化技术的机理和过程进行了深入研究，并取得了一系列成果。顾善建等[102]采用激光粒子分析仪实验研究了雾化场中不同横断面上的雾滴粒度分布和速度分布，其实验结果表明，雾化场中不同横断面的雾滴粒度均匀度指数在 3.5～5.5 之间，同时，雾化场中索特尔直径从中心轴线区域往径向方向到雾化场边缘逐渐增大。刘联胜等[103]通过激光衍射粒度仪对雾化场径向和横向两个方向上的雾滴粒度变化规律进行了研究，结果显示，径向方向上的雾滴粒径分布不对称，同时，当气液比增大时，雾滴粒径明显减小。秦军等[104]利用马尔文激光粒度仪，以索太尔平均粒径为指标，测量了不同环境压力下的双通道气流式喷嘴雾滴粒径的分布，发现当环境压力不变时，随着气液质量比的增加，雾滴索太尔粒径逐渐减小。龚景松等[105]以各种气动喷嘴及其雾化机理的分析研究为基础，设计研发了一种新型的旋转型气-液雾化喷嘴，并研究了这种新型气动雾化喷嘴的流量系数和雾化角。高春景等[106]在雾化室加压的条件下对三通道气力式喷嘴进行了实验研究，实验结果显示，提高雾化室压力有利于气液两相混合的更加均匀，提高雾化效果；当耗气量不变时，雾滴粒径 SMD 与雾化室环境压力呈现的函数关系为负指数幂，即 SMD$\propto p^n$，n 值在-1.0～-1.3之间。张永良[107]在 VOF 两相流模型和喷雾实验相结合的方法基础上研究了喷嘴内部气液两相流的流动规律，发现喷嘴内的压力增大时，其空气涡也逐渐增大，并且通过 VOF 两相流模型可以较好地验证气液界面的变化规律。李振祥等[108]利用 PDA 动态分析仪研究了一种特定结构的空气雾化喷嘴，对其进行了大量的实验，分别测量了不同气液比值下喷嘴的雾场，得出在气液比值增加的情况下，雾滴索太尔平均粒径减小的结论。桂哲等[109]以流体力学、多相流及气溶胶等理论为基础，深入研究了气动微雾雾化特性与喷雾降尘效率，得出全尘降尘效率与呼吸性粉尘降尘效率的理论计算式，同时研究了粉尘中位径、粒径分布指数、供气压力、供水压力等因素对降尘效率的影响。

气动微雾除尘技术的研究一般采用实验与数值模拟相结合的方法。在实验方面，利用光学仪器分析雾化机理，通过实验数据详细解释了气液相对速度、液体黏度等因素对空气辅助雾化的影响；在数值模拟方面，在欧拉和拉格朗日模型的基础上，对空气辅助雾化过程进行仿真模拟，以此来改进原有的数学模型，使雾化模拟与实际物理过程更相符，空气辅助雾化喷嘴的研究促进了气动微雾除尘技术的发展。

1.5 本书的主要研究内容

1.5.1 螺旋气动雾化控尘技术理论基础研究

从风幕控尘理论、雾化控尘理论、气动喷雾捕尘理论、湿式降尘雾化技术、高压喷雾技术和空气辅助雾化技术的国内外研究现状出发，提出气动的螺旋雾化控尘技术，该技术的核心理论为多种雾化机理、雾滴旋转扩散运移机理和雾滴与粉尘的耦合作用过程的动力学特性，主要涉及流体力学、射流力学、喷射技术理论、两相流等多学科领域，其扩散机理是一种具有综合性较强的研究课题。当利用螺旋空气射流冲击雾滴扩散时，液滴扩散过程应与螺旋射流的力学特性有关。从螺旋射流的喷射机理、气动动力学、旋转气流中的气液两相流机理进行的分析与研究，主要分为两大部分，分别为基于高压喷雾的螺旋气动雾化控尘技术和基于气动喷雾的螺旋气动雾化控尘技术，其中螺旋气动雾化控尘技术又包含了最新型的超音速螺旋雾化控尘和多喷嘴联合气动螺旋控尘的相关技术研究。研究涉及雾化过程的机理、雾化场的特性分布规律，包括随喷雾供给压力、喷雾角度、喷雾距离等影响下的雾滴速度、粒径、浓度等分布规律。并深入研究其控尘特性、诸多因素与降尘效率的关系，形成全面的多喷嘴、多种喷雾技术共同组成的螺旋气动雾化控尘理论体系。

1.5.2　螺旋气动雾化控尘技术理论的应用研究

通过对高压螺旋气动雾幕控尘技术、气动螺旋雾幕控尘装置结构及作用机理、装置外紊动射流流动结构等特性分析，进一步研究利用数值仿真技术对综掘面高压螺旋气动雾幕雾化特性进行数值仿真研究，通过对煤矿井下掘进工作面螺旋气动雾幕的模型建立，研究掘进工作面螺旋气动雾幕的形成特性和机理。在系统地分析除尘喷嘴的分类及喷嘴雾化性能特点的实验研究基础上，通过建立多气动喷嘴联合螺旋雾幕实验系统，研究多气动喷嘴联合形成的螺旋雾幕特性，分析多气动联合高压微雾雾化机理，分析不同类型喷嘴、不同工况、不同布置方式条件下的多喷嘴耦合喷雾特性规律和形成螺旋喷射的参数、工况条件，得到多气动喷嘴联合螺旋雾幕形成机理和影响规律。

研究喷嘴结构类型的选择、单喷嘴雾化喷雾特性，进行多气动喷嘴联合螺旋耦合喷射控尘实验研究，通过分析气动喷嘴螺旋耦合的实验结果，并进行数值建模和多气动喷嘴耦合雾化特性数值仿真，建立基于 FLUENT 的多气动喷嘴耦合雾化数值模型，研究分析单喷嘴雾化性能、三喷嘴叠加喷雾特性的影响数值模拟结果，得到喷嘴角度单因素对螺旋耦合的影响以及多气动喷嘴螺旋耦合控尘性能。

通过建立气动喷雾降尘实验系统，研究喷雾、煤尘含水率、雾滴浓度与粉尘浓度比值、雾滴与煤尘相对速度等对降尘效率的影响，以及供气压力对混合喷嘴螺旋耦合降尘效率的影响。以煤矿井下综采工作面作为研究对象，建立综采工作面多气动喷嘴螺旋耦合控尘实验系统，开展系统的实验研究，通过进行综采工作面联合降尘相似实验，分析相似实验结果与讨论，得到多气动喷嘴螺旋耦合控尘工业应用特性。

将最新技术超音速汲水虹吸雾化技术与螺旋气动雾化技术相结合，形成超音速螺旋雾化喷雾降尘系统，利用理论分析、数值模拟和实验研究相结合的方法，对超音速螺旋气动雾化技术、螺旋气动雾化降尘机理进行研究，得到喷雾工况、喷头结构、布置方式和系统构成参数对超音速螺旋气动雾化系统喷雾特性的影响规律。通过超音速螺旋气动雾化数值模拟研究、建立超音速螺旋气动雾化数值模型、对螺旋气动雾化模拟结果的分析以及超音速螺旋气动雾化除尘技术实验，结合压力比的测定实验，得到了最佳超音速和螺旋气动耦合压力最佳比例。通过螺旋气动雾化降尘实验，研究得到超音速螺旋气动雾化降尘特性和优势。

1.5.3 典型工业应用场所粉尘污染特性的研究

为得到螺旋气动雾化控尘技术的工业应用研究特性，首先对应用场所粉尘运移扩散特性进行分析，包括了采煤工作面粉尘运移规律扩散特性的分析，通过采煤工作面粉尘运移规律的研究模型建立，研究得到综采工作面风流场分布特征，通过建立综采工作面多尘源数值研究模型，得到多尘源的粉尘综采工作面粉尘质量浓度分布特征规律、刮板输送机运动对于粉尘浓度的影响规律、不同工作面影响因素对粉尘分布的影响规律和采煤机滚筒及支架移动产尘运动机理。通过对现场煤尘特征测定和建立数值研究模型分析掘进工作面粉尘运移规律，利用所建立的掘进工作面粉尘运移规律研究模型，模拟了综掘工作面粉尘污染通风条件风流分布，根据模拟结果搭配综掘工作面粉尘浓度扩散规律，分析综掘工作面粉尘浓度进而研究螺旋气动雾化控尘系统工程的应用。

1.5.4 螺旋气动雾化控尘技术工业性的应用研究

螺旋气动雾化控尘技术工业性的应用研究，主要包括了煤矿井下若干现场工程的应用研究。首先利用现场实验和测定，分析测试了煤矿井下工程现场的粉尘特性，得到采煤工作面和掘进工作面现场的粉尘特性，根据不同工作面影响因素对粉尘分布的影响规律、采煤机滚筒及支架移动产尘运动机理和掘进工作面粉尘运移规律，建立了采掘工作面螺旋气动雾幕联合通风方式控尘实验系统，同时在煤矿井下建立了回风顺槽超音速螺旋气动雾化控尘系统，并进行了工程应用研究，即回风顺槽随变电列车移动式超音速全断面螺旋气动控尘雾幕的示范工程应用，研究得到现场应用特性和控尘效果。

第二篇

螺旋气动雾化控尘
理论数值模拟与实验研究

第 2 章　高压螺旋气动雾化控尘理论

2.1　高压螺旋气动雾幕控尘技术

2.1.1　气动螺旋雾幕控尘装置结构及作用机理分析

气动螺旋雾幕控尘技术的主要旋转扩散机理主要涉及流体力学、射流力学、喷射技术理论、两相流等多学科领域，其扩散机理是综合性较强的研究课题。当利用螺旋空气射流冲击雾滴扩散时，液滴扩散过程应与螺旋射流的力学特性有关。因此，本节主要介绍了螺旋射流的喷射机理、气动动力学、旋转气流中的气液两相流机理，并进行分析与研究。

（1）气动螺旋雾幕控尘装置设计原理

本书所提出的气动螺旋雾幕的新思路，即沿环状风筒内环均匀布置高压风流引射器，以内环气动螺旋空气射流冲击外环高压水喷雾，利用旋转的空气射流冲击效应，改变外置于环状风筒喷嘴喷雾方向，向前运动的液滴受内环多重螺旋气流的冲击强制改变运动方向，被赋予了切向的动能，最终形成了向壁面运动高速旋转螺旋网状雾幕墙；利用螺旋空气射流卷吸效应及其形成的负压作用，在设备中心形成了指向内环风筒中心的负压区域，吸入的部分脱离的雾滴使得含尘气流在负压流场内，被迫与雾滴碰撞、凝结而快速沉降，来达到进一步净化的目的。采用螺旋射流的方法既可有效地保证气液混合强度，又可利用负压场来进行二次捕尘，实现螺旋雾幕的集约化利用，增大雾滴破碎能力与控尘范围，提高降尘效率。

（2）结构组成

根据前述基本思路，设计气动螺旋雾幕控尘装置，如图 2-1 所示。

由图 2-1 可知，本书设计的气动螺旋雾幕控尘装置的主要构成部件为环状风筒、高压风流引射器、环状水管、喷嘴，下面将分别对主要设备进行介绍：

① 环状风筒

环状风筒相当于进风管与高压风流引射器之间的过渡段，其作用是为高压风流引射器分风，引导空气流动，本书将其设计成环状，装置布置在掘进机前部的掘进臂上。

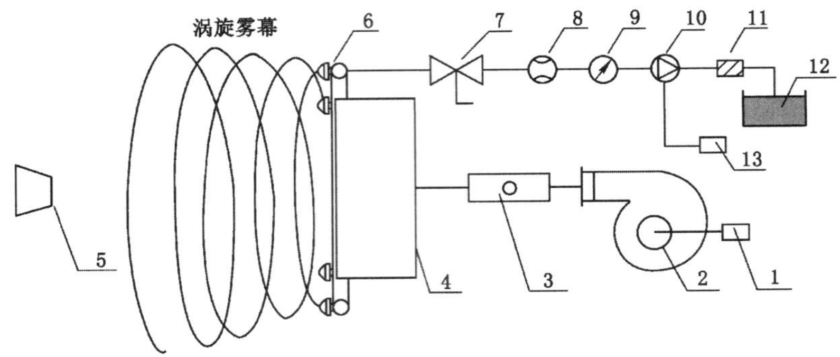

1—矢量控制器;2—离心风机;3—监测风管;4—环状风筒;5—发尘器;6—喷嘴;7—泄压阀;8—流量计;9—压力表;10—高压雾化机;11—过滤器;12—水箱;13—压力调节控制器。

(a)

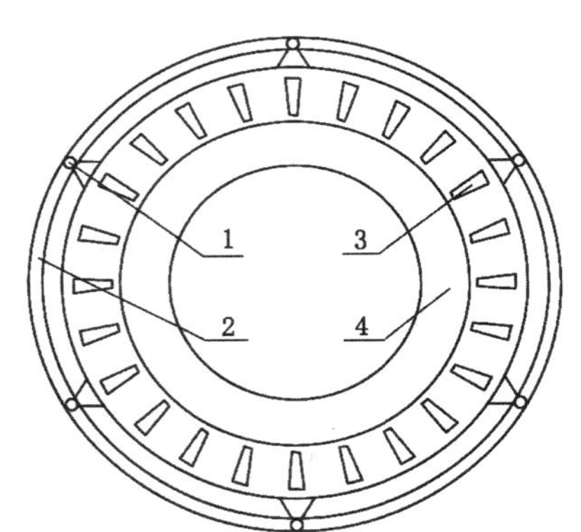

1—喷嘴;2—环状水管;3—高压风流引射器;4—环状风筒。

(b)

图 2-1 气动螺旋雾幕装置

(a) 气动螺旋雾幕控尘系统结构图;(b) 设备主视图

② 高压风流引射器

高压风流引射器均匀布置在环状风筒内侧的出风口,定向引导风筒内部风流喷射方向,是形成风速射流的关键部件,均匀分布在环状风筒内壁的高压风流引射器喷射出带有切向速度分量的冲击气流,最终在出风口前端形成了一个带有螺旋冲击动量且不断旋转的气幕墙。

③ 环状水管

环状水管的作用是为了给喷嘴稳定提供压力水,并在水管上增加可变角度的旋转喷嘴转接头,使得喷嘴可根据断面或雾幕大小改变喷射方向,进而达到所需最优控尘雾幕性能。

④ 喷嘴

喷嘴是将环状水管内压力水压能改变为动能，成环状布置的喷嘴是形成高压喷雾的关键部件，也是主要雾化输出点。

（3）螺旋射流喷射工作机理

气动螺旋雾幕的形成过程涉及旋转气流及高压喷嘴喷雾，气液两相间冲击耦合过程非常复杂，从能量分布关系及雾幕装置形成角度出发，可将新型气动螺旋雾幕的发生装置的工作过程分为三个阶段，即螺旋射流堆叠发生段、射流冲击破碎混合段、旋转雾幕扩散输出段。

① 螺旋射流堆叠发生段

第一阶段是由风管供风至高压风流引射器，以压力风作为螺旋风幕发生装置的工作流体，从喷孔喷射而出的高压风流在出口处前方形成高速射流；均匀布置在风筒壁面的喷孔发出多股射流，在喷孔出口处附近发生堆叠形成了向工作方向旋转前进的螺旋气幕；由于射流边界层与周边自由气体间的卷吸效应，使得风筒中心区域呈现出负压状态，从而在中心区域自动吸入自由边界环境中的空气。这一阶段，主要是射流与自由空间气体间（连续性介质）的相对运动。

② 射流冲击破碎混合段

第二阶段是发生在第一阶段后，螺旋气幕和高压水喷雾间的气液两相间冲击耦合过程。压力水喷出喷嘴后，压力水射流因震动破碎雾化形成了向前喷出的不连续雾滴颗粒群；高速运动的雾滴颗粒分散于空气中，受内环螺旋气幕的射流冲击作用，连续的螺旋气体与分散的液滴颗粒群发生冲击和碰撞，气体动能传递给了运动液滴，强行改变了液滴的运动轨迹，气液两相流之间发生运动干涉；这一阶段，液滴受到内环射流气体的冲击作用改变了运动的方向并得以加速，同时空气射流冲击液滴加剧了液滴表面脉动，部分大颗粒液滴发生二次破碎，碎裂成更小的液滴。需要指出的是，为保证气液两相间的干涉强度，需根据需要调整射流风速与喷嘴喷雾工作夹角。

③ 旋转雾幕扩散输出段

第三阶段是液滴向工作方向的扩散运动段，离散的液滴颗粒群借助螺旋气幕冲击这一过程，气幕的动能为液滴二次加速，改变了液滴动能。此时，液滴被赋予了切向的动能，并继续向外做扩散运动，最终这一离散的液滴颗粒群形成了一个带有旋转动能的螺旋雾幕，即气动螺旋雾幕。至此，气动螺旋雾幕控尘装置运动过程全部完成。

为验证上述各实验阶段划分的正确性，本篇基于实物比例建立了气动螺旋雾幕控尘装置的相似比例模型，并采用高清相机对气动螺旋雾幕的大致形成过程进行记录。

为避免因环境风流过大对该新型设备的雾化性能有所影响，选择封闭实验室区域对该设备的雾化过程进行记录。因此，气动螺旋风幕开启后形成旋转风幕第一阶段后，开启高压水喷雾，并对干涉喷雾的形成过程进行记录。获得的气动螺旋雾幕形成过程照片如图 2-2 所示。

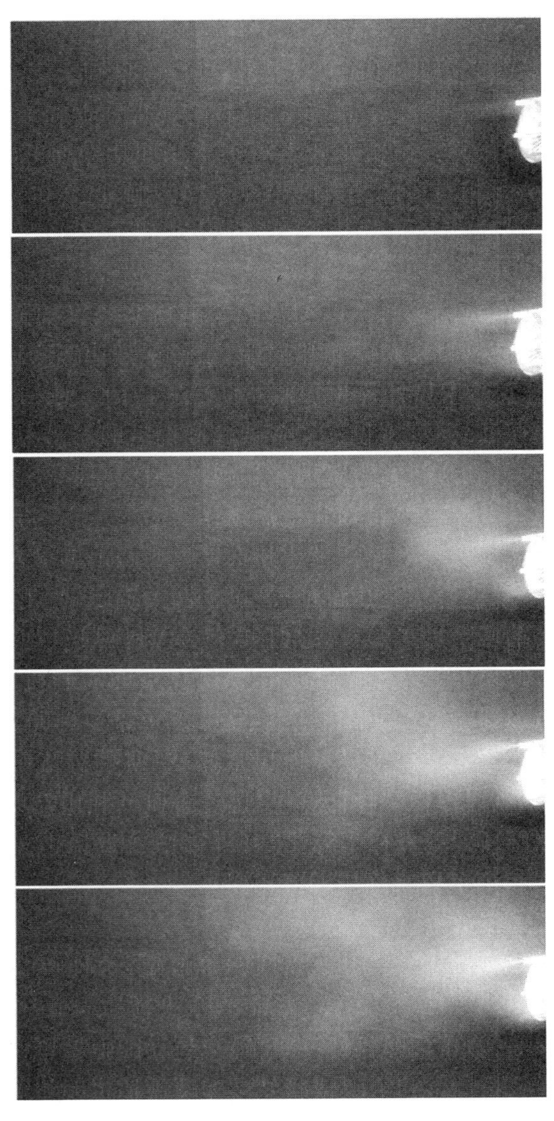

图 2-2　气动螺旋雾幕形成过程

通过图2-2中观测结果显示，可以看出雾环状风筒前端形成了螺旋风幕场，气雾两相流之间运动干涉较为明显，稳定的旋转风流冲击雾化喷嘴，致使雾滴运动方向发生改变。图中气动螺旋雾幕的形成可认为本节关于气动螺旋雾幕的发生过程阶段划分及描述是较为准确的。

2.1.2　气动螺旋雾幕发生装置外紊动射流流动结构特性分析

如前文螺旋雾幕旋转机理所述，文中提出利用旋转冲击射流形成气幕，来实现旋转的射流空气与液滴运动间的动态耦合，因此有必要对雾滴在旋转射流气幕流场中的射流特性进行分析。

射流是指流体依靠机械推动从喷口（管口、孔口或夹缝）中喷射而出，向周围同一种或另一种流体或流域中掺混及冲击的过程。射流冲击过程中经常伴有大雷诺数射流，一般是无固壁约束的自由湍流，这种湍性射流通过与周边湍流混合，卷吸冲击气相流体不断扩大并随主体运动方向扩散。作为流体力学研究的重要分支的射流力学广泛应用在水利水电、航空航天、环境工程等诸多工程领域，都涉及诸多射流问题。

根据不同标准，一般可将射流做如下分类。按流体特性分为淹没自由射流与非淹没射流；按流态分为层流射流（$Re<30$）、紊动射流（湍射流 $Re\geqslant 30$）；按射流边界分为自由射流、非自由射流（有限空间射流）；按射流驱动压力分为低压射流（0.5～<20 MPa）、中压射流（20～<70 MPa）、高压射流（70～<140 MPa）、超高压射流（140～400 MPa）；按照运动和扩散的动力分为驱使射流、动量射流、浮力羽流浮射流。

只有当雷诺数较低时所形成的射流才是层流射流。而根据流体力学理论可获得射流的雷诺数：

$$Re=\frac{2lu_0}{\mu_i} \tag{2-1}$$

式中　l——射流特征长度，m；

u_0——射流初始流速，m/s；

μ_i——射流工作流体的运动黏度，m^2/s。

本书中，在压强为101.325 kPa、温度为20 ℃的条件下，空气、水的动力黏度和密度为：$\mu_{空气}=17.9\times10^{-6}$ Pa·s，$\mu_{水}=1.01\times10^{-3}$ Pa·s；$\rho_{空气}=1.293$ kg/m^3，$\rho_{水}=1\ 000$ kg/m^3。喷嘴直径为0.002 m。

文中所应用射流方式为旋转射流，是自由射流加旋转的一种复合流动，与普通射流的区别在于有一切向速度（旋转速度）。故根据式（2-1）计算可得，气相射流 $Re_1=2.3\times10^4$ 和液相射流 $Re_2=1.5\times10^6$，即装置的气相和液相的射流属紊动射流范畴。其次，根据本书中驱动射流的压力均小于20 MPa，以射流出口的动量为原动力的射流，射流出口均设定在有限空间内，受到固体边壁限制。故本书射流属于有限空间射流、非淹没、低压和动量射流范畴。

（1）相似准则建立

通过建立相似模型对所研发的气动螺旋雾幕控尘系统进行实验，可以准确地重现气动螺旋雾幕的空气幕及喷嘴射流的流体形态，并通过所获得的实验参数对气动螺旋雾幕控尘系统的雾化性能进行描述评价。为了能够准确地反映出所提出实际设备的工况特性，需根据比例建立相似实验模型，而相似模型建立的准确性主要取决于相似理论中相似参数的选取，准确的相似比例关系是进行真实模型与相似模型间各主要物理参数的关键问题[110]。由于影响气动螺旋雾幕控尘系统性能的因素有很多，受力情况较为复杂，在进行相似实验时，需确保相似实验系统以下三个参数与实际掘进工作面环境与风速流场参数相同。

① 气动螺旋雾幕控尘系统几何参数：环状风筒直径、引射风流器数量、引射风流器截面积、巷道尺寸、内倾角度；

② 气动螺旋雾幕发生系统实验参数：射流风速、巷道内通风系统参数、液体密度、雾化压力；

③ 煤尘物理性能参数：本实验中选择煤的粒度和密度来描述降尘实验中的煤尘物理特性参数。

为了满足上述实验要求，根据相似理论推导理论公式，对现有气动螺旋雾幕控尘系统的参数进行量纲分析，确定相似实验比例参数，使得气动螺旋雾幕控尘系统与现场实际工况具有代表性，制定符合相似实验要求的各项实验参数，进行气动螺旋雾幕控尘系统雾化性能及降尘性能实验研究。

根据前人研究结果显示，流体流动相似进行相似分析时主要考虑实验域的物理几何参数、流体流动参数。因此，本书相似准则探讨如下。

对于非定常不可压缩气体的运动，其运动微分方程为：

$$\rho_g = \left(\frac{\mathrm{d}U_g}{\mathrm{d}t} + U_g \cdot \Delta U_g\right) = b + f - \Delta p \tag{2-2}$$

式中 ρ_g——气相流体密度，kg/m³；

U_g——气相流体速度，m/s（ΔU_g 表示速度差）；

b——质量力，N/m³，$b = g\rho_g$，g 为重力加速度，m/s²；

Δp——压力差，Pa；

f——其他作用力，N/m³[$f = \mu_g \nabla^2$，$\nabla^2 = \partial^2/\partial x^2 + \partial^2/\partial y^2 + \partial^2/\partial z^2$，$\mu_g$ 为黏性系数（气体），N·s/m²）。

式(2-2)也称纳维-斯托克斯方程，简称 N-S 方程。

在气液两相流体相互干涉的过程中，液滴在气相湍流场中的运动轨迹受复合作用力作用的因素影响。为了能准确获得液滴在气相流场中的运动规律，简化并假定液滴在气相湍流流场内的运动时，只受气相湍流与液滴两相间具有的相对速度差影响，忽略其他附加力的作用效果，获得的液滴运动方程为：

$$\frac{1}{6}\pi d_{l}^{3}\rho_{l}\frac{dU_{l}}{dt}=\frac{1}{4}C_{d}\pi d_{l}^{2}\times\frac{1}{2}\rho_{g}U_{r}\mid U_{r}\mid \tag{2-3}$$

式中　d_l——液滴颗粒的直径，m；

ρ_l——液滴颗粒的密度，kg/m^3；

U_l——液滴颗粒的速度，m/s；

C_d——阻力系数；

U_r——相间速度差，m/s，$U_r=U_g-U_l$。

在以上运动方程中所有量纲物理量 ρ_g、ρ_l、μ_g、μ_i、d_l、U_g、U_l、U_r、g、l 与 C_d、t、p 共 13 个。因此，根据相似理论运用量纲分析法，导出相似准则数：

密度准则数：

$$\rho_l/\rho_g \tag{2-4}$$

几何准则数：

$$D/l \tag{2-5}$$

界面相对粗糙度准则数

$$\varepsilon/D \tag{2-6}$$

式中　ε——绝对壁面粗糙度；

D——模型几何特征长度，m。

运动准则数：

$$U_l/U_g \tag{2-7}$$

均时性准则数：

$$H_0=U_g t/l \tag{2-8}$$

式中　t——时间，s。

欧拉准则数：

$$E_u=p/(\rho_g U_g^2) \tag{2-9}$$

斯托克斯准则数：

$$S_{tk}=d_p^2\rho_g U_r/(l\mu_g) \tag{2-10}$$

式中　d_p——颗粒直径，m。

福罗德准则数：

$$F_r^2=U_g^2/(lg) \tag{2-11}$$

雷诺数：

$$Re = l\rho_g U_g / \mu_g \tag{2-12}$$

颗粒雷诺准则数：

$$Re_p = d_p \rho_g \mid U_g - U_p \mid / \mu_p \tag{2-13}$$

式中　μ_p——颗粒的动力黏度，Pa·s。

由式(2-1)中雷诺数计算结果可知，流体流动处于完全紊流状态，惯性力占主导，黏性力可以忽略不计，只要满足动力相似，可使得流体运动特性得到充分模拟并保持流动特征不发生改变[111]。

在不可压缩流体流动过程中，压力差没有相应的物理常数，是一个因变量，压力差值的大小是通过其他变量计算而来，因此欧拉准则是非定性准则；实验时高压水喷雾采用自来水，实验所用的煤尘密度均与原型密度相同，则密度准则数 ρ_l/ρ_g 满足；实验与原型流场均处于稳定，则均时性准则数 H_0 满足；由于液滴受冲击后速度在短时间内即可达到与流场速度相同，U_l/U_g 近似取 1；粉尘颗粒较小，所以体现惯性力与重力之比的 F_r 可不考虑；原型与模型的雷诺数处于同一自模区，则雷诺准则数 Re_p 相似。经简化，实验模型需满足的相似准则数为 S_{tk}、Re_p、ε/D、D/l 等 4 个。

根据相似理论的定义可知，相似系数为实验模型的相关参数与实际工况中的相关参数之间的比例系数。为使本书中建立的相似实验模型更具代表性以及准确性，选择霍州煤电集团木瓜煤矿地下矿井掘进工作面实际尺寸作为原型，长为 20 m、宽为 4.5 m、高为 3.5 m 的长方体计算域；参照标准确定原型环形风筒基本尺寸：外环径 1.1 m、内环径 0.9 m、宽 0.3 m。根据相似第一定理和第二定理的描述，确定本书使用相似比为 1∶10 设计相似实验条件及模型尺寸，搭建相似模拟实验台[112]。

(2) 实验系统设计及单因素雾化性能分析

① 实验系统的设计与制作

图 2-3 为作者设计的三维设备安装假想图，图中 R 为设备的雾化半径，D 为设备射程。将风流引射器均匀布置于环状风筒内倾壁面，将出口处高速气流叠加耦合形成了螺旋射流场；将喷嘴外置于环状风筒外壁，液相喷雾场受到内部多重螺旋气流冲击，强制改变雾滴运动方向，演变成指向壁面运动且高速旋转的致密网状雾幕，达到了包裹尘源的效果，有效隔绝粉尘运动。

② 实验系统的组成

根据上述系统组成，本书依据比例尺构建气动螺旋雾幕发生装置测试系统。图 2-4 为气动螺旋雾幕发生装置实验仪器与测试系统示意图，根据系统功能可以将该实验系统分解为 3 个子系统：

a. 喷雾系统

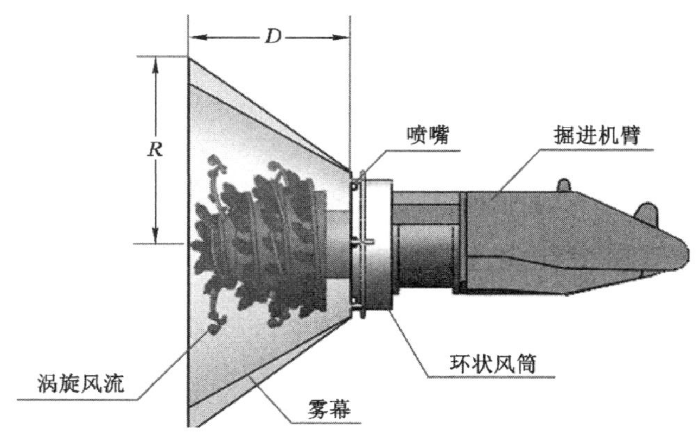

图 2-3　装置安装假想图

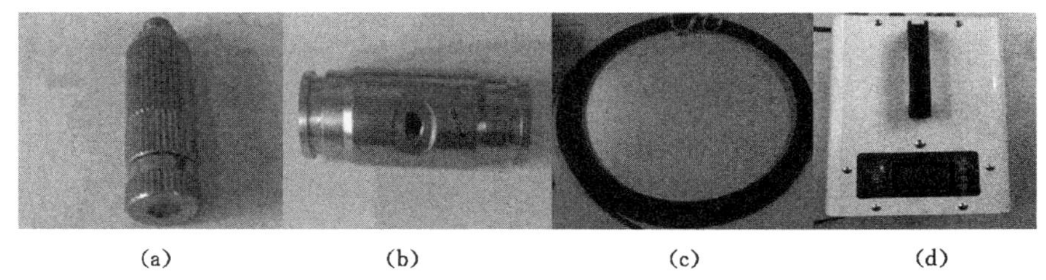

(a)　(b)　(c)　(d)

图 2-4　气动螺旋雾幕发生装置实验仪器与测试系统示意图
(a) 三段式高压冷雾喷头；(b) 直通喷座；(c) PE 管；(d) 高压雾化机

采用 JDT-12A 型高压雾化机为气动螺旋雾幕发生装置提供压力水，水源取自实验室水箱中贮存的自来水，三段式高压冷雾喷头安装在直通喷座上，并通过 PE 管将三通、直通喷座与高压雾化机输出端相连接。实验进行时，开启高压雾化机稳定输出段，并通过高压雾化机上配置的压力调节器调节水泵的输出压力和流量。

b. 射流螺旋风幕发生系统

射流螺旋风幕发生系统采用离心风机为系统提供射流风速，矢量变频器改变气相输出流量以及调整出风口风速，准确控制离心风机的输出风量，有效保证了不同射流风速条件下雾幕形成的稳定性，射流螺旋风幕发生系统组成如图 2-5 所示。

c. 实验参数测量子系统

在本实验中主要测量的参数有风速、压力、流量。考虑到本实验的主要测量为管道内环境风速，常规叶轮无法置入设备内部，故而参数测量仪表采用

(a)

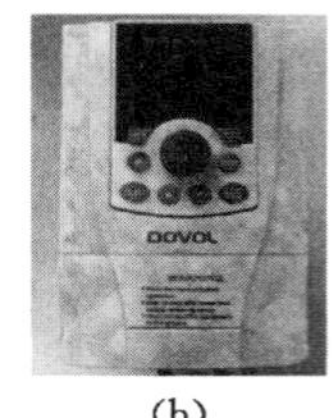

(b)

(c)

图 2-5　射流螺旋风幕发生系统

(a) 轴流风机;(b) 矢量变频器;(c) 风筒

GM8903 型热敏式风速仪。实验参数测量系统所采用的主要设备装置如图 2-6 所示。

(a)

(b)

图 2-6　实验测量设备

(a) LWGY-DN4 型涡轮流量计;(b) GM8903 型热敏式风速仪

本次实验主要仪器及测量仪表的规格及型号见表 2-1。

表 2-1　主要仪器的规格与型号

序号	仪器名称	型号	规格	精度
1	矢量变频器	PST350	1.5 kW	±0.5%
2	涡轮流量计	LWGY-DN4	0.04～0.025 m^3/h	0.5 级
3	热敏式风速仪	GM8903	0～30 m/s	±0.1 m/s
4	电子秒表	PC2810	0～60 min	0.1 s
5	压力表	YN-60	0～16 MPa	2.5 级
6	离心风机	160FLJ8	0～5 m^3/min	—
7	高压雾化机	JDT-12A	1.2 L/min	—

（3）实验内容

采用热敏式风速仪（GM-8903）测定引射器出口风速大小分别为 20、25、30 m/s，选取在这三种风速下测定的不同范围内的风速分布条件。不同工作条件下的雾化实验，保持泄压阀打开程度为 30%，启动高压雾化机，关闭泄压阀；控制高压雾化机上压力调节控制器，以改变高压雾化机的输出压强，观测压力表至额定工作压强，实验时高压雾化机喷雾工作压力设定为 4 MPa，实验时保证压力稳定；雾化工作夹角设定为 90°。采用热敏式风速仪（GM-8903）测定引射器出口风速大小分别为 10、15、20、25、30、35 m/s，进行多种风速下的喷雾覆盖范围实验。

（4）单因素影响雾化性能分析

对气动螺旋雾幕控尘系统不同风速条件下旋转的形成状况进行了实验测定，得出了不同风速条件下的雾幕形成度。形成状况实验结论如表 2-2 所示。

表 2-2　形成状况实验结论

射流风速/($m \cdot s^{-1}$)	雾幕形成度	射流风速/($m \cdot s^{-1}$)	雾幕形成度
10	未形成	25	形成
15	未形成	30	形成
20	形成	35	形成

由表 2-2 可知，射流风速由 10 m/s 增大到 35 m/s 时，当风速超过 20 m/s 后即可形成气动螺旋雾幕。而当射流风速为 35 m/s 时，风机负荷较大，不能进行应用。因此，根据气动螺旋雾幕的雾幕形成状况实验结论，选择射流风速为 20～30 m/s 进行雾幕雾化性能测试。

实验所获得的气动螺旋雾幕控尘装置喷嘴喷雾覆盖范围，即实验装置的雾化性能如表 2-3 所示。

表 2-3　雾化性能

射流风速/($m \cdot s^{-1}$)	雾化压力/MPa	工作夹角/(°)	射程/cm	半径/cm
20	4	90	42	18.5
25	4	90	36	19
30	4	90	33	20

2.2 综掘工作面高压螺旋气动雾幕雾化特性数值仿真

目前针对掘进工作过程中粉尘污染治理的最有效手段依然是在产尘点附近增设除尘设备对其进行捕集作业，达到降低作业空间内迁移扩散的粉尘浓度，使作业空间达到国家标准。现阶段，国内外煤矿使用最广泛的粉尘污染治理技术依然是喷雾降尘技术[113]。为此，针对掘进工作面粉尘污染研制出掘进工作面气动螺旋雾幕控尘装置，采用计算流体力学软件(COMSOL 5.6)，以数值模拟软件中的液滴破碎模型、碰撞模型为理论基础，对气动螺旋雾幕控尘装置的雾幕形成过程、影响规律进行数值模拟研究，为新型设备雾幕性能及控制掘进工作粉尘扩散污染实验进行深入研究提供理论支撑。

2.2.1 掘进工作面螺旋气动雾幕模型的建立

参考掘进工作面现场挖掘设备布置情况，新型控尘装置呈“圆环”形固定布置于截割臂尾端，该物理模型由环状风筒、高压风流引射器、高压喷嘴等部分组成，高压风流引射器等间距且均匀布置于内壁圆环的内壁上，环状水管布置于环外壁上，水管上沿圆周布置朝向截割头工作点方向的喷头，气动螺旋雾幕控尘装置布置于截割臂末端，绘制的三维掘进机设备装置结构安装布置如图 2-7 所示。

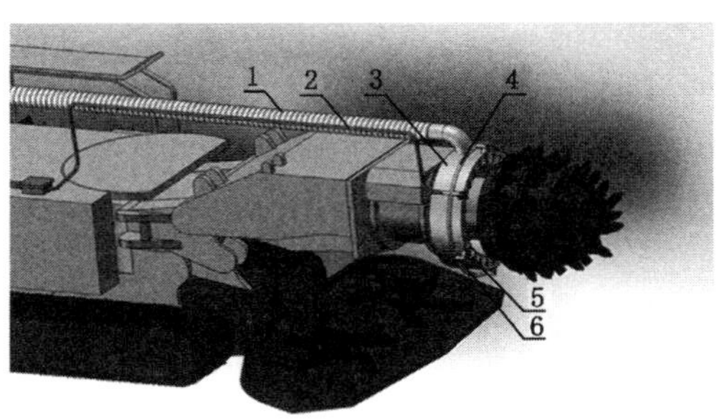

1—进风管；2—水管；3—环状风筒；4—环状水管；5—高压风流引射器；6—高压喷嘴。

图 2-7 装置结构安装示意图

雾滴颗粒在计算过程中受旋转空气射流冲击作用影响，在空间计算域中粒子运动轨迹发生改变，并且粒子间发生碰撞、液滴的二次破碎等。数学模型的建立包括以下部分：气流场湍流模型、喷雾雾化破碎数学模型[114-127]。

COMSOL Multiphysics 数值模拟软件中“流体流动”模块是基于流体的动量、质量和能量守恒定律。不同的流动模型描述流体流动等物理问题的通过物理定律转换为偏微分方程，并结合指定的初始条件和边界条件进行求解。物理场接口是用于定义流体属性、边界条件、初始条件以及可施加的约束特征，并利用 COMSOL 软件的 CFD 模块 k-ε 湍流模型结合液滴雾化模型，并在模型中增加液滴破碎模型。

掘进工作面气动螺旋雾幕几何模型主要分为喷嘴和液滴计算域两个部分。依据相似比例尺 1∶10，采用 SolidWorks 三维软件绘制掘进机外气动螺旋雾幕控尘装置的物理模型，建立掘进巷断面尺寸为长 2 m、宽 0.45 m、高 0.35 m 的长方体计算域；计算域中布置长度为 0.93 m 等比例尺的实物掘进机模型。获得的计算域物理模型见图 2-8。

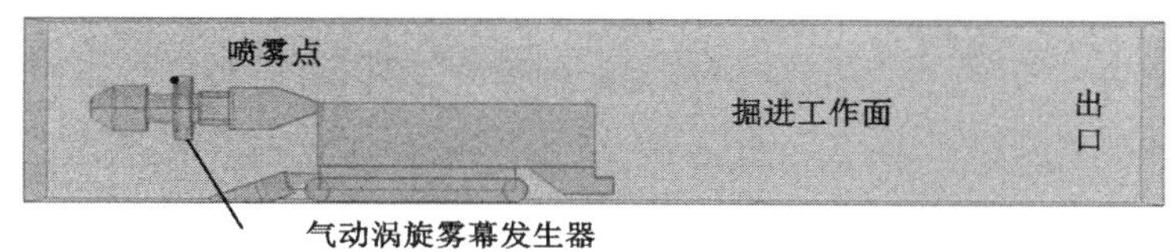

图 2-8　计算域物理模型

在掘进机臂上布置风幕发生装置的环状风筒，外径为 0.11 m、内径为 0.09 m 的圆环体，环状风筒中心轴线高为 $z=0.175$ m，水平位置为 $y=0$ m；高压风流引射器为均匀布置于环状风筒内倾壁面上的四面体，所设计出风口为规则的直角三角形指向壁面切线方向；将喷嘴视为规则的圆柱体，分别布置 4 个直径为0.002 m 的喷嘴于环状风筒外围；掘进端设为与墙壁、顶棚、地面相同条件的壁面。

为了准确地模拟出液滴在螺旋射流风速场中的运动轨迹进行了网格无关性的验证，依据 COMSOL 物理场控制网格生成划分策略对所建立的模型进行网格划分，如图 2-9 所示。

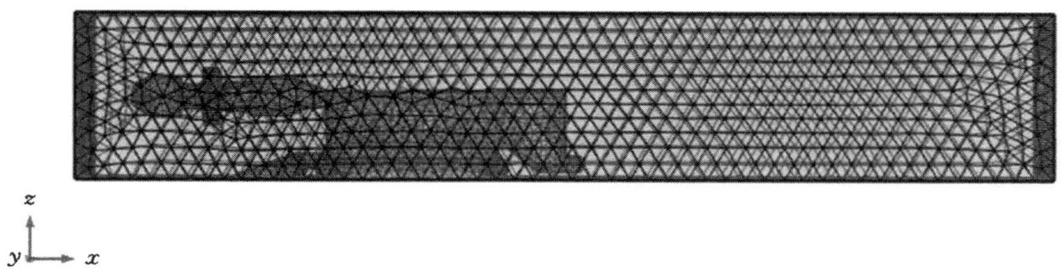

图 2-9　计算域网格划分图

通过用自适应体网格填充流体域并根据物理场优化网格参数，网格单元大小依据常规、较粗化、极粗化建立，3 种划分形式的总网格数分别为 255 023、740 135、2 450 349 的物理网格模型。最小单元质量分别为 0.074 68、0.130 50、0.092 65，当网格质量集中在 0.4～1.0 范围时，网格分布稳定，计算较为准确。获得的网格质量图如图 2-10 所示。

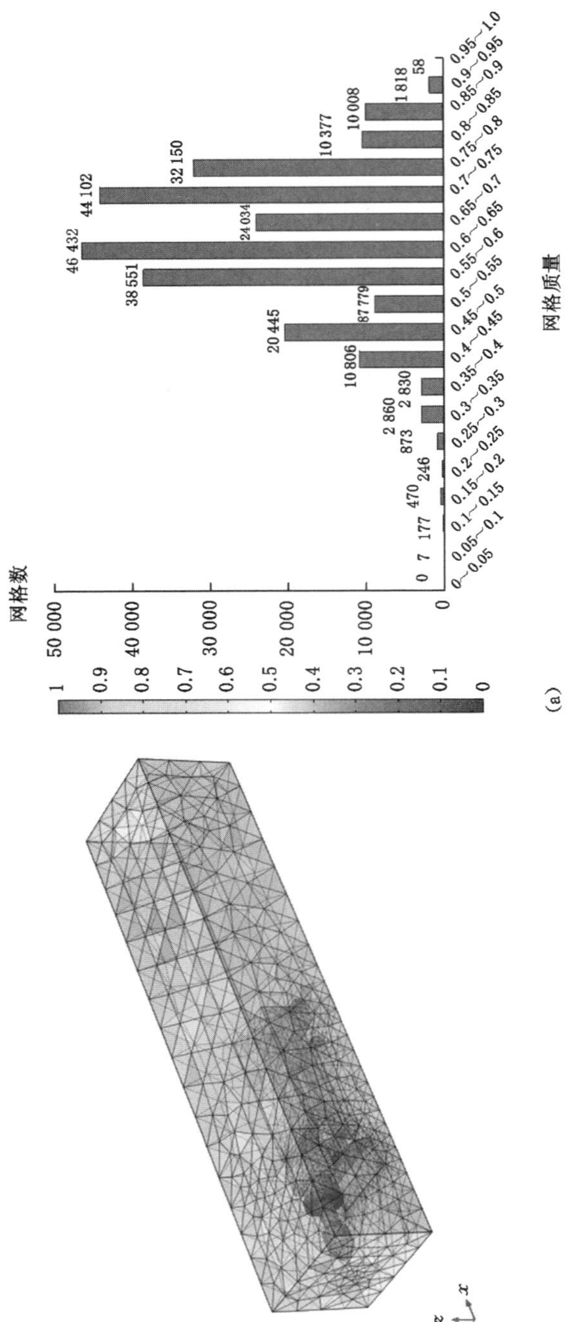

图 2-10　网格质量随网格数的变化规律示意图

(a)极粗化；(b)较粗化；(c)常规

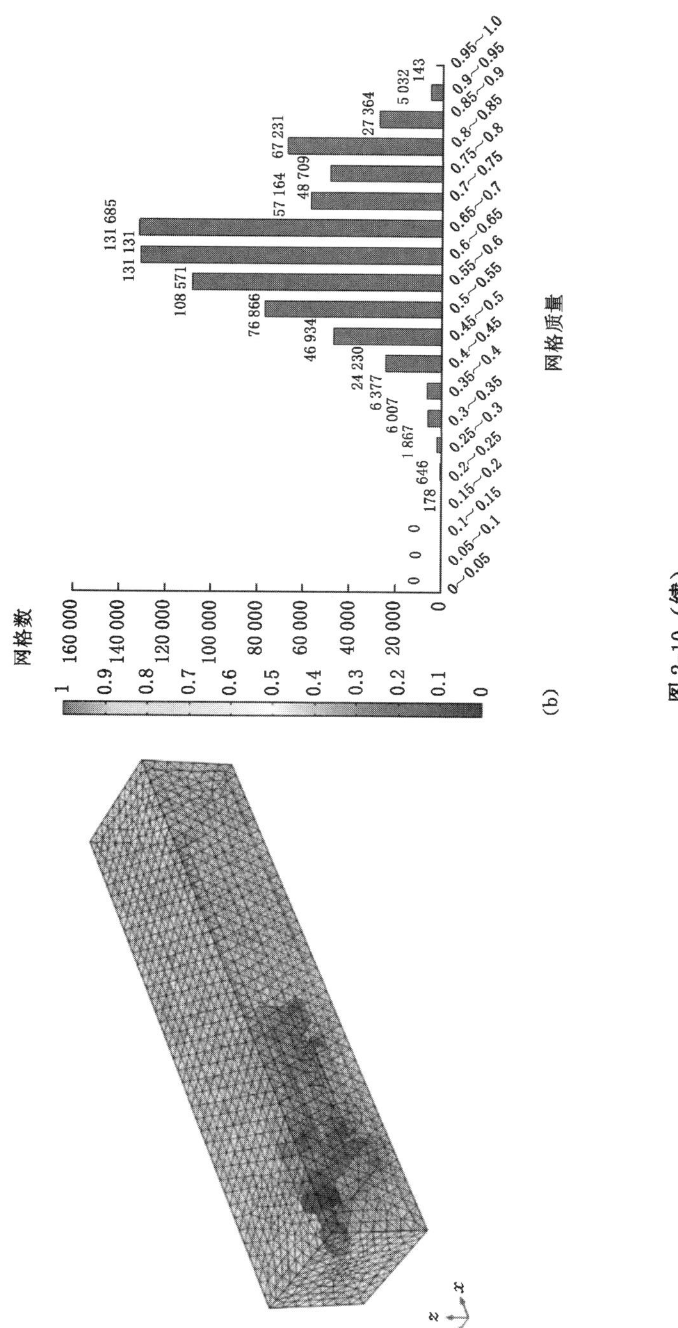

y
z
x
1
0.9
0.8
0.7
0.6
0.5
0.4
0.3
0.2
0.1
0
(b)
网格数
160 000
140 000
120 000
100 000
80 000
60 000
40 000
20 000
0
0
0
0
178
646
1 867
6 007
6 377
24 230
46 934
76 866
108 571
131 131
131 685
57 164
48 709
67 231
27 364
5 032
143
0~0.05
0.05~0.1
0.1~0.15
0.15~0.2
0.2~0.25
0.25~0.3
0.3~0.35
0.35~0.4
0.4~0.45
0.45~0.5
0.5~0.55
0.55~0.6
0.6~0.65
0.65~0.7
0.7~0.75
0.75~0.8
0.8~0.85
0.85~0.9
0.9~0.95
0.95~1.0
网格质量

图 2-10（续）

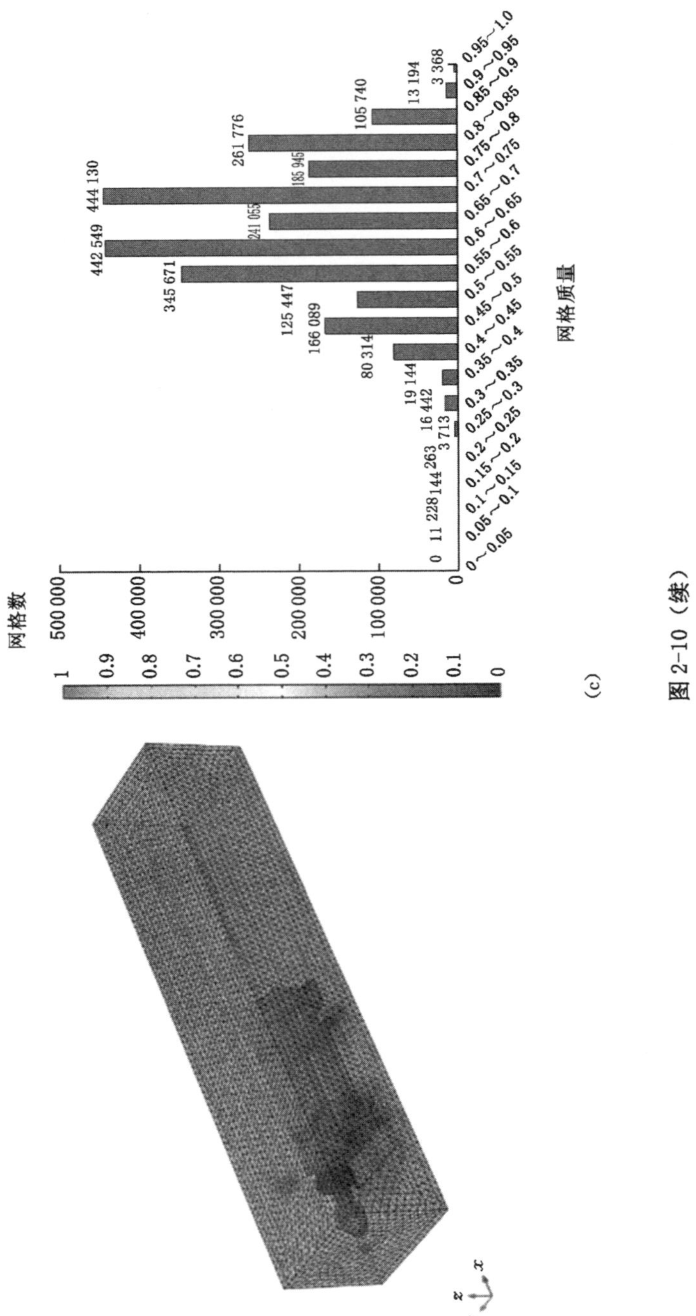
x
y
z
1
0.9
0.8
0.7
0.6
0.5
0.4
0.3
0.2
0.1
0
网格数
500 000
400 000
300 000
200 000
100 000
0
0
11
228
144
263
3 713
16 442
19 144
80 314
166 089
125 447
345 671
442 549
241 055
444 130
185 945
261 776
105 740
13 194
3 368
0～0.05
0.05～0.1
0.1～0.15
0.15～0.2
0.2～0.25
0.25～0.3
0.3～0.35
0.35～0.4
0.4～0.45
0.45～0.5
0.5～0.55
0.55～0.6
0.6～0.65
0.65～0.7
0.7～0.75
0.75～0.8
0.8～0.85
0.85～0.9
0.9～0.95
0.95～1.0
网格质量

(c)

图 2-10（续）

从图 2-10 可以看出，3 种条件下的网格质量超过 0.4 的占比分别为 0.981 833 011、0.988 248 090、0.991 511 005。这说明模拟中网格分布稳定，计算较为准确，自适应网格可充分填充流体区域，模型网格化质量较好，所生成的网格满足模拟要求。但考虑到计算机性能及计算准确性，本书选择中间分布网格，即较粗化网格划分[124]。

模型的边界条件设定为，将环状风筒高压风流引射器出风口处视为气相风速入口，掘进机后方出口端设备“出口”边界设置为压力出口。雾滴颗粒在流体流动中的液滴受曳力、重力影响，进而发生碰撞、聚合和二次破碎等动力学事件。气相材料和液相材料所用的材料由 COMSOL 自带数据库提供。将气相视为连续相，液滴颗粒视为离散相，壁面条件设置为冻结，采用 k-ε 湍流模型，液滴二次破碎选用 K-H 破碎模型，且气液两相间无能量交换，进行相间耦合计算，直至迭代收敛。初始环境温度为 20 ℃，压力为标准大气压，气相螺旋射流入口风速分别为 20、25、30 m/s。

2.2.2　气动螺旋雾幕形成数值模拟结果与分析

在对掘进机外气动螺旋雾幕控尘系统气动旋转风幕和高压雾化喷嘴同时配合进行控尘过程中，气液两相存在巨大的速度差，外环高压喷雾受到内环空气射流冲击产生严重的干涉现象，如图 2-11 所示。螺旋射流风幕冲击高压水喷雾使得雾滴间发生相互碰撞及二次破碎现象，并且雾化过程中的射流冲击改变了雾滴在原有状态下的运动轨迹，旋转射流风速是形成旋转雾幕的主要能量来源。因此，气动螺旋雾幕形成过程中外环高压喷雾与内环旋转射流风速场干涉过程是本节的研究重点。本节首先分析内环旋转射流风幕形成机理，基于风速流场添加喷雾场，获得外环喷雾在内环旋转射流风速场冲击下的雾滴运动轨迹与雾化特性。

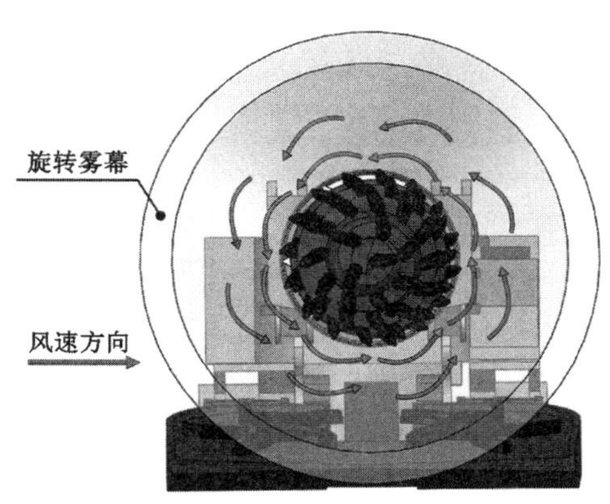

图 2-11　气动螺旋雾幕干涉示意图

（1）射流风速场

由均匀分布在壁面的高压风流引射器发出的高速风流，形成了旋转的螺旋风幕。本节采用 COMSOL 中 k-ε 湍流模型对射流风速场进行计算，以射流风速为 30 m/s 条件下产生的螺旋射流风速的速度分布效果图如图 2-12 和图 2-13 所示。

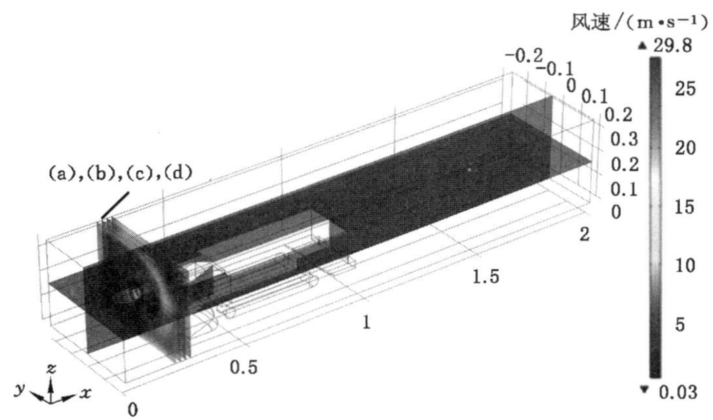

图 2-12　射流风速场

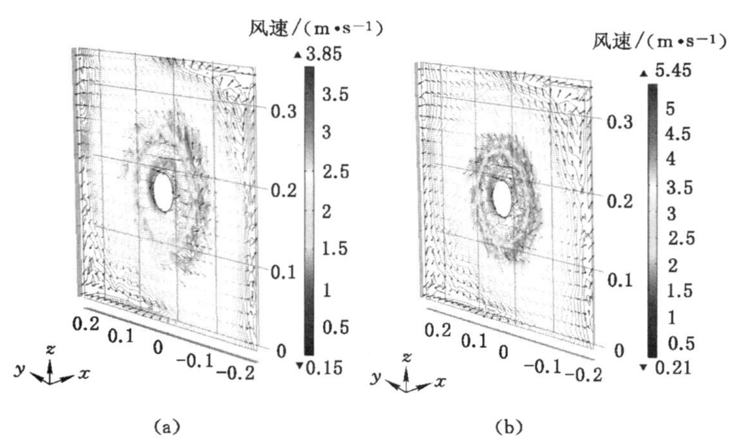

图 2-13　30 m/s 射流风速场剖面图

(a) $x=0.20$ m；(b) $x=0.22$ m；(c) $x=0.24$ m；(d) $x=0.26$ m

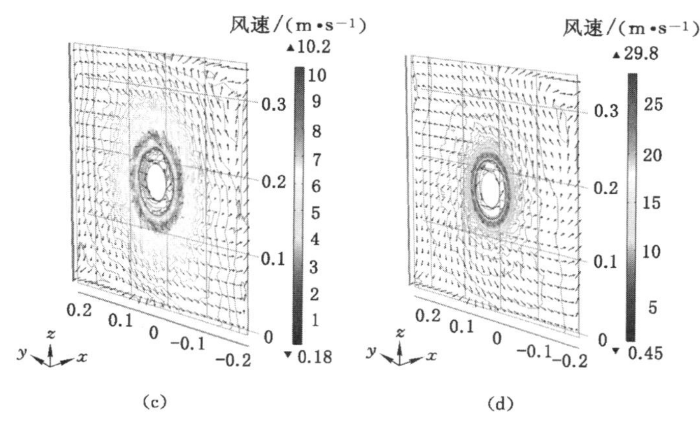

图 2-13　(续)

由图 2-12 和图 2-13 可知：在气动螺旋雾幕控尘系统所形成的旋转雾幕雾化过程中，旋转射流风速是气动螺旋雾幕形成的主要影响因素。在长方体计算域中，$x=0.26$ m 为风筒出风口截面，高速风流沿计算域 x 轴负方向运动，可明显看出风流方向由环状风筒出口中心向四周壁面扩散，形成向外扩散的环状螺旋风流场（旋转气幕）；出风口流出的高速气流卷吸周边空气进入引射流场，共同向前运动，然而受场中压力梯度、沿程阻力及空气自身的黏滞性影响，高速气流的动量快速衰减，流速不断降低；在引射风流出口处，风速由最高 29.8 m/s 快速衰减至 3.85 m/s，所形成的旋转气幕有效工作距离较小；环状冲击射流流场内部由于负压形成了指向环状风筒内环的涡流风流场。

获得不同射流风速 xz 截面模拟结果如图 2-14 所示。

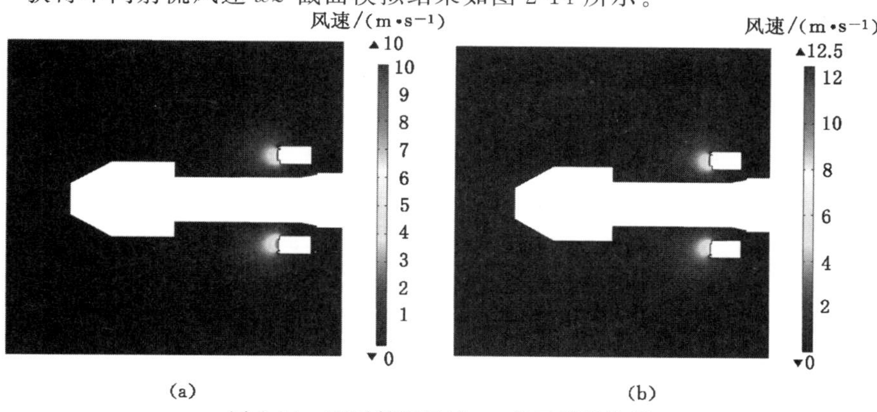

图 2-14　不同射流风速 xz 截面模拟结果

(a) 射流风速 $v=20$ m/s；(b) 射流风速 $v=25$ m/s；(c) 射流风速 $v=30$ m/s

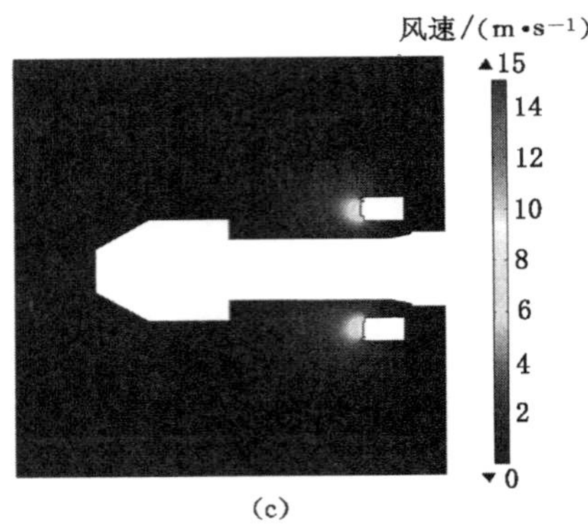

(c)

图 2-14 （续）

在 xz 断面上设置 9 个测风点，出风口所在断面测点位置分别为Ⅰ(0.1,0.25)、Ⅱ(0.225,0.25)、Ⅲ(0.35,0.25)、Ⅳ(0.1,0.175)、Ⅴ(0.225,0.175)、Ⅵ(0.35,0.175)、Ⅶ(0.1,0.1)、Ⅷ(0.225,0.1)、Ⅸ(0.35,0.1)，数值单位为“m”。风速测点位置布置如图 2-15 所示。

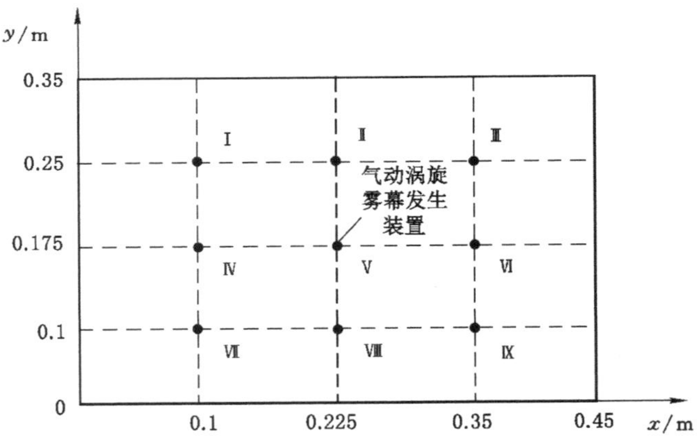

图 2-15 风速测点位置示意图

根据模拟结果，获得的不同位置处射流风速分布如图 2-16 所示。

图 2-16 为 9 个测点在不同位置处的射流风速分布。高压风流引射器指向掘进壁面，在开启压风风机，出风口处产生螺旋射流风速，由于多重叠出风口导致的旋转风速方向被迫发生变化，堆叠导致风速各向动量瞬间发生改变，产生大量诱导动量。但由于空气的压力梯度、沿程阻力及空气自身的黏滞性影响，导致

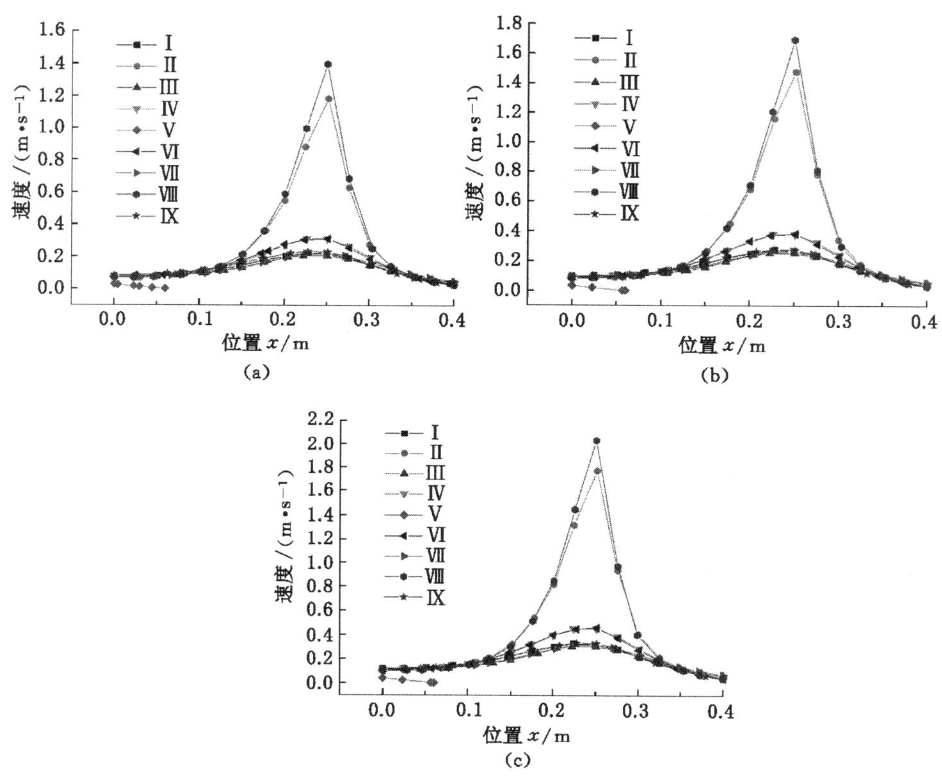

图 2-16　不同测点射流风速分布

(a) 射流风速 v=20 m/s;(b) 射流风速 v=25 m/s;(c) 射流风速 v=30 m/s

风速由 x=0.26 m 向壁面和出风口端逐渐降低,风速快速衰减;测点Ⅱ、测点Ⅷ在引射风流出风口附近获得风速最高点。而由于测点Ⅴ在模型中设有掘进机,故而风速截断。

(2) 射流风速对雾化半径的影响

图 2-17 至图 2-19 为不同时刻 20、25、30 m/s 射流风速条件下的气动螺旋雾幕雾化形态的变化情况,图中所形成的完整气幕墙冲击了具有向前喷射速度的液滴,而且同时增大了运动液滴的竖直方向速度(y 方向速度)和横向偏移速度(z 方向速度),最终可导致运动液滴随风流运动,液滴运动方向改变,发生偏转和分散,形成旋转的雾幕墙。气动螺旋雾幕取决于射流风速的大小,所形成的雾幕半径不同。模拟条件中的喷嘴口径为 0.002 m,模拟选择喷嘴工作夹角为 90°,喷嘴呈圆环状均匀布置于环状风筒外壁,气相射流风速出口风速分别为 20、25、30 m/s。当引射

风流风速为 20 m/s 时，获得液滴分布模拟效果图，如图 2-17 所示。

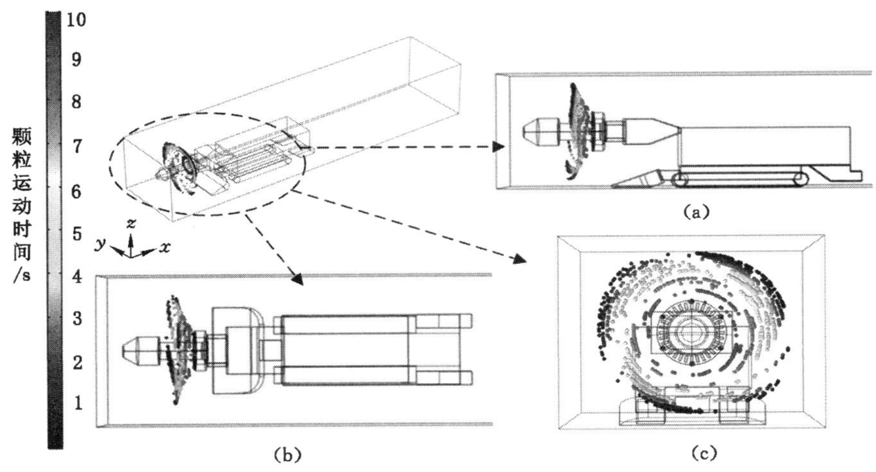

图 2-17　射流风速为 20 m/s 时的液滴分布图

(a) $y=0$;(b) $z=0$;(c) $x=0$

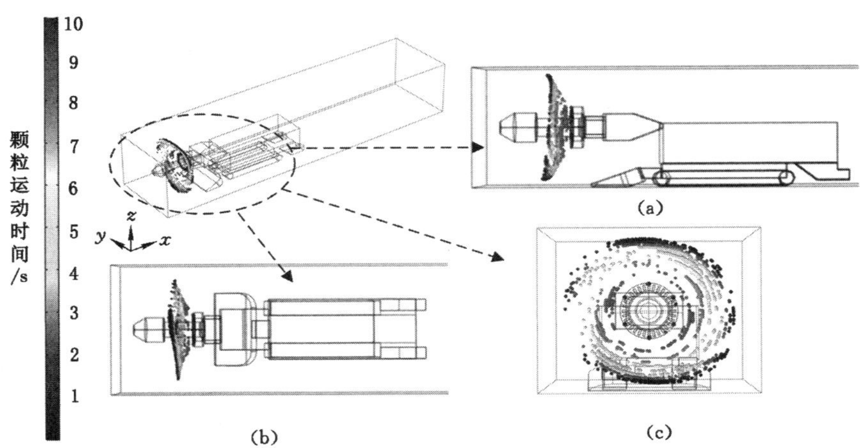

图 2-18　射流风速为 25 m/s 时的液滴分布图

(a) $y=0$;(b) $z=0$;(c) $x=0$

由图 2-17 可知，即当开启气相引射风流设备时，雾滴颗粒沿 x 轴方向分布，雾化场颗粒以(0,0,1.75)为中心轴线围绕环状风筒呈现环状离散分布；随着气动螺旋风幕的螺旋射流风速的不断增大，雾滴颗粒受内环高压风流引射器形成的旋转射流曳力的拖拽作用发生明显飘移，粒子运动方向指向掘进巷四周壁面

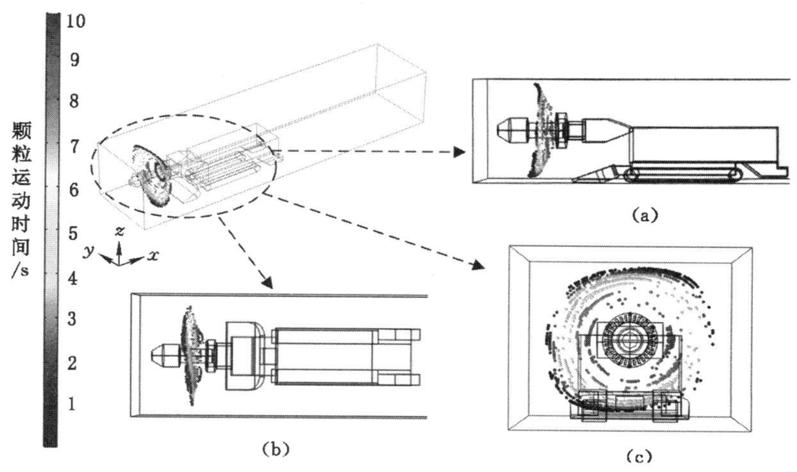

图 2-19　射流风速为 30 m/s 时的液滴分布图

(a) $y=0$;(b) $z=0$;(c) $x=0$

方向。从图中可以看出,气动螺旋雾幕雾滴随时间变化的轨迹曲线,当射流风速为 20 m/s 时,形成螺旋雾化场后,雾滴以 60°的最大半锥角指向四周壁面发生扩散运动。

当射流风速分别为 25、30 m/s 时,获得液滴分布模拟效果图如图 2-18、图 2-19 所示。当引射风流风速为 30 m/s 时,最大半锥角为 69°。随着气动螺旋风幕射流风速的不断增大,喷嘴喷出的雾滴颗粒偏离旋转风流场中心轴线,高压喷雾所形成的小液滴受冲击后集中在环状风筒外圈,随风流向外扩散而逐渐减少;影响雾滴扩散范围的主要因素是螺旋射流的射流风速,喷雾雾化半径随着射流风速的提高而增大,气动螺旋雾幕控尘装置的喷射覆盖范围也随之增大。

由图 2-17 至图 2-19 中的 $z=0$ 方向截面图可以看出,当引射风流风速逐渐上升时,气动螺旋雾幕雾化半径分别为 20 m/s 时的 18.9 cm、25 m/s 时的 19.6 cm 和上升到 30 m/s 时的 20.5 cm,雾幕宽度逐渐增大,证明了气动螺旋雾幕雾化半径随风速的增大而随之增大,与实验结果对比,显示误差较小,同时也验证了数值模拟的有效性。

(3) 射流风速对颗粒速度分布的影响

内环气动螺旋风幕冲击外环喷雾场,增大了所形成雾滴颗粒运动的初始速度,导致液滴发生不同轨迹的扩散,因而分别采用 20、25、30 m/s 三种不同的螺旋射流风速条件,对雾滴速度分布规律进行比较分析。获得的雾滴颗粒在计算域沿 x 轴负方向做旋转扩散的轨迹分布图如图 2-20 所示。

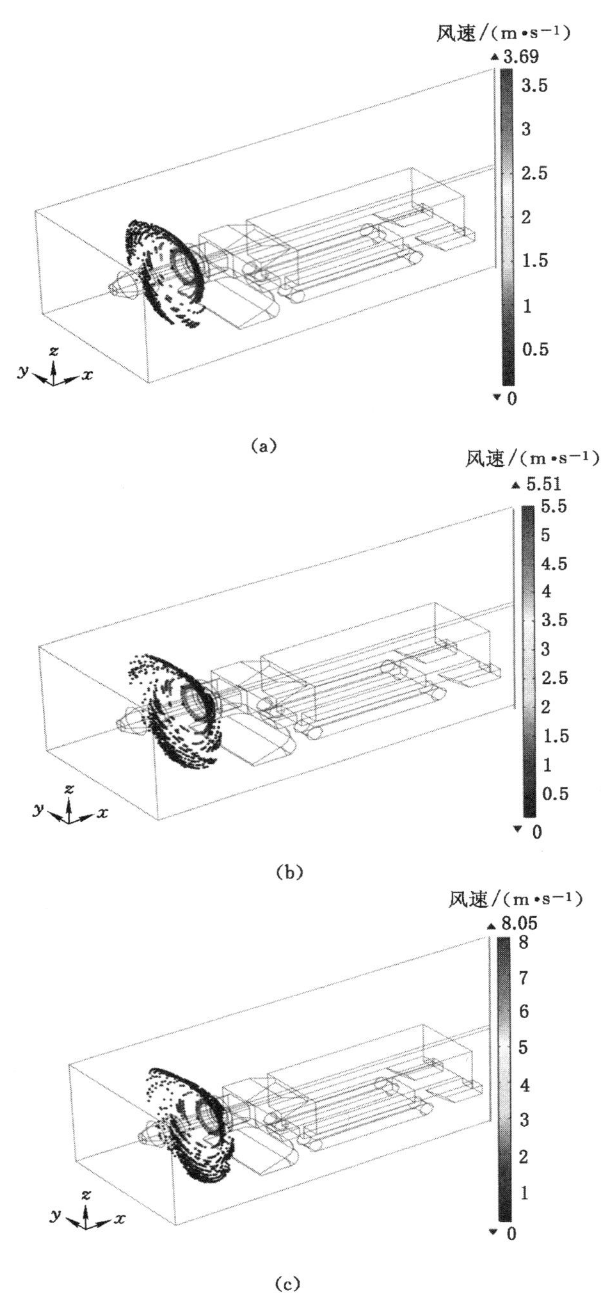

图 2-20　液滴速度分布图

(a) 射流风速 v=20 m/s;(b) 射流风速 v=25 m/s;(c) 射流风速 v=30 m/s

雾化场中雾滴受内环螺旋风幕冲击以 x 轴为中心向四周壁面扩散形成旋转雾幕，且颗粒分布较为均匀。中心区域雾滴颗粒受内环风速冲击剧烈，高速颗粒多集中在出口处，而随着颗粒的扩散，液滴颗粒受碰撞、阻力、摩擦力等多种复杂作用机理条件导致雾滴颗粒的速度逐渐降低。而随着引射风流风速的增大，粒子速度由射流风速为 20 m/s 时的最大速度 3.69 m/s 升至射流风速为 30 m/s 时的最大速度 8.05 m/s，粒子的初始动能及扩散轨迹都表现出不同程度的增大，不仅仅是速度的增大，同时粒子间的碰撞、破碎及分离情况也有增大趋势。

通过采集计算域中各雾滴速度，运用 MATLAB 拟合，获得雾滴颗粒轴向速度分布如图 2-21 所示。从图中可以看出，最初喷嘴喷出的雾滴粒子受内环旋转射流冲击具有了较大的初速度，之后随着轴向距离的增大液滴速度快速下降，这是由于液滴受空气阻力影响，液滴粒子速度急剧下降，最终轴向速度稳定在 0.3 m/s 左右持续扩散。

(4) 射流风速对粒径分布的影响

在气动螺旋雾幕控尘系统中，气相气体螺旋射流风速是影响气动螺旋雾幕雾化效果的重要参数。在数值模拟的过程中，选择气相引射风流为 20、25、30 m/s时的粒子粒径分布，当迭代收敛后，通过捕捉液滴粒子，获得在不同位置处雾化场中液滴颗粒的粒度分布图，如图 2-22 所示。

通过采集 COMSOL 中雾滴颗粒粒径并通过 MATLAB 拟合雾滴颗粒粒径的分布情况为：当雾化压力一定，射流风速为 20 m/s 时，破碎的雾滴粒径主要分布在 5～25 μm 区间；随着射流风速的增大，射流风速为 30 m/s 时，雾滴粒径主要分布在 5～15 μm 区间。随着射流风速的增大，雾滴粒径的分布区间发生明显降低，不同射流风速下粒径较大的雾滴颗粒所受的动能较大，同时所受到阻力作用也较大，受场中阻力及自身动能影响下破碎成粒径更为细小的液滴，粒径分布更均匀。但是，气相射流风速越大，供风系统负荷就越高，进而加大了能耗。

在雾化场中广泛采用索特平均直径 SMD(sauter mean diameter)表示雾滴的平均尺寸，即 D[3,2]。而 D[4,3]则为“质量距体积平均粒径”，简称为体积平均径。

在诱导气流风速为 20 m/s 时，D[3,2]和 D[4,3]平均值为 16.6 μm、21.3 μm，在诱导气流风速为 30 m/s 时，D[3,2]和 D[4,3]平均值为 10.4 μm、8.49 μm，相对于风速为 30 m/s 时雾滴粒径有所减小。这是因为随着射流的增大，提高了雾滴颗粒的表面波的不稳定性、雾滴颗粒震动加大，雾滴粒径不断减小。说明在螺旋射流和雾化压力的双重耦合影响作用下，增大了雾滴颗粒发生二次破碎的强度，提高了雾滴分布的均匀性，提高了液滴捕尘效率。

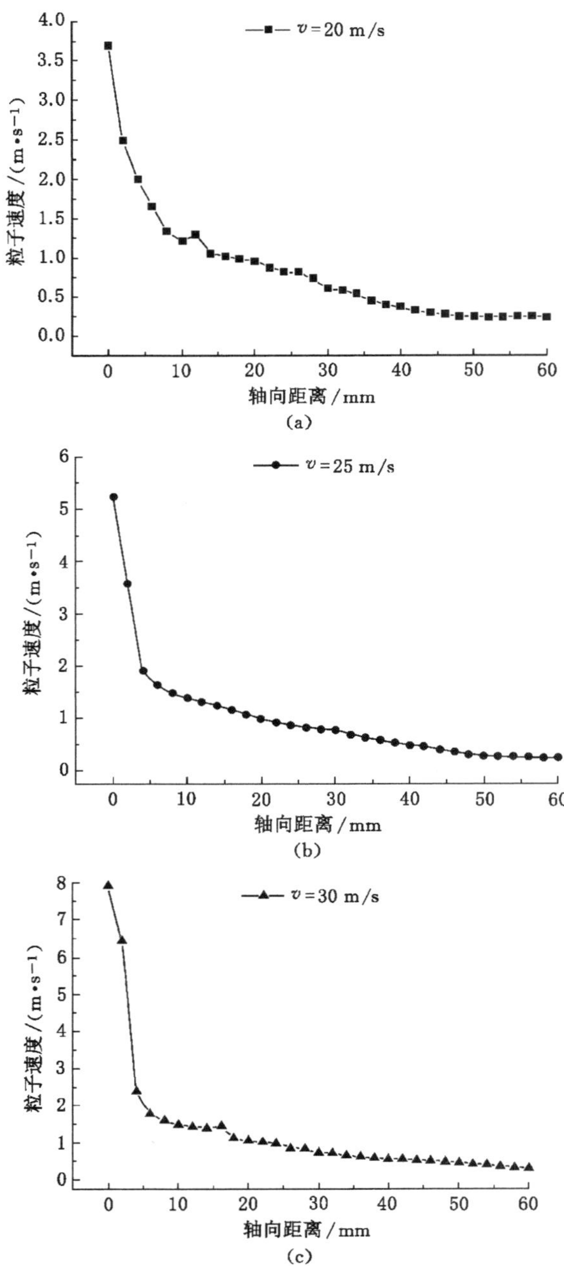

图 2-21 液滴轴向速度分布

(a) 射流风速 v=20 m/s;(b) 射流风速 v=25 m/s;(c) 射流风速 v=30 m/s

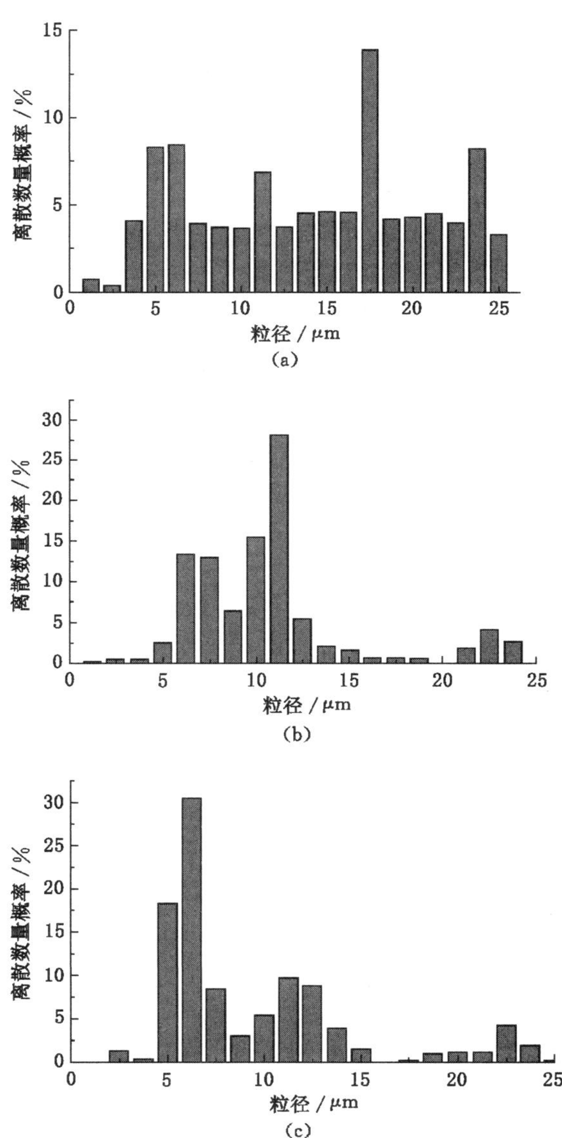

图 2-22　雾化场中液滴的粒径分布图

(a) 射流风速 $v=20$ m/s;(b) 射流风速 $v=25$ m/s;(c) 射流风速 $v=30$ m/s

2.2.3　综掘工作面气动螺旋雾幕雾化性能及降尘性能的相似实验研究

气动螺旋雾幕是基于射流气体形成的螺旋射流的高压水喷雾，气液两相介于边界层具有较高的两相速度差，气相冲击液相造成两相间不稳定运动，改善液滴破碎状态，并夹带更细碎的液滴随风流运动而形成的旋转雾幕墙。因此，需要供给具有一定动能射流空气和压力水之外，改变工作夹角、风量及射流压力都将对实验具有一定的影响，安全、经济地形成气动螺旋雾幕是本书主要的研究目标。本节基于相似理论所建立的气动螺旋雾幕发生装置实验平台，以影响液滴运动规律的射流风速、喷雾工作压强、工作角度为出发点，对所研制控尘装置的性能进行实验验证。分析雾幕工作性能与各工作条件之间的关系，深入探究气动螺旋雾幕参数的影响规律及合理调控区间。

(1) 实验系统介绍

① 实验系统的设计与制作

根据本书所述的实验设备主体结构组成，作者设计的气动螺旋雾幕实验系统三维设备整体示意图如图 2-23 所示。该实验系统中的仪器及测量仪表主要包括涡轮流量计、热敏式风速仪；控制器主要使用矢量变频器。为了细化研究该气动螺旋雾幕控尘系统的降尘性能，采用长 2 m、宽 0.45 m、高 0.35 m 的半封闭实验箱，所用半封闭相似实验平台实物如图 2-24 所示。本节分别研究气动螺旋雾幕控尘系统在不同射流风速、工作压力、工作夹角条件下的雾化性能，并依据确定的关键参数进行降尘性能实验。

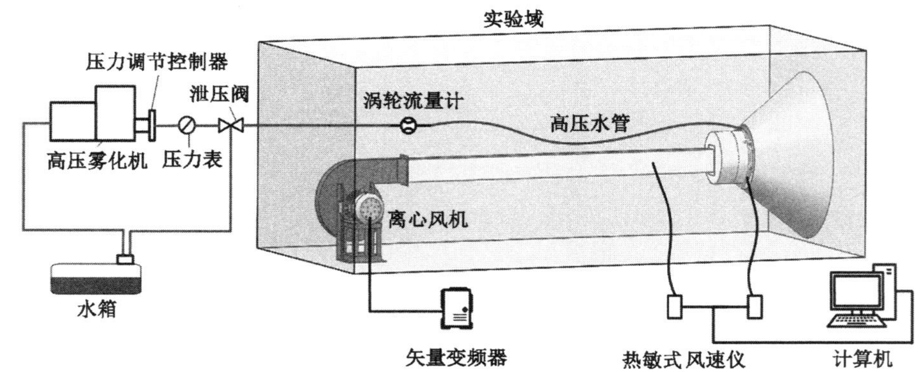

图 2-23　实验装置示意图

② 实验步骤/实验内容

a. 实验预备

按实验系统确保实验系统中气液两路中各连接件结合处连接牢固、密闭条件好；打开电源开关，启动离心风机，调整矢量变频器，控制风流输出强度至实验工况，保持输出稳定时，测量工作风速。

b. 不同射流风速下的风速分布实验

图 2-24　半封闭实验箱

采用热敏式风速仪(GM-8903)测定引射器出口风速，大小分别为 20、25、30 m/s，选取这三种风速下的测定不同范围内的风速分布条件。

c. 不同工作条件下的雾化实验

保持泄压阀打开程度为 30%，启动高压雾化机，关闭泄压阀；控制高压雾化机上压力调节控制器，以改变高压雾化机的输出压强，观测压力表至额定工作压强，实验时高压雾化机喷雾工作压力设定为 4、6、8 MPa。实验时保证压力稳定，同时测量液体流量。采用热敏式风速仪(GM-8903)测定引射器出口风速，大小分别为 20、25、30 m/s，选取这三种风速下的喷雾覆盖范围，并调节喷嘴在 45°、60°、75°、90°、105°五种组合工作角度实验条件下的雾化性能。

d. 经济工作条件下的降尘性能实验

通过半封闭实验箱，设置发尘装置，选择经济雾化性能工况条件下的气动螺旋雾幕控尘装置的降尘性能，对比分析单独喷雾及自然条件下的降尘性能实验。

(2) 风幕形成特性分析

为了确定掘进机外气动螺旋雾幕控尘系统的气动螺旋风流运移规律，设定射流风速参数依次进行模拟实验。当气动风幕射流风速分别为 20、25、30 m/s，每隔 0.1 m 设置一个测风断面以确定距迎头(本设备与迎头最近距离)处所形成的旋转的风流场强度；每个断面上均设置 9 个测风点，径向出风口所在断面测点位置分别为Ⅰ(0.1，0.25)、Ⅱ(0.225，0.25)、Ⅲ(0.35，0.25)、Ⅳ(0.1，0.175)、Ⅴ(0.225，0.175)、Ⅵ(0.35，0.175)、Ⅶ(0.1，0.1)、Ⅷ(0.225，0.1)、Ⅸ(0.35，0.1)，数值单位为“m”。风速测点位置布置如图 2-15 所示。

设置的通风参数依次进行实验，实验结果如表 2-4 所示。表 2-4 中，风速方向采用以下图标表示：“⊙”表示指向迎头，“¤”表示逆向迎头，“↑”表示由底板指向顶板，“↓”表示由顶板指向底板，“←”“→”“↖”“↙”“↗”“↘”表示指向壁面。获得不同断面测点的风速及风速彩带方向如表 2-4 所示。其中，测点位置气流方向选用彩带进行测量。

表 2-4　不同测点风速

x/m	射流风速/(m·s^{-1})	风速/(m·s^{-1})								
		Ⅰ	Ⅱ	Ⅲ	Ⅳ	Ⅴ	Ⅵ	Ⅶ	Ⅷ	Ⅸ
0.1	方向	↖	↑	↗	←	⊙	→	↙	↓	↘
	20	0.1	0.2	0.1	0.1	0	0.1	0.1	0.1	0.1
	25	0.1	0.1	0.1	0.1	0	0.1	0.1	0.1	0.1
	30	0.2	0.1	0.1	0.1	0	0.1	0.1	0.1	0.1
0.2	方向	↖	↑	↗	←	¤	→	↙	↓	↘
	20	0.3	0.6	0.2	0.3	0.1	0.4	0.2	0.7	0.3
	25	0.3	0.9	0.3	0.5	0.2	0.4	0.3	0.8	0.3
	30	0.4	1	0.4	0.6	0.5	0.7	0.5	0.9	0.3
0.3	方向	↖	↑	↗	←	¤	→	↙	↓	↘
	20	0.2	0.3	0.2	0.2	0.3	0.3	0.4	0.3	0.3
	25	0.4	1.3	0.4	0.7	0.8	0.4	1.1	0.5	0.4
	30	0.5	1.2	0.6	0.8	0.7	1	0.9	1.3	0.5

(3) 雾幕形成特性分析

在实验测试过程中发现，随着装置供水压力的增大，喷嘴的喷射流程也在不断增大，但雾化系统中水管与连接件是卡勾连接，高压工作室 PE 管连接处负载较大，管路震动较强。考虑到此装置未来应用于地下矿井综掘工作面，属于长时间不间歇工作，需保证雾化系统能稳定工作，因此，选择喷雾系统的工作供水压力在 4、6、8 MPa 三个工况条件下进行实验，喷嘴喷射效果如图 2-25 所示。

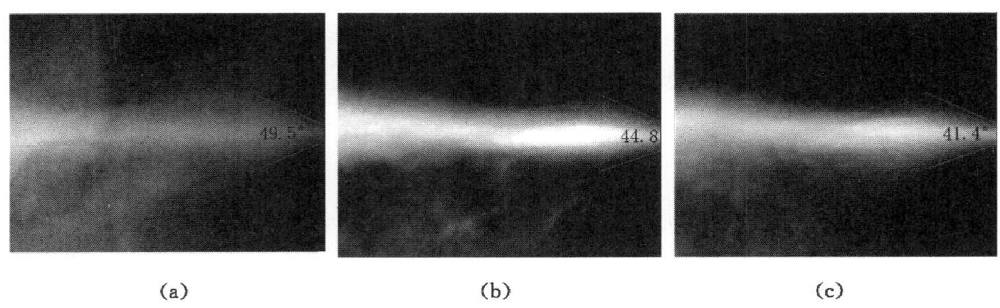

图 2-25　水泵供水压力为 4、6、8 MPa 时喷嘴喷射流程场景图

(a) 4 MPa;(b) 6 MPa;(c) 8 MPa

雾化系统测试实验过程中，选择 4、6、8 MPa 三个工况条件下进行实验，将涡轮流量计安装于自来水龙头与高压水泵之间，每次实验开始之前流量计都会进行调零处理，结束之后进行数据记录。主要参数如表 2-5 所示。

表 2-5　喷雾技术参数

孔径规格/mm	工作压力/MPa	喷雾量/(mL · min^{-1})	质量/g	雾化夹角/(°)
0.1	4	94.0	10	49.5
	6	132.5	10	44.8
	8	187.5	10	41.4

为准确测量气动螺旋雾幕控尘系统所形成的旋转雾幕雾化性能，本实验将实验设备挪至无风实验室内。在实验室的密闭空间内，对气动螺旋雾幕的雾化性能进行了实验测定，可保证实验的准确性，有效避免因环境风流或其他干扰因素对气动螺旋雾幕控尘系统雾化性能影响。所获得稳定的旋转风幕和喷雾效果图如图 2-26 和图 2-27 所示。

图 2-26　不开启射流风速时的喷雾效果

通过气动螺旋雾幕控尘系统相似实验平台测定了该装置在不同的风速、喷雾压力以及喷雾角度条件下的最远射程和相应的雾幕半径。实验时气动螺旋雾幕控尘装置不同工况角度条件下实验装置的雾化性能如表 2-6 所示。

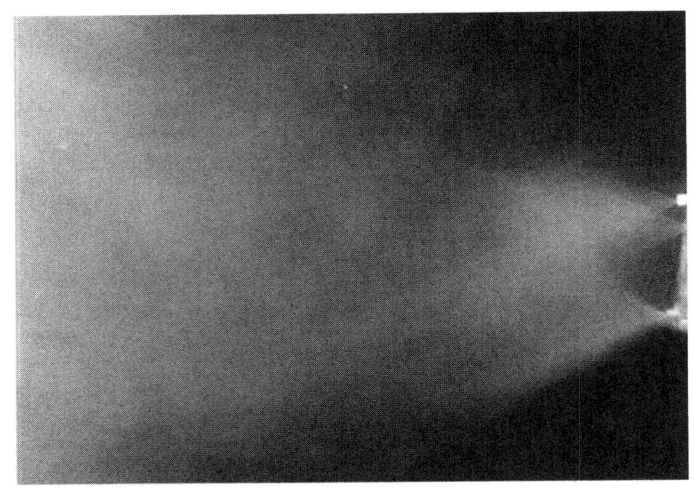

图 2-27 开启射流风速时的喷雾效果

表 2-6 雾化性能

射流风速/(m·s^{-1})	压力/MPa	工作夹角/(°)	射程/cm	半径/cm
20	4	45	20	13
		60	26	15
		75	30	20.5
		90	42	18.5
		105	38	18
	6	45	22	12
		60	28	14.5
		75	35	19
		90	46	17.8
		105	42	17.5
	8	45	27	11.3
		60	34	13.5
		75	39	18
		90	48	17.5
		105	44	16

表 2-6(续)

射流风速/(m·s^{-1})	压力/MPa	工作夹角/(°)	射程/cm	半径/cm
25	4	45	20	12.4
		60	22	16.5
		75	26	21.5
		90	36	19
		105	33	17.5
	6	45	24	12
		60	25	17
		75	27	20.5
		90	39	18
		105	35	17
	8	45	26	10.5
		60	28	14
		75	29.5	18.5
		90	41	17
		105	37.5	16.5
30	4	45	19	15
		60	21.5	19
		75	24	25
		90	33	20
		105	30	18
	6	45	20	15
		60	23	18
		75	25	23.5
		90	37.5	19
		105	30	17
	8	45	22	13
		60	24.5	17
		75	25.5	22
		90	39	18
		105	32.5	17

(4) 降尘效果实验分析

为了研究气动螺旋雾幕控尘装置的降尘性能，在半封闭实验箱壁面设置自制发尘器作为发尘源，实验用粉尘选用阜新电厂原煤经破碎后，使用筛孔尺寸为0.045 mm筛网去除较大粒径煤尘，发尘量按30 g/min进行发尘作业。实验检测设备实物如图2-28所示。

(a) (b)

图 2-28 实验检测设备实物

(a) AKFC-92A 矿用粉尘采样器;(b) CCZ1000 直读式粉尘浓度测量仪

在轴向半封闭实验断面布置4个测尘点：Ⅰ(0,0.15)、Ⅱ(0.5,0.15)、Ⅲ(1.0,0.15)、Ⅳ(1.5,0.15)，单位“m”，各测点间距0.5 m，实验测点布置位置如图2-29所示。

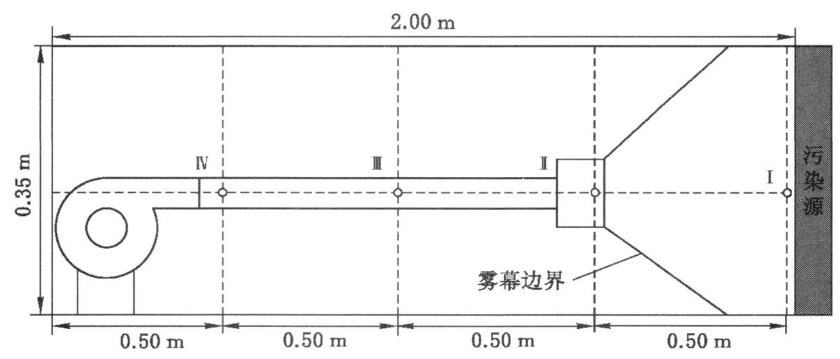

图 2-29 实验测点位置

本实验共设置4个高压喷嘴，保证实验喷雾过程中各喷嘴喷雾压力及水流量一致。在自设计半封闭实验箱中进行气动螺旋雾幕控尘实验，实验空间内依据设定的实验方案要求测定各测点粉尘质量浓度，设置喷雾压力为

4 MPa,射流风速分别设置为 20、25、30 m/s,喷雾角度为 75°,进行粉尘捕集性能测试。掘进机测点Ⅰ处单独水喷雾与不同射流风速条件下的气动螺旋雾幕控尘系统降尘效率对比如图 2-30 所示,掘进机测点Ⅱ处控尘系统降尘效率对比如图 2-31 所示。

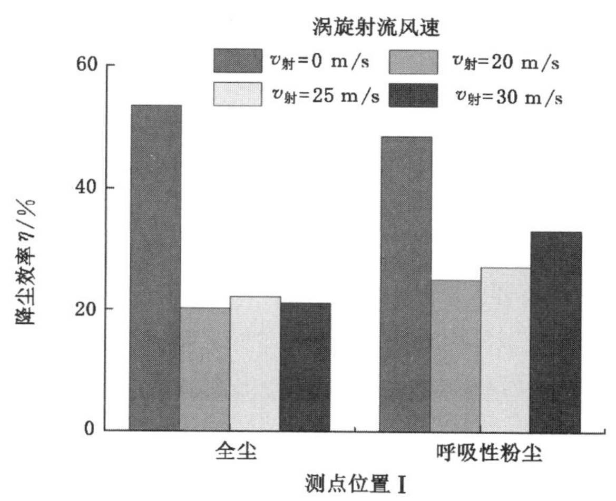

图 2-30　测点Ⅰ降尘效率对比图

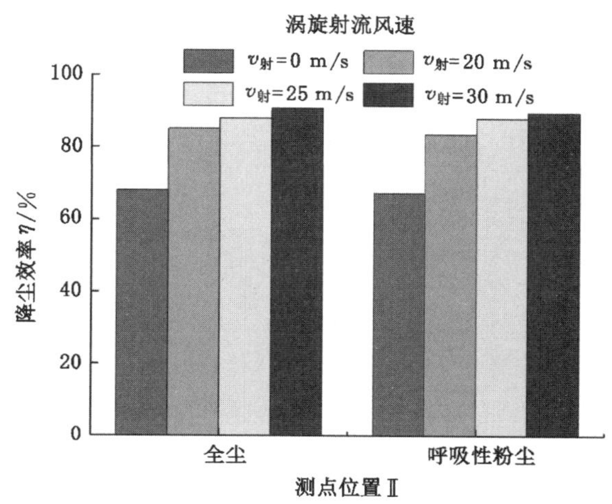

图 2-31　测点Ⅱ降尘效率对比图

由图 2-30 和图 2-31 可知，测点Ⅰ采用气动螺旋雾幕控尘系统对比单独水喷雾，全尘降尘效率和呼吸性粉尘降尘效率都较低，三种射流风速条件下的气动螺旋雾幕控尘系统降尘效率均值为 21.2% 和 28.6%，传统喷雾降尘效率为53.4%和48.5%，故而传统喷雾除尘效率是新型设备除尘效率的 2.52 倍和 1.70 倍，这是由于气动螺旋雾幕集中在设备前端。而在测点Ⅱ采用气动螺旋雾幕控尘系统对比单独水喷雾，除尘效率有大幅度提升，全尘降尘效率和呼吸性粉尘降尘效率都大幅提高，高压风流引射器出口风速由 20 m/s 升至 30 m/s 时，全尘降尘效率分别为85.1%、87.9%、90.7%，呼吸性粉尘降尘效率分别为 83.6%、88.1%、89.5%，平均降尘效率为87.9%和 87.1%，而传统喷雾降尘效率为 68.1%和 68.6%，这是由于气动螺旋雾幕控尘系统形成的旋转雾幕完整地封闭了掘进断面，有效地阻碍了粉尘的运移，三种射流风速的除尘效率差别是由于射流冲击液滴使得喷雾更加细碎，所以对粉尘除尘效率有大幅提升。而在测点Ⅲ、Ⅳ处(图 2-32和图 2-33)，测点布置于掘进机后端，传统喷雾平均降尘效率为 72.5%、70.9%，气动螺旋雾幕控尘系统平均降尘效率为 88.9%、89.6%，粉尘降尘效率与雾化直接降尘效率无关，是没有采用除尘手段的自由沉降阶段。但依然有部分突破螺旋雾幕的粉尘，由于气动螺旋雾幕控尘系统所形成控尘雾幕较为细密，即使部分粉尘颗粒突破了雾幕向后方运移，粉尘颗粒的质量也会发生增加，导致后方的煤尘颗粒更容易发生重力沉降作用，在相同测点位置使得粉尘浓度更低。进一步说明了气动螺旋冲击水喷雾射流有利于雾化效果的提升，飘散到后面的雾滴亦可有效地抑制逃逸的粉尘。

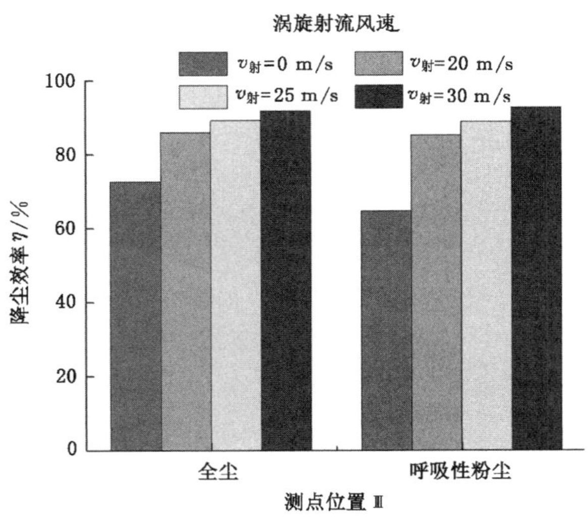

图 2-32　测点Ⅲ降尘效率对比图

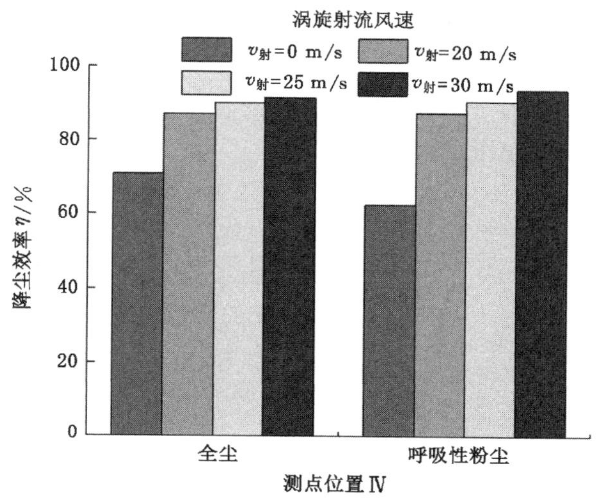

图 2-33　测点Ⅳ降尘效率对比图

2.3　多层螺旋气动雾幕控尘技术

2.3.1　多层螺旋雾幕除尘装置的开发

(1) 多层螺旋雾幕除尘方式

① 装置的构成

该方法主要应用于掘进工作面，通过在掘进机上安装多层螺旋雾幕装置形成多层雾幕来提高控尘效果。在众多的可形成多层雾幕的装置构造方案中，将喷嘴呈螺旋排布的方法结构简单容易实现，且该构造可使射出的水雾有向前的分速度，有利于水雾的向前推进。

如图 2-34 所示，在实际应用中该装置设计为：在掘进机的截割臂上安装管路支架，用以固定管路和喷嘴，喷嘴方向可调节；水泵及空压机均安装在掘进机上；供水管一端与水泵相连接，供水管另一端管体呈螺旋状固定在管路支架上；供气管一端与空压机相连接，供气管另一端管体呈螺旋状固定在管路支架上；支架固定的供水管与供气管之间连接若干喷嘴，在螺旋状供水管与供气管之间连接有若干水气交汇管，喷嘴安装在水气交汇管上，并固定在管路支架上，由水泵和空压机提供喷雾动力，由若干喷嘴喷出水雾形成多层雾幕。调节水泵与空压机的压强与流量参数便可实现不同喷雾效果的调节。管路支架的结构可变，可根据工作面的实际情况进行径向和轴向调节，以达到喷雾的最佳状态。喷嘴在支架上固定的位置也可改变，可将喷嘴呈连续螺旋状排列，也可将喷嘴在螺旋支架上断续排列，便可实现雾幕之间的距离大小以及水雾范围的调节。而且除尘效果不会受产尘点的变化影响，有效除尘区域可随着掘进机头的位置进行变化，进一步提高掘进工作面的整体除尘效果。

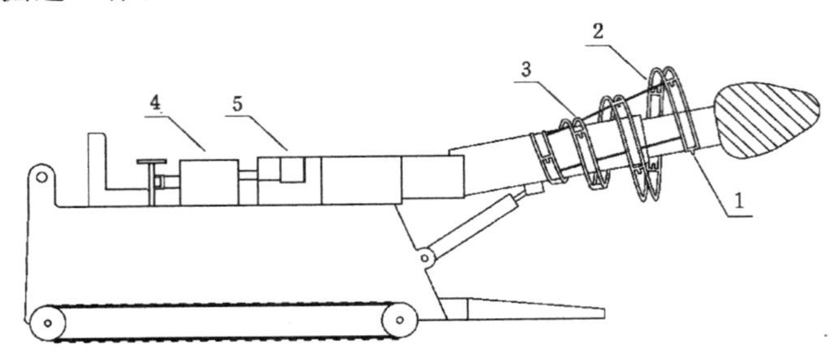

1—喷嘴；2—供水管；3—供气管；4—水泵；5—空压机。

图 2-34　多层雾幕除尘装置设计示意图

如图 2-35 所示，水气交汇管的两端分别通过可调式接头与供水管和供气管相连通，水气交汇管和可调式接头之间可旋转，通过水气交汇管的摆转对喷嘴的喷雾喷射方向进行调节。图 2-36 为该装置应用在掘进工作面时的三维结构图。

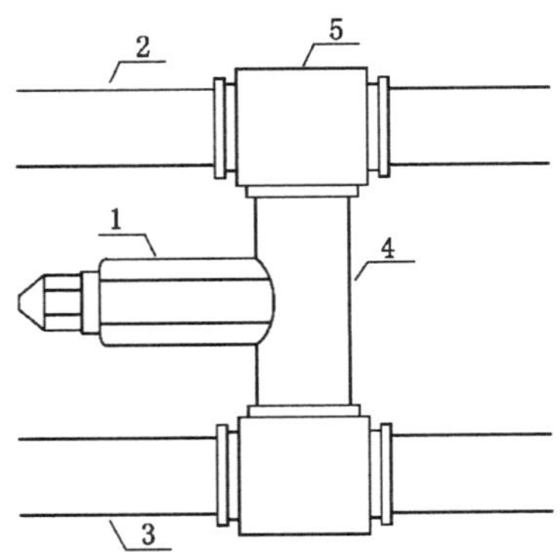

1—喷嘴；2—供水管；3—供气管；4—水气交汇管；5—可调式接头。

图 2-35　喷嘴的装配示意图

② 工作原理

装置在掘进机上安装完毕后，在进行掘进工作之前首先开启该装置，开启水泵与空压机，待喷雾稳定后调整支架的结构与喷嘴的方向，使其在当下的工作环

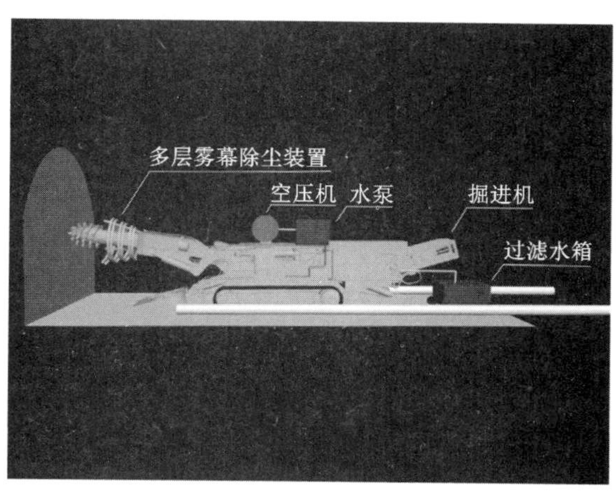

图 2-36　多层螺旋雾幕除尘装置三维设计图

境中达到最佳的工作状态。掘进机进行截割作业时，掘进工作面独头处会产生大量粉尘并向其他区域扩散。该装置可形成多层雾幕，使有效除尘的范围更广，粉尘扩散过程中经过雾幕时会与水雾结合沉降，阻隔粉尘扩散至工人操作区域，从而改善工作环境，其喷雾效果如图 2-37 所示。且多层雾幕相比单层雾幕阻隔粉尘的屏障更多，将对悬浮的粉尘进行层层阻拦。

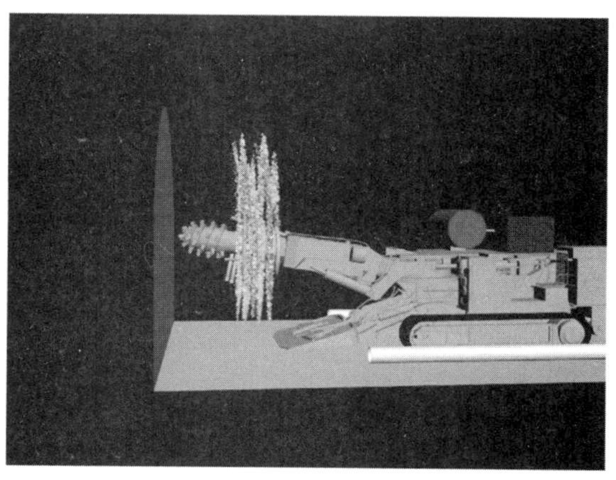

图 2-37　多层螺旋雾幕装置的喷雾效果图

(2) 多层螺旋雾幕除尘技术具有的优势

多层螺旋雾幕除尘相比传统喷雾，有以下重要的优势：

① 使用传统喷雾时射出的风流无法相互作用形成连续的风流，因此容易造成风流紊乱并停滞。且水雾扩散速度较慢，水雾即使遍布整个空间，在后端的角落区域也仅处于缓慢沉降或布朗运动状态，无法使其与粉尘更快碰撞结合，造成除尘速率较低。而多层螺旋雾幕除尘方法由于可形成多层雾幕，使阻隔粉尘的屏障更多，多只气动喷嘴工作时形成旋风，旋风的作用使多层雾幕中的水雾很快扩散形成旋转水雾，有效除尘区域相比传统的喷雾除尘更广且运动速度较快，使雾滴与粉尘有更大碰撞概率。

② 风流会使粒径较大的雾滴破碎成多个粒径较小的雾滴，粒径较小的雾滴更易与粉尘碰撞结合，且雾滴的数量增多也可增加雾滴与粉尘结合的可能性，提高控尘效果；高速旋风形成负压区，由于气压的作用能使粉尘被吸入旋风流中，令粉尘有更多机会与水雾结合。

（3）多层螺旋雾幕除尘技术的不足之处

① 由于该方法基于气动喷雾提出，现场应用时需要大量喷嘴同时工作。若喷嘴的数量不多，形成的气流可能较风机形成的气流要小，水雾流动的速度也会因此减小。

② 在实际应用过程中，支架的结构可能会受到掘进工作面结构的影响，使其可调空间减小。

2.3.2 装置的喷雾模拟与雾化机理的研究

（1）多层螺旋雾幕装置风流场与粒子轨迹的模拟

① 模型建立

该部分将作为接下来的喷雾实验的依据和基础。建立宽度为 4.5 m，高度为 3.5 m 的巷道模型，以两层雾幕为例，在模型内部以巷道中心轴为准建立 10 只以两层螺旋排布的空气雾化喷嘴，喷嘴排列为两层向前逐渐扩张的螺旋状，螺旋的外环半径为 0.15 m，轴向截距为 0.35 m，径向截距为 0.25 m，喷嘴的气流出口与喷雾出口的方向均为沿喷嘴排列的螺旋切线方向。图 2-38 为装置的模型建立及网格划分。

② 风流流向与风速分布

计算待风流稳定后的稳态结果，风流走向如图 2-39 所示。由图可以看出，当设置初始气流流速为 40 m/s 时，在各个喷嘴射出的风流之间相互扰动、巷道的墙壁对风流顺向引导的综合作用下，形成了以巷道中心为轴线的旋风，且旋风布满整个巷道模型。根据箭头的走向也可直观地看出其风向是沿巷道截面的中心轴线旋转的。

将该巷道的速度场沿 y 轴方向分为 4 层切面，观察并分析各层之间风速分

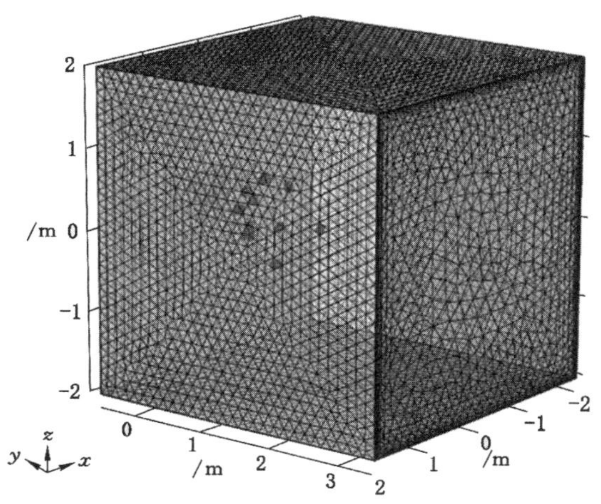

图 2-38　模型建立及网格划分

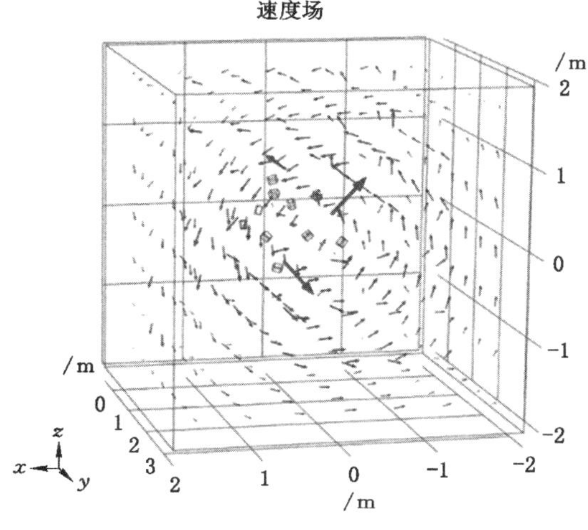

图 2-39　风流走向图

布的规律。由图 2-40 可以看出，y 轴正方向 0～1 m 处两层的最大风速为 9～10 m/s，y 轴正方向 2～3 m 处两层的最大风速为 7～9 m/s，风速缓慢减小，各层最低风速为 2～3 m/s。风速的分布规律为：巷道中心点风速较小，且各层的

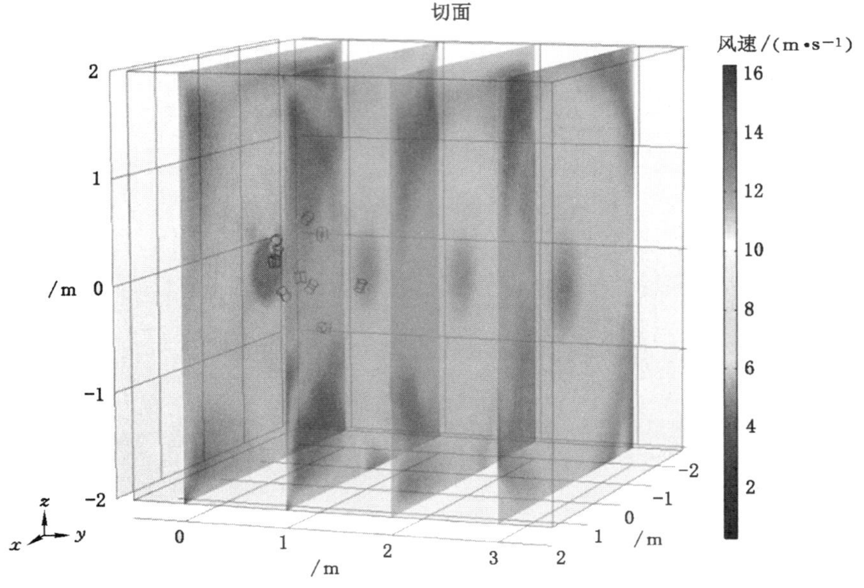

图 2-40　风速分布图

中心分布基本相同。各层风速较大的区域呈环状分布在中心点外部，虽然风速逐渐减小，但环状区域的范围逐渐变大，这是由于喷嘴排列的螺旋结构存在径向截距，螺旋半径向前逐渐扩大所致。

③ 喷雾粒子轨迹分析

将曳力模型的计算与湍流模型的计算结果耦合进行水雾粒子轨迹的计算，辅以 K-H 破碎模型计算雾滴的粒径变化。设置每只喷嘴在 1 s 内喷出雾滴的数量为 50，喷雾雾化模拟结果显示了水雾的分布和运动轨迹，分析水雾分布的特点及对除尘的影响。

图 2-41 的模拟结果显示出了喷雾 2 s 时水雾的运动情况及形成的结构。喷嘴附近的水雾刚从喷嘴射出且没有大量扩散，因此水雾分布密集，喷嘴呈两层螺旋排列，在旋风的作用下会形成两层明显的旋转流动的雾幕，两层雾幕相比单层雾幕能进一步阻止粉尘的扩散，提高除尘效率。

由于喷嘴排列的螺旋线向前逐渐扩张，虽然两层雾幕全部覆盖了巷道截面，而水雾的疏密分布却有所不同，造成了这两层雾幕有着不同分布的水雾密集区，这使得两层雾幕的主要分工有所不同。y 轴后方雾幕的水雾密集区分布在靠近巷道中心轴线的区域，主要用来阻隔巷道中心的粉尘；y 轴前方雾幕的水雾

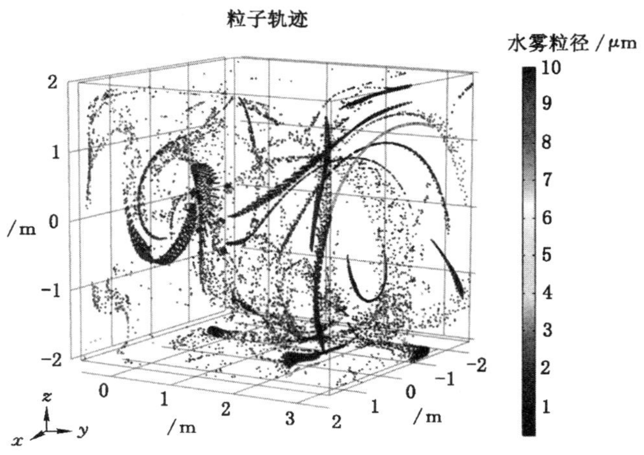

图 2-41　喷雾 2 s 时水雾分布

密集区分布在远离巷道中心轴线的区域，主要用来阻隔中心区域外部的粉尘。因此粉尘扩散时通过两层雾幕后便会使巷道内的粉尘均被阻隔。水雾刚刚喷出时粒径分布约为 10 μm，而水雾也会受到风流的影响破碎成为粒径更小的雾滴，破碎后的雾滴粒径集中在 1～3 μm 之间。

图 2-42 为喷雾 5 s 时粒子轨迹，此时两层雾幕仍然清晰可见，然而由于旋风的作用，二层雾幕中的水雾很快扩散并充斥整个巷道，并得到风速分布对于粒子轨迹的影响。不同的风速分布决定了不同的水雾密度分布，根据伯努利能量守恒原理[128-130]，风速大的区域气压相对较低，气压低的区域更易聚集水雾与粉尘，由此可见喷雾 5 s 后水雾密度分布内部风速较快，水雾的流动也较快，水雾分布也会比外部更密集，这便形成了喇叭状的围绕巷道中心轴流动的水雾，可将尘源覆盖，在源头上控制粉尘的扩散。粉尘也将由于气压差的作用更易卷入内部的水雾密集区域，在风流作用下快速与雾滴结合，实现有效控尘。巷道外侧也有旋转水雾的分布，可对扩散至巷道外侧的粉尘进行控制。由于外侧的风速较小，扩散至高风速区域外部的水雾粒径变化较小，有利于水雾扩散至更远的区域，使除尘范围更广。

通过图 2-43 至图 2-46 的多层螺旋雾幕装置工作 1～9 s 时的水雾分布和粒径的变化，能得出一些规律。在 1 s 时由于喷嘴排列方式为两层螺旋结构，因此首先形成了两层雾幕的最初形态，水雾刚刚喷出的区域气流较快，气流将雾滴破碎，粒径分布在 1～3 μm 的范围内。3 s 时出现了两层雾幕，水雾开始扩散至整个巷道空间，并且两层雾幕之间也形成了向前扩张的水雾罩。雾幕中的水雾粒

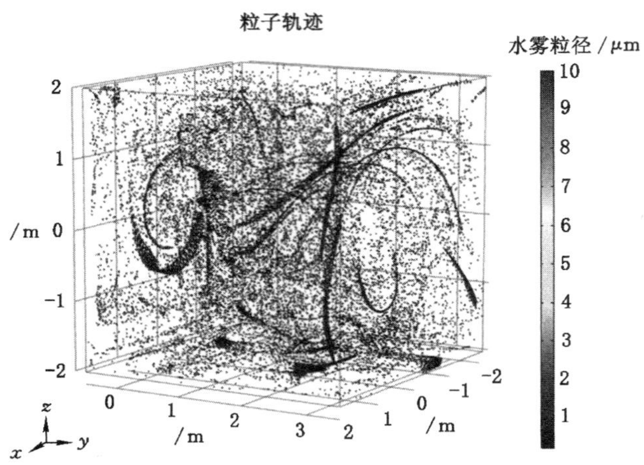

图 2-42　喷雾 5 s 时水雾分布

径也与 1 s 时有所不同，大致为 9～10 μm，而粒径为 1～3 μm 的水雾已经向外扩散。到了 7 s 和 9 s 时，空间内的水雾更为密集，而两层雾幕的液滴粒径却由大变小，再由小变大。整个过程中，巷道内的水雾始终处于旋转状态，两层雾幕位置的水雾粒径呈现的是大小交替的有规律的变化。

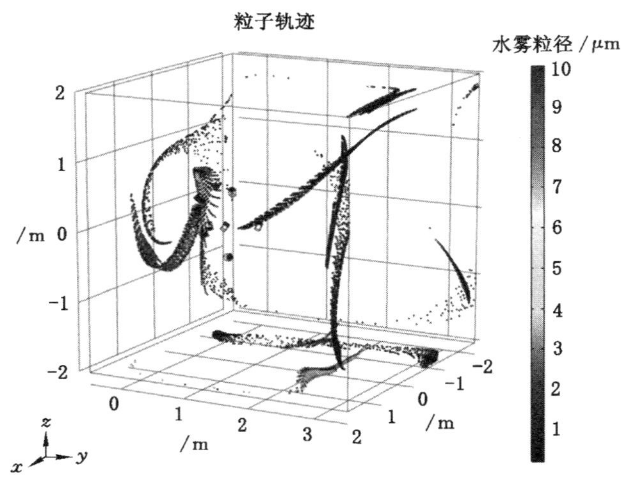

图 2-43　喷雾 1 s 时的水雾分布

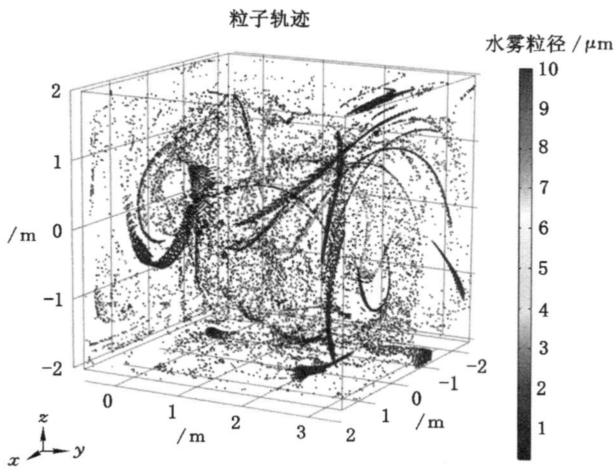

图 2-44　喷雾 3 s 时的水雾分布

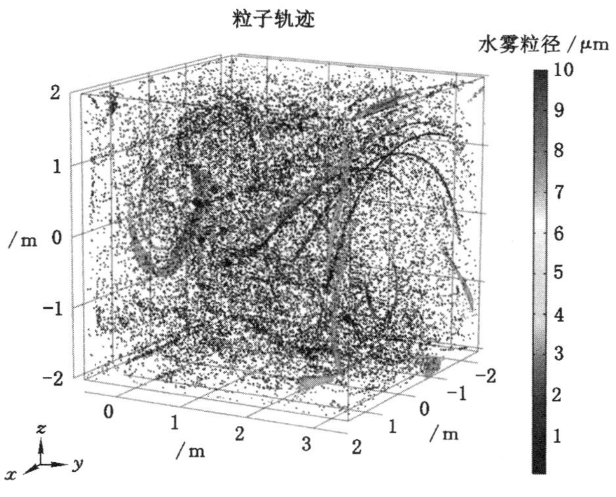

图 2-45　喷雾 7 s 时的水雾分布

(2) 装置现场应用时的气流场及粒子轨迹模拟

在上述该装置喷雾模拟的基础上增加掘进机，模拟该装置安装掘进机后在现场应用过程中的喷雾效果。建立长、宽、高分别为 20 m、4.5 m、3.5 m 的巷道模型，巷道内建立掘进机，在掘进机的截割臂的周围建立 10 只气动喷嘴，喷嘴的排列方式、喷雾参数设置与喷雾粒子轨迹分析模拟研究中设定相同，喷雾方向仍

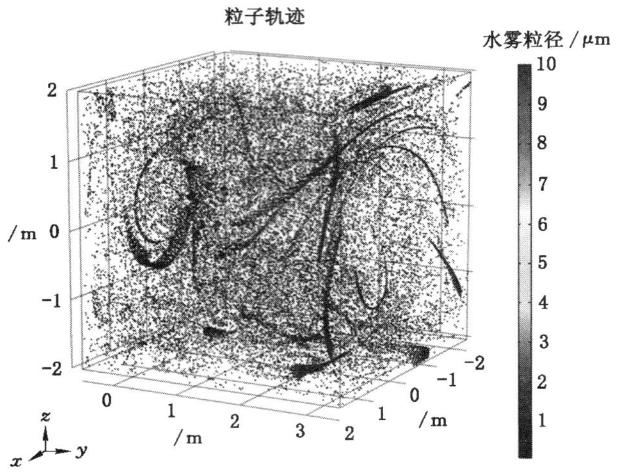

图 2-46　喷雾 9 s 时的水雾分布

然为螺旋线的切线方向。模型建立如图 2-47 所示。

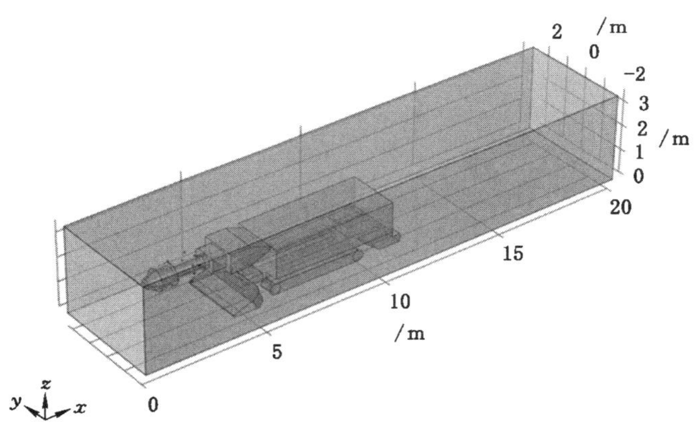

图 2-47　喷雾装置现场应用模型图

如图 2-48 所示，由于喷嘴排列的结构为螺旋状且分布在截割臂的周围，各个喷嘴的喷射方向相切也可使风流做连续流动，因此通过流线可观察到装置工作时形成了绕截割臂旋转的旋风，旋风覆盖了整个巷道的截面，且通过箭头的指向也可观察出其风向是以截割臂为轴的旋转状态。

从图 2-49 的气流的箭头走向可以看出，喷嘴的两层螺旋排列结构使该装置工作时可以形成两层绕截割臂旋转的风幕，风速较大的区域气压较低，更容易聚

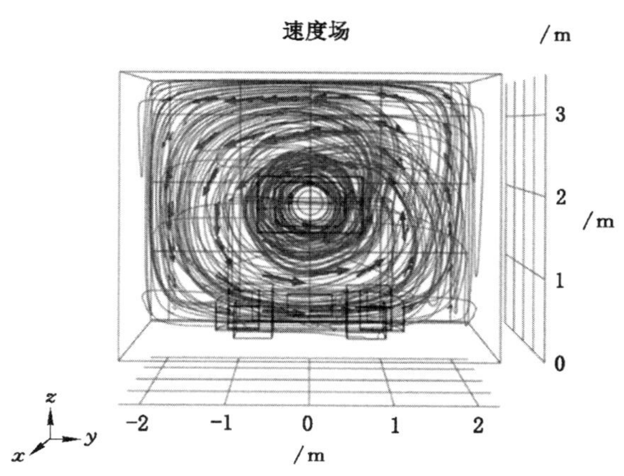

图 2-48　风流流线与流向主视图

集水雾，因此有助于形成两层雾幕。图 2-50 为该装置在喷雾时的水雾粒子轨迹，受到旋风的影响形成了可罩住尘源的旋转雾幕，雾幕的形状大致与喷嘴排列的形状相同，为两层的螺旋状，与上述未加掘进机的喷雾模拟结果相符。说明该装置足以使水雾旋转形成多层阻隔粉尘的扩散。设置水雾的初始粒径为 10 μm，水雾将随着旋转气流的带动破碎，粒径大多分布在 1～4 μm 之间，较小的水雾有助于增加与粉尘的接触机会，提高粉尘的沉降效果。

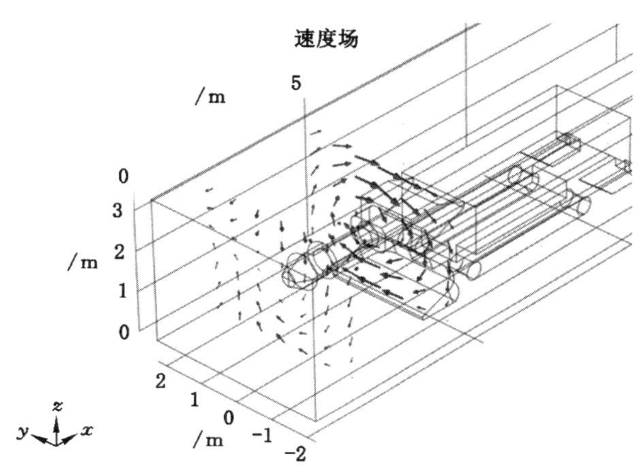

图 2-49　风流走向图

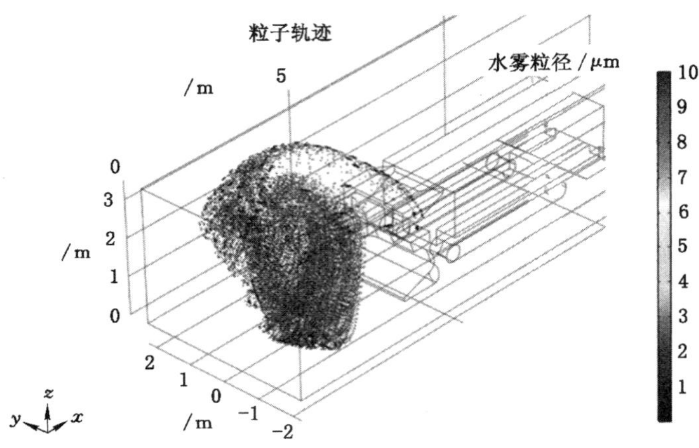

图 2-50 粒子轨迹

(3) 多层螺旋雾幕装置的雾化机理研究

依据上述模拟的各个不同喷射方向喷嘴间气流的相互影响结果和巷道内该装置的工作状态模拟结果，分析相邻喷嘴间的气流方向的偏移对该装置形成螺旋状雾幕起到的作用，再探究周围的环境对形成螺旋雾幕造成的影响，从多层面综合分析多层螺旋雾幕除尘的螺旋雾幕形成机理和除尘机理。

① 喷嘴之间互相作用的气流对水雾流动的影响

多层螺旋雾幕除尘方法的实现主要取决于喷嘴的排列方式，通过模拟结果得知，将气动喷嘴的方向以弧形的切线排列时，各个喷嘴的喷射方向会向弧线的走向方向偏移，多层螺旋雾幕除尘主要基于该原理进行设计。如图 2-51 所示，将若干喷嘴以环绕的方式排列并且喷射方向沿喷嘴排列成的线路相切，若各个喷嘴间的气流互不干扰的话，各个喷嘴的气流均将以切线的方向射出，整体的风流不会呈现明显的旋转。但由相邻的气流会使方向发生改变的结论可知，气流喷嘴以环状方式排列后气流的走向必将受到影响。喷嘴射出气流的瞬间以直向射出，经过一小段距离后将会被前方的气流相互影响，风流则会形成螺旋雾幕。

② 其他条件对水雾流动的影响

该装置所形成的气流与水雾运动的状态除了与喷嘴的排列方式有关外，其他条件也会对其产生一定的影响，如巷道空间的环境、墙壁的引流等等。由于该装置形成的气流会向内偏移，因此喷嘴的气流与巷道墙壁之间的夹角将

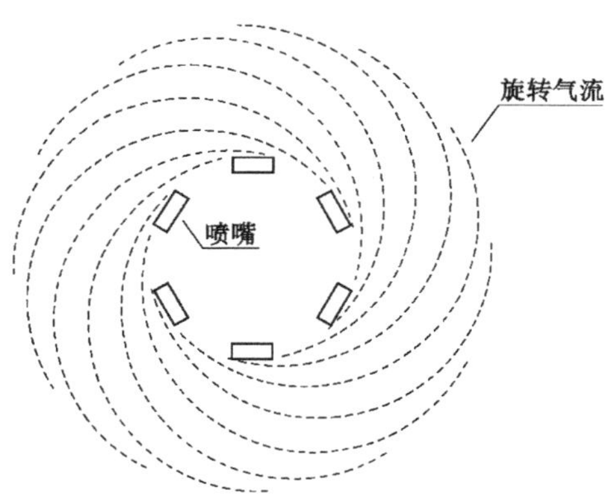

图 2-51　气动喷嘴环形排列时气流的运动状态

会更小，喷射至巷道墙壁时会更有利于使气流沿壁面流动，方向又会进一步发生偏移。

2.3.3　多层螺旋雾幕装置除尘实验研究

（1）多层螺旋雾幕除尘方法实验装置介绍

研究产生多层雾幕的机理后，将要进行该装置的仿真实验，以下介绍将要用到的实验装置和设备。

管路支架为该实验装置的重要组成部分，可起到固定喷嘴、供水管和供气管的作用，并可使喷嘴以螺旋的方式排列。管路支架由空心白钢材料制成，将该材料压成螺旋状，再由钢条焊接使其形状固定。管路支架的形状为向外扩张的二次螺旋状，外螺旋直径为 1 m，轴向截距为 0.35 m，径向截距为 0.25 m。将喷嘴按照其螺旋状排列固定后，装置工作时便可形成两层环绕该螺旋线中心旋转的雾幕。

为了探究该装置的除尘与隔尘效果，采用室内仿真实验来模拟掘进工作面的发尘与除尘。实验分为两部分，一为发尘后该装置的除尘速率，二为发尘过程中该装置的除尘效率。除尘方法又分为自然降尘、传统喷雾除尘、多层螺旋雾幕除尘三种除尘方式，将每部分实验分别分为三组和两组，测出不同除尘方式下的粉尘浓度变化，并将结果进行对比。

（2）多层螺旋雾幕装置实验研究

实验将仿真掘进工作面在掘进过程中的产尘和除尘过程，目的是将传统喷雾和多层环绕雾幕的除尘效果进行对比。该实验在室内进行，由于条件有限，本实验以长、宽、高分别为 4 m、3 m、3 m 的实验棚作为掘进巷道，前端模拟掘进过程中的产尘过程，后端模拟喷雾过程。该实验将构造一种适合掘进工作面使用的多层螺旋雾幕除尘的仿真装置，该装置由螺旋状的喷嘴及管路支架、水泵、供水管、空压机、供气管及10只气动喷嘴组成。管路支架的供水管一端与水泵相连接，另一端管体呈螺旋状盘绕在管路支架上。供气管一端与空压机相连接，另一端管体呈螺旋状盘绕在管路支架上。多层螺旋雾幕实验装置设计如图2-52所示。

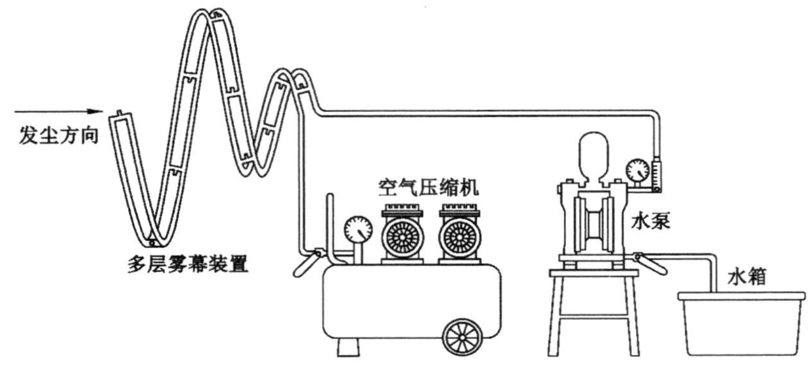

图2-52　多层螺旋雾幕实验模型设计

(3) 多层螺旋雾幕装置除尘实验效果研究

① 实验装置布置

实验棚的一端设置发尘装置，由风筒以及后端连接的鼓风机组成，用漏斗将煤粉引入风筒，通过启动鼓风机将煤尘引入棚内。另一端模拟掘进机的多层螺旋雾幕除尘装置，由螺旋管和10只喷嘴组成，空压机提供风力从喷嘴射出气流，并与水泵共同提供喷雾动力，喷雾装置距尘源2.5 m，且正对尘源。由于在应用喷雾除尘时工作人员应距产尘点较远，且后端角落处极易聚集粉尘，所以测点设置在实验棚最右侧后端的一角。在测点处放置粉尘浓度测试仪，测定方法调试为每分钟定时测量。喷雾时水泵的水压设为0.12 MPa，空压机气压设为0.52 MPa。

② 实验步骤

用秤分别量取三组1.5 kg的煤粉用来分别进行三组实验，第一组用自然降尘的方法，第二组用传统喷雾除尘方法，第三组用多层螺旋雾幕除尘的方法。三组实验仅有除尘方法不同，其他条件与参数均相同，发尘装置启动鼓风机后大约45 s发尘完毕，测量三组实验的粉尘浓度变化情况，粉尘浓度测试仪放在测点处。

第一组：取1.5 kg的煤粉发尘，发尘完毕使煤尘布满整个空间后，立即开启粉尘浓度测定仪进行浓度测量，发尘完毕以后的粉尘浓度为 C_0 及自然沉降 1 min、2 min、3 min 后的粉尘浓度，分别为 C_1、C_2、C_3。

第二组：将喷嘴排列成环形，角度调至从圆心向前并向外辐射的方向，喷射角度为 60°，进行传统喷雾除尘。将 1.5 kg 煤粉装入发尘装置发尘，发尘完毕后启动水泵和空压机，水雾从喷嘴喷出，与此同时测量在发尘完毕后的粉尘浓度 C_0 及喷雾 1 min、2 min、3 min 时的粉尘浓度 C_1、C_2、C_3。

第三组：将喷嘴固定在管路支架上，喷射方向为沿螺旋的切线方向。取 1.5 kg 的煤粉发尘，发尘完毕后立即启动水泵和空压机，同时测出发尘完毕后的粉尘浓度 C_0 及喷雾 1 min、2 min、3 min 的粉尘浓度 C_1、C_2、C_3。

记录三组实验各个时间段的粉尘浓度，根据该浓度数据，计算各组实验在除尘进行 3 min 时的除尘速率 ，用公式(2-14)计算：

$$v_n = \frac{C_0 - C_n}{h} \tag{2-14}$$

式中　v_n——第 n 阶段的除尘速率，mg/(m^3 · s)；

C_0——初始粉尘浓度，mg/m^3；

C_n——第 n 分钟的粉尘浓度，mg/m^3。

③ 实验结果分析

实验结果汇总如表 2-7 所示。

表 2-7　三种除尘方式下的各个时间的粉尘浓度变化及除尘速率对比

除尘方式		浓度				速率
		C_0 /(mg · m^{-3})	C_1 /(mg · m^{-3})	C_2 /(mg · m^{-3})	C_3 /(mg · m^{-3})	$\bar{v}$ /(mg · m^{-3} · s^{-1})
自然降尘	全尘	466.83	380.27	306.95	249.10	1.209
	呼吸性粉尘	33.47	26.25	20.43	15.68	0.099
传统喷雾除尘	全尘	471.96	162.64	76.62	32.55	2.441
	呼吸性粉尘	33.95	16.06	7.41	3.07	0.172
多层螺速雾幕除尘	全尘	468.51	48.94	23.61	3.68	2.582
	呼吸性粉尘	33.75	4.79	2.12	0.93	0.182

由表 2-7 可得，将 1.5 kg 煤粉发尘完毕之后，实验棚内测点处的全尘初始浓

度和呼吸性粉尘初始浓度始终保持为 470 mg/m^3 和 33.50 mg/m^3 左右，浮动微弱。通过三组数据可知，第一组自然降尘 1 min 后测得空间内的全尘浓度为 380.27 mg/m^3，呼吸性粉尘浓度为 26.25 mg/m^3，下降的幅度很小；3 min 内全尘与呼吸性粉尘的平均除尘速率仅仅为 1.209 mg/(m^3 · s)和 0.099 mg/(m^3 · s)。传统喷雾除尘 1 min 后全尘浓度降为 162.64 mg/m^3，呼吸性粉尘浓度降为 16.06 mg/m^3；3 min 内全尘与呼吸性粉尘的平均除尘速率为 2.441 mg/(m^3 · s)和 0.172 mg/(m^3 · s)。而多层螺旋雾幕除尘装置开启 1 min 后，全尘与呼吸性粉尘的浓度分别降至了 48.94 mg/m^{3}和 4.79 mg/m^3，3 min 中内的平均降尘速率达到了 2.582 mg/(m^3 · s)和 0.182 mg/(m^3 · s)。与传统喷雾相比，多层螺旋雾幕除尘效果明显好于传统喷雾，其中仅用多层螺旋雾幕除尘的方法，在 3 min 后浓度降为 3.68 mg/m^3，达到了国家标准的 4 mg/m^3 以下，呼吸性粉尘的浓度也降到了 1 mg/m^{3}以下。在实验中我们观测到多层螺旋雾幕装置的水雾覆盖范围更广，能够形成两层雾幕，且棚内的水雾流动更快，对比传统的喷雾方式，该方法更有利于水雾与粉尘的快速结合。

第 3 章　多气动喷嘴联合螺旋雾幕实验研究

3.1　多气动喷嘴联合螺旋雾幕实验设计

3.1.1　多气动联合高压喷雾雾化机理分析

喷雾过程是流经喷嘴的压力水在碰撞作用下破碎成细小液滴，并进入空气中的过程。影响喷嘴雾化效果的因素有喷嘴类型、液体自身特性、气体介质特性以及喷射压力与环境气压的差值等。目前被广泛认同的雾化理论主要有射流破碎理论和液膜破碎理论。

（1）射流破碎理论

射流破碎理论首次由英国人瑞利提出，他认为气体和液体的速度差引起射流扰动，当扰动振幅增长到未受扰动射流直径的二分之一左右时，射流会在这种不稳定的状态影响下破碎成小液滴。该理论认为液体表面张力是液体破碎的唯一阻力，忽略了液体黏性力的影响，这是该理论局限性所在。而韦伯在引入液体黏性力后成功推导出了喷嘴直径与形成黏性射流的最大不稳定的扰动波长之间的比值：

$$\frac{\lambda}{d_0}=\pi\sqrt{2}\left(1+\frac{3\mu}{\sqrt{\rho\sigma d_0}}\right) \tag{3-1}$$

式中　λ——扰动波长，m；

μ——流体黏度，Pa；

ρ——液体密度，kg/m^3；

σ——液体表明张力，N；

d_0——喷嘴口的直径，mm。

液体破碎后的液滴直径由气体动力和表面张力的比值决定：

$$W_e=\frac{\rho_g(W_1-W_g)d_0}{\sigma} \tag{3-2}$$

式中　W_e——韦伯数；

W_1——水的速度，m/s；

W_g——空气的速度，m/s；

ρ_g——空气的密度，kg/m³。

（2）液膜破碎雾化

液体经喷嘴喷出后形成不稳定的液膜，其间易形成扰动波，当扰动波波长增加到一定程度后，液膜被扰动波撕裂，液滴在表面张力作用下快速收缩，形成小液滴。

在压力作用下液体经过喷嘴喷出后，射流是否破碎与破碎的程度都会受到液体的物理性质以及流动特性的影响。经喷嘴喷出的液体会在周围空气的作用下振动，当振幅大于射流半径时，液体就会破碎为线、环等形状，这种过程被称为一次雾化。在一次雾化破碎下形成的线、环等液体会继续受到周围空气的作用以及液体之间的相互碰撞，达到最终的雾化状态，这就是二次雾化。

H.B.Squire[131]、W.W.Hagerty 等[132]、R.P.Fraser 等[133]和 N.Dombrowski 等[134]研究了液膜射流破碎过程。

液膜破碎的临界波长：

$$\lambda_{cr} = 2\pi\left(\frac{4\mu\sqrt{\dfrac{\sigma}{\rho_1}}}{\beta\rho_g(W_g - W_1)^2}\right)^{2/3} \tag{3-3}$$

式中 β——常数，取0.3。

不稳定波的振幅为：

$$A = A_0 \cdot \exp(\omega t) \tag{3-4}$$

$$\omega = \frac{\beta\rho_g(W_g - W_1 - c)^2}{2\rho_1 c}K - \frac{2\mu_1}{\rho_1}K^2 \tag{3-5}$$

$$c = \left(\frac{\sigma K}{\rho_1}\right)^{0.5} \tag{3-6}$$

式中 A_0——表面波振幅，m；

t——时间，s；

c——表面波速度，m/s；

ω——不稳定波的振动角频率，Hz；

K——扰动波的有量纲的波数。

不稳定波的波长大小对液滴雾化效果作用明显，只有在不稳定波的波长大于临界值时，破碎现象才能发生。

3.1.2 气动除尘喷嘴雾化性能分析

（1）空气雾化喷嘴

空气雾化喷嘴是二流体喷嘴（空气和液体），其工作原理是利用气体与液体两种介质之间的相互挤压、加速剪切等作用使液体雾化，并借助喷嘴外的空气流动来提高雾化效果。空气雾化喷嘴雾化系统分为压力雾化和虹吸(或重力)雾化:压力雾化是最普遍的雾化形式,液体提供一定的压力,雾化效果较好;虹吸雾化是利用气流高速运动而形成的负压将水吸上来,这种方法雾化效果一般。空气雾化喷嘴喷出的雾滴平均粒径大约 40 μm,雾滴粒径分布均匀;引入气路后的雾化喷嘴防堵性能增强,使用寿命变长。

(2) 超声雾化喷嘴

超声雾化喷嘴的原理是利用压缩空气或电磁驱动断流塞产生超声震荡波,使液体在超声震荡波作用下碰撞挤压,不断破碎形成雾滴,采用调节脉冲峰谷宽度的流量控制办法,可以使超声波雾化喷嘴反复开关,发生雾化。除了电子高频振荡法,还可以利用流体力学声波喷注发生器,通过气波快速撞击机械振子,使其高频振荡,增强雾化效果。超声雾化喷嘴喷出的雾滴粒径可以达到 10 μm 以下,雾化效果好。超声雾化喷嘴可以连续产生 1～10 μm 大小的雾滴,覆盖尘源并保持与尘粒的混合比,其还可以在低压条件下操作,比较适合精密场所。

3.1.3　喷嘴结构类型的选择

在采取湿式降尘的情况下,降尘的效果主要由喷嘴的雾化特性指标决定,本次实验选取煤矿降尘常用的空气雾化喷嘴进行测试,涉及到单个喷嘴和多个喷嘴组合使用,在改变喷嘴供水压力和供气压力以及喷嘴之间不同情况的耦合下,对雾化角、喷雾射程、雾滴粒径等重要指标的影响,旨在为井下采用气动喷雾降尘的设计和使用提供有价值的理论和实验指导。

(1) 喷嘴雾化特性测试实验系统

本实验是在辽宁工程技术大学模拟巷道除尘装置性能实验平台上进行的,实验的测试仪器与布置如图 3-1 所示。

(2) 实验装置和仪器简介

① Spraytec 激光粒度仪器

高速喷雾粒度测试仪,如图 3-2 所示。利用颗粒对光的衍射现象,可自动测试粒度在 0.1～900 μm 水雾及非金属颗粒,测量误差(中位径)控制在 1%以内,数据准确度高,方便实现数据的整理,但是如果单位空间内喷雾浓度过高,极容易产生“多重散射”的现象,造成测试数据误差较大,影响实验的准确性。

② LWGY-DN4 涡轮流量计

实验使用的是工业用水和自来水混合,由于高压喷头粒径较小,使用之前需要对水源进行过滤,考虑到实验数据的读取和保存方便,实验流量的测定使用的是 LWGY-DN4 的智能涡轮流量计,液体流过涡轮的同时会带动转子转动,转子的转动会以脉冲信号的形式传送到芯片进行计算,最后流量值会以数字的形式显示到显示屏上。LWGY-DN4 涡轮流量计可以一次性记录 10 组实验数据,方

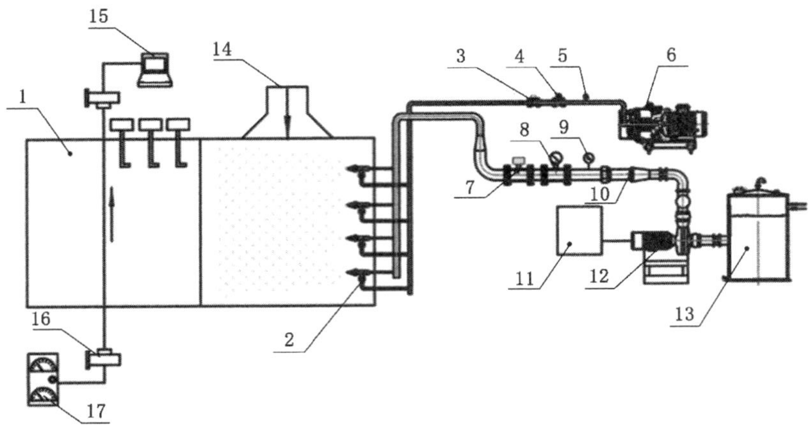

1—测试窗口；2—气动喷嘴；3—气体泄压阀；4—气体流量计；5—气压表；6—空气压缩机；
7—液体泄压阀；8—液体流量计；9—水压表；10—调压阀；11—矢量变频器；12—水泵；13—蓄水桶；
14—自制发尘器；15—计算机；16—粒度分析仪；17—电源。

图 3-1　喷雾特性测试实验系统

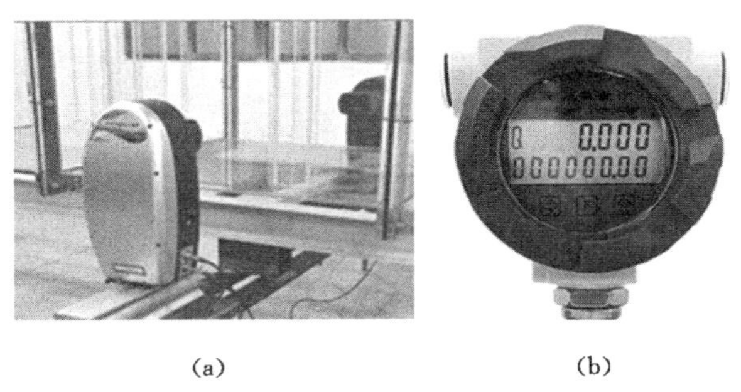

(a)　　(b)

图 3-2　测量仪器

(a) 马尔文激光雾粒测试系统；(b) LWGY-DN4 涡轮流量计

便记录和数据整理，同时可以记录瞬时流量的变化。

3.1.4　单喷嘴雾化喷雾特性研究

(1) 宏观雾化特征研究

① 雾化角度和有效射程是喷嘴雾化性能的最主要因素之一，因为根据喷嘴的雾化角和有效射程，可以计算出喷嘴的有效控尘面积，为实际降尘应用中喷嘴的选择提供重要依据。

喷嘴的雾化角能够直接地反映出喷射雾化范围，早期提出的计算模型如下。

R.D.Reitz 和 F.B.Bracco[135]：

$$\theta = 2a\tan\left(\frac{\sqrt{3}}{6}\frac{4\pi\left(\frac{\rho_g}{\rho_f}\right)^{0.5}}{\left(3+0.28\left(\frac{l_0}{d_0}\right)\right)}\left(1-e^{-10\gamma}\right)\right) \tag{3-7}$$

其中，$\gamma = \left(\frac{R_e{}^2}{W_e}\right)\frac{\rho_f}{\rho_g}$。

H.Hiroyasu 和 M.Arai[136]：

$$\theta = 0.05\left(\frac{\rho_g d_0 \Delta p}{\eta_g^2}\right)^{0.25} \tag{3-8}$$

近些年比较常用的是 H.Hiroyasu 等提出的雾化角的经验模型[136]：

$$\theta = 83.5\left(\frac{l}{d_0}\right)^{-0.22}\left(\frac{d_0}{D}\right)^{0.15}\left(\frac{\rho_{gas}}{\rho_{liquid}}\right) \tag{3-9}$$

式中　d_0——压力腔直径，m；

l——喷嘴长度，m；

D——喷嘴直径，m。

J.D.Naber 等也推导出雾化锥角与喷雾参数之间的经验模型[137]，如下：

$$\theta = 2\tan^{-1}\left(0.19C\left(\frac{\rho_{gas}}{\rho_{liquid}}\right)\right) \tag{3-10}$$

式中　C——修正系数。

通过对以上模型的分析，可以发现，雾化角的大小与环境空气密度和液体的密度呈现出正相关关系，要想增大雾化角，可以通过降低液体的密度或者增加环境空气的密度来实现。

② 雾化体积模型

液体的雾化体积表示单位质量的液体在空气中所占体积的大小，可以间接反映出喷嘴雾化水平的高低。单位质量的液体，有效雾化体积越大，则表示液体被雾化的效率越高。对于实心锥形的喷雾而言，可以将它看成一个旋转而成的锥体，计算出雾化空间体积，则其空间体积可以用如下模型近似计算[138]：

$$V = \left(\frac{\pi}{3}\right)S^3\left(\tan^2\left(\frac{\theta}{2}\right)\right)\frac{\left(1+2\tan\left(\frac{\theta}{2}\right)\right)}{\left(1+\tan\left(\frac{\theta}{2}\right)\right)^3} \tag{3-11}$$

③ 周围气体卷吸质量模型

在目前已经成熟的测试条件下，仍然无法准确地测量出喷雾状态下的气体卷吸量的数值。目前主流卷吸量的计算方法仍然继续沿用 C.D.Rakopoulos 等提出的周围空气的卷吸质量数学模型[139]，周围空气被吸入雾化锥体范围内的空气质量的计算数学模型如下：

$$m_a(t)=\frac{\pi}{3}\tan^2\left(\frac{\theta}{2}\right)S^3(t)\rho_a \tag{3-12}$$

式中　$m_a(t)$——周围气体卷吸质量随时间变化的函数；

S——喷雾长度，m；

θ——喷嘴雾化角，(°)；

ρ_a——周围气体密度大小，kg/m^3。

容易看出，雾化角和喷雾有效射程与气体卷吸量成指数增长关系，其喷雾覆盖范围如图 3-3 所示。

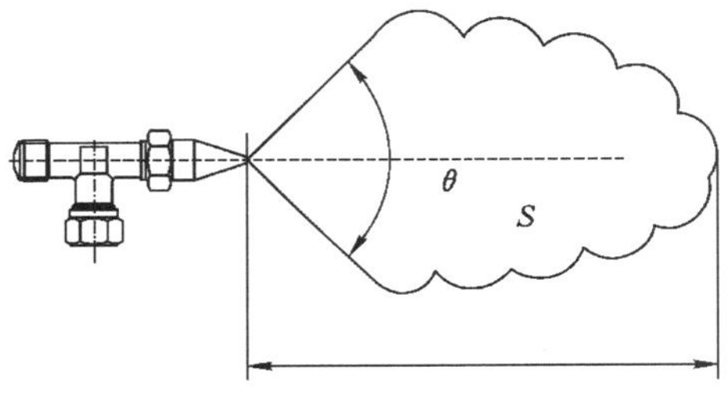

图 3-3　覆盖范围

本组实验主要测试单个喷嘴流量特性实验。对于常见的气动喷嘴进行实验，在喷嘴供水压力为 0.1 MPa、0.15 MPa、0.2 MPa，气动喷嘴在稳定气体入口压力为 0.35 MPa、0.45 MPa、0.55 MPa、0.65 MPa、0.75 MPa 的情况下，使用高速相机测量雾化角度和有效射程，使用 LWGY-DN4 涡轮流量计测量单位时间消耗的水流量和气体体积。喷雾效果如图 3-4 所示。

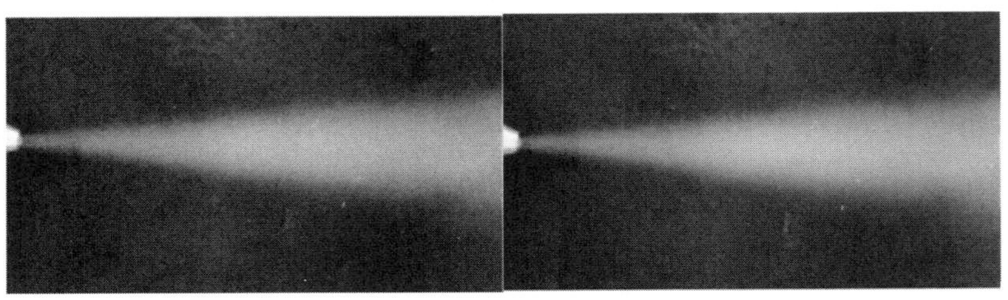

图 3-4　不同供水压力喷嘴雾化角

依次记录喷嘴在不同供水压力及不同供气体压力下的雾化角度、水流量、气体流量及射程，如表 3-1 所示。

表 3-1　喷雾技术参数

水压 /MPa	气压 /MPa	水流量 /(L·min⁻¹)	气体流量 /(L·min⁻¹)	雾化角 /(°)	射程 /mm
0.1	0.35	0.78	45	32	3 310
	0.45	0.67	84	26	3 580
	0.55	0.59	141	21	4 220
	0.65	0.47	256	15	4 450
	0.75	0.43	461	13	4 610
0.15	0.35	0.90	39	31	3 410
	0.45	0.75	72	24	3 810
	0.55	0.64	135	20	4 380
	0.65	0.56	235	13	4 690
	0.75	0.49	434	12	4 880
0.2	0.35	1.04	33	29	3 510
	0.45	0.91	67	23	3 910
	0.55	0.77	123	18	4 410
	0.65	0.67	229	12	4 860
	0.75	0.58	412	11	5 030

由表 3-1 中数据可以看出，喷雾参数随着供水压力和供气压力的变化而呈现出不同程度的改变。当水压一定时，随着气压的增大，耗水量逐渐减小，耗气量逐渐增加，雾化角逐渐减小，射程逐渐增加。由于综采工作面尘源面积较大，此喷嘴雾化角较小，要想覆盖尘源，需要布置大量喷嘴，因此需对该喷嘴进行改进，如图 3-5 所示，在喷嘴前方加挡板，以增加雾化角，改进后的喷嘴各项参数如表 3-2 所示。

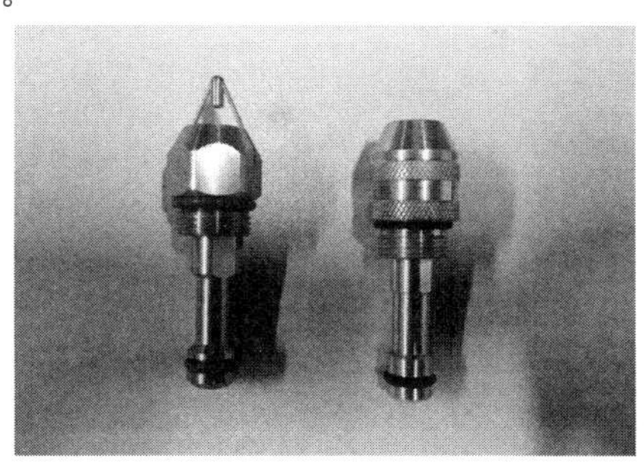

图 3-5　两种喷嘴对比

表 3-2　改进后喷雾技术参数

水压 /MPa	气压 /MPa	水流量 /(L·min^{-1})	气体流量 /(L·min^{-1})	雾化角 /(°)	射程 /mm
0.1	0.35	0.71	38	73	2 740
	0.45	0.60	73	61	2 990
	0.55	0.53	124	52	3 520
	0.65	0.43	223	48	3 740
	0.75	0.38	401	82	1 620
0.15	0.35	0.83	34	71	2 870
	0.45	0.68	63	58	3 150
	0.55	0.59	114	49	3 620
	0.65	0.51	206	44	3 880
	0.75	0.45	371	77	1 830
0.2	0.35	0.93	29	67	2 980
	0.45	0.81	59	53	3 260
	0.55	0.69	108	45	3 680
	0.65	0.60	197	39	4 090
	0.75	0.52	355	71	2 060

由表 3-2 中数据可以看出，供水压力和供气压力是影响气动雾化喷嘴各项参数的重要因素。当水压一定时，随着气压的增大，耗水量逐渐减小，耗气量逐渐增加。例如当水压为 0.1 MPa 时，气压从 0.35 MPa 增加至 0.75 MPa，耗水量由 0.71 L/min 减少至 0.38 L/min，减少了 0.33 L/min，而耗气量由 38 L/min 增加至 401 L/min，增加了 363 L/min。这是由于当供水压力一定时，随着供气压力的增加，气体能量增大，导致供气量急剧增大。同时，供气压力的增加导致进水端口阻力增加，喷嘴耗水量减少。当水压一定时，供气压力从 0.35 MPa 增加至0.65 MPa，雾化角逐渐减小，射程逐渐增加，而当气压增加到 0.75 MPa 时，雾化角突然增加，射程突然减小。例如，当水压为 0.1 MPa 时，气压从 0.35 MPa 升高到 0.65 MPa，雾化角由 73°减小到 48°，射程从 2 740 mm 增加至 3 740 mm，而当气压增加到 0.75 MPa 时，雾化角突然增加到 82°，射程减小到 1 620 mm，这是由于水压一定时，供气压力过大，气体将水流冲开，导致喷雾不再呈现实心锥型，选取 4 种不同水压气压条件下喷雾效果如图 3-6 所示。

通过对比表中数据可知，当气压一定时，随着水压的增大，耗水量逐渐增加，耗气量逐渐减少，雾化角逐渐减小，射程逐渐增加。当气压为 0.35 MPa 时，水

图3-6 改进后不同供水压力喷嘴雾化角

压从0.1 MPa增加至0.2 MPa，耗水量从0.71 L/min增加至0.93 L/min，耗气量从38 L/min降低至29 L/min，雾化角由73°减小至67°，射程从2 740 mm增加至2 980 mm。这是由于当气压一定时，水压的增加导致水的能量增加，雾滴轴向速度增大，因此耗水量变大，雾滴的运动距离变长，即射程增加，水压增加的同时导致进气口阻力增大，耗气量减少。由于水压的增大导致喷雾的雾化角减小，从而使得雾滴团向中心轴线聚集。

(2) 单喷雾粒径特征实验研究

本组实验主要测量喷雾在不同供水压力(0.1 MPa、0.15 MPa、0.2 MPa)的影响下，在供气压力为0.35 MPa、0.45 MPa、0.55 MPa、0.65 MPa工况下粒径分布情况。在马尔文激光雾粒测试报告中，可以直接分析出描述粒径尺度的D_{10}、D_{50}、D_{90}、$D_{[3,2]}$、$D_{[4,3]}$。由于实验测试的雾滴粒径属于小颗粒，所以本测试结果中只提取其中的D_{v50}来作为比较依据。

粒度分析仪属于高精密设备，对于精密设备的操作需要按照标准化流程进行，否则会影响实验结果的准确性。本实验具体操作步骤如下：

① 先对模拟巷道进行通风和清理，以免模拟巷道中的灰尘和杂物影响测试结果，每组数据测量结束以后要及时清理模拟巷道中的水雾。

② 将即将被测量的喷嘴提前固定到实验平台中心位置，并将喷嘴调整到合适的测量位置，尽量保持每组数据测量的两对距离不变。

③ 开启粒度仪的总电源开关，读取实验条件下的背景数据。

④ 开启喷雾系统(包括高压水泵、空气压缩机、流量计、压力表、稳压计等)并调试到实验要求的数值。

⑤ 等喷嘴能够稳定喷雾时，开启计算机，记录整个实验过程的数据。

⑥ 对记录的实验数据分析整理，将三次计算的结果取平均值，尽量使实验结果更精确。

本实验测定喷嘴的喷嘴口径为 2 mm，水压力分别为 0.1 MPa、0.15 MPa、0.2 MPa，喷雾压力分别为 0.35 MPa，0.45 MPa、0.55 MPa、0.65 MPa 四种压力条件下的喷雾场的雾滴粒径分散度，记录距喷嘴出口 700 mm 断面上的雾滴粒径分布，得到雾滴粒径数据如表 3-3 至表 3-5 所示：

表 3-3　水压力为 0.1 MPa 时不同喷雾压力的雾滴粒度分布概率

0.35 MPa		0.45 MPa		0.55 MPa		0.65 MPa	
粒径 /μm	体积浓度 /%	粒径 /μm	体积浓度 /%	粒径 /μm	体积浓度 /%	粒径 /μm	体积浓度 /%
15.991	1.057	11.640	1.078	8.587	1.070	5.230	1.431
21.386	1.085	15.620	1.046	11.946	1.474	7.302	3.622
26.782	2.044	19.590	2.019	15.305	2.287	11.875	8.402
32.177	3.073	23.560	3.226	18.664	5.201	13.947	10.930
37.573	4.906	27.530	5.194	22.023	6.052	16.020	13.942
42.968	5.430	31.560	5.396	25.382	7.302	18.092	13.469
48.364	6.931	35.470	6.988	28.741	8.861	20.165	11.585
53.759	8.362	41.280	7.658	32.100	10.035	22.237	9.248
59.155	9.728	43.410	9.035	35.459	9.555	24.310	6.145
64.550	9.265	47.390	8.360	38.818	8.890	26.382	4.961
69.946	9.120	51.360	8.342	42.177	8.058	28.454	3.682
75.341	7.848	55.330	7.938	45.537	7.359	30.527	2.619
80.737	7.062	59.360	7.002	48.896	5.795	32.599	1.884
86.132	6.585	63.270	6.607	52.255	3.984	34.672	1.551
91.528	4.522	67.240	4.460	55.614	3.057	36.744	1.043
96.923	3.040	72.660	3.662	58.973	2.653	38.817	0.836
102.319	3.003	75.190	2.794	62.332	1.963	40.889	0.700
107.714	1.833	79.160	2.152	65.691	1.383	42.962	0.670
113.110	1.202	83.130	1.367	69.050	0.898	45.034	0.574
118.505	1.445	87.190	1.436	72.409	0.670	47.106	0.468
123.901	0.538	91.070	0.808	75.768	0.447	49.179	0.378
129.296	0.253	95.040	0.560	79.127	0.433	51.251	0.302
134.692	0.224	99.010	0.454	82.486	0.357	53.324	0.297
140.087	0.182	103.750	0.326	85.845	0.290	55.396	0.247

表 3-3(续)

0.35 MPa		0.45 MPa		0.55 MPa		0.65 MPa	
粒径 /μm	体积浓度 /%	粒径 /μm	体积浓度 /%	粒径 /μm	体积浓度 /%	粒径 /μm	体积浓度 /%
145.483	0.173	106.960	0.193	89.204	0.195	57.469	0.186
150.878	0.140	110.930	0.225	92.563	0.185	59.541	0.151
156.274	0.131	114.900	0.193	95.922	0.214	61.614	0.156
161.669	0.122	118.870	0.156	99.281	0.185	63.686	0.116
167.065	0.098	122.840	0.239	102.640	0.162	65.759	0.071
172.460	0.061	126.810	0.133	105.999	0.157	67.831	0.076
177.856	0.089	130.780	0.115	109.358	0.133	69.903	0.065
183.251	0.070	132.330	0.128	112.717	0.109	71.976	0.040
188.647	0.065	138.730	0.128	116.076	0.100	74.048	0.025
194.042	0.061	142.700	0.050	119.435	0.095	76.121	0.035
199.438	0.037	146.670	0.073	122.794	0.071	78.193	0.015
204.833	0.047	150.640	0.087	126.153	0.057	80.266	0.015
210.229	0.028	154.610	0.069	129.513	0.052	82.338	0.015
215.624	0.028	158.580	0.096	132.872	0.043	84.411	0.005
221.020	0.019	162.560	0.032	136.231	0.048	86.483	0.000
226.415	0.014	166.520	0.041	139.590	0.024	88.555	0.005
231.811	0.019	170.500	0.009	142.949	0.033	90.628	0.015
237.206	0.009	174.470	0.032	146.308	0.010	92.700	0.005
242.602	0.005	178.440	0.023	149.667	0.005	94.773	0.000
247.997	0.019	182.410	0.005	153.026	0.024	96.845	0.000
253.393	0.005	186.380	0.014	156.385	0.005	98.918	0.005
258.788	0.009	190.350	0.023	159.744	0.010	100.990	0.005
264.184	0.000	194.330	0.000	163.103	0.005	103.063	0.000
269.579	0.005	198.550	0.005	166.462	0.005	105.135	0.000
274.975	0.005	202.270	0.018	169.821	0.000	107.208	0.000
280.370	0.005	206.240	0.005	173.180	0.005	109.280	0.005

表 3-4　水压力为 0.15 MPa 时不同喷雾压力的雾滴粒度分布概率

0.35 MPa		0.45 MPa		0.55 MPa		0.65 MPa	
粒径 /μm	体积浓度 /%	粒径 /μm	体积浓度 /%	粒径 /μm	体积浓度 /%	粒径 /μm	体积浓度 /%
18.446	0.991	13.566	1.080	9.273	1.039	6.432	1.219
24.531	1.081	18.456	1.066	12.742	1.319	9.044	1.372
30.616	2.006	23.347	2.155	16.210	2.124	11.657	2.629
36.701	2.629	28.237	3.991	19.678	4.262	14.269	5.521
42.786	4.984	33.128	5.974	23.146	5.869	16.881	6.630
48.871	4.833	38.018	6.081	26.615	6.547	19.493	8.456
54.956	7.764	42.909	8.120	30.083	8.149	22.105	9.373
61.041	8.651	47.799	8.954	33.551	9.298	24.718	10.157
67.126	9.784	52.690	9.283	37.020	8.639	27.330	9.283
73.211	8.934	57.580	9.265	40.488	8.790	29.942	8.604
79.296	8.406	62.471	9.209	43.956	8.296	32.554	7.643
85.381	8.226	67.361	7.569	47.425	6.853	35.166	6.243
91.466	6.461	72.252	7.295	50.893	6.506	37.779	4.656
97.551	7.103	77.142	5.548	54.361	4.999	40.391	3.805
103.636	5.244	82.033	3.439	57.829	3.617	43.003	2.882
109.721	3.006	86.923	3.189	61.298	2.994	45.615	2.141
115.806	2.898	91.814	2.002	64.766	2.321	48.227	1.878
121.891	2.336	96.704	1.224	68.234	1.689	50.840	1.310
127.976	1.510	101.595	1.409	71.703	1.264	53.452	0.889
134.061	1.156	106.485	0.626	75.171	0.815	56.064	0.707
140.146	0.500	111.376	0.366	78.639	0.700	58.676	0.679
146.231	0.198	116.266	0.334	82.108	0.462	61.288	0.492
152.316	0.184	121.157	0.273	85.576	0.430	63.901	0.387
158.401	0.146	126.047	0.222	89.044	0.407	66.513	0.363
164.486	0.127	130.938	0.158	92.512	0.330	69.125	0.263
170.570	0.132	135.828	0.139	95.981	0.375	71.737	0.311
176.655	0.076	140.719	0.148	99.449	0.206	74.349	0.186
182.740	0.071	145.609	0.107	102.917	0.220	76.962	0.253
188.825	0.071	150.500	0.153	106.386	0.229	79.574	0.196

表 3-4(续)

0.35 MPa		0.45 MPa		0.55 MPa		0.65 MPa	
粒径 /μm	体积浓度 /%	粒径 /μm	体积浓度 /%	粒径 /μm	体积浓度 /%	粒径 /μm	体积浓度 /%
194.910	0.061	155.390	0.111	109.854	0.128	82.186	0.225
200.995	0.061	160.281	0.065	113.322	0.147	84.798	0.158
207.080	0.028	165.171	0.088	116.791	0.137	87.410	0.153
213.165	0.071	170.062	0.056	120.259	0.073	90.023	0.110
219.250	0.042	174.952	0.032	123.727	0.119	92.635	0.172
225.335	0.038	179.843	0.060	127.195	0.082	95.247	0.139
231.420	0.019	184.733	0.023	130.664	0.087	97.859	0.096
237.505	0.033	189.624	0.042	134.132	0.101	100.471	0.053
243.590	0.024	194.514	0.023	137.600	0.078	103.084	0.072
249.675	0.005	199.405	0.028	141.069	0.041	105.696	0.081
255.760	0.024	204.295	0.023	144.537	0.055	108.308	0.053
261.845	0.019	209.186	0.023	148.005	0.037	110.920	0.033
267.930	0.019	214.076	0.014	151.474	0.018	113.532	0.024
274.015	0.009	218.967	0.019	154.942	0.041	116.145	0.019
280.100	0.005	223.857	0.000	158.410	0.055	118.757	0.033
286.185	0.009	228.748	0.000	161.878	0.009	121.369	0.014
292.270	0.005	233.638	0.005	165.347	0.005	123.981	0.005
298.355	0.005	238.529	0.000	168.815	0.000	126.593	0.014
304.440	0.000	243.419	0.000	172.283	0.023	129.206	0.010
310.525	0.005	248.310	0.005	175.752	0.005	131.818	0.005
316.610	0.009	253.200	0.005	179.220	0.009	134.430	0.005

表 3-5　水压力为 0.2 MPa 时不同喷雾压力的雾滴粒度分布概率

0.35 MPa		0.45 MPa		0.55 MPa		0.65 MPa	
粒径 /μm	体积浓度 /%	粒径 /μm	体积浓度 /%	粒径 /μm	体积浓度 /%	粒径 /μm	体积浓度 /%
22.690	0.990	15.097	1.192	10.170	1.053	7.555	1.167
29.086	0.686	20.883	1.360	13.888	1.239	10.922	1.788
35.483	1.381	26.670	2.174	17.605	2.240	14.289	3.459
41.879	1.528	32.456	5.044	21.323	3.960	17.656	6.801
48.275	3.581	38.243	5.722	25.040	5.962	21.023	7.347
54.672	4.157	44.029	7.601	28.758	6.405	24.390	9.354

表 3-5(续)

0.35 MPa		0.45 MPa		0.55 MPa		0.65 MPa	
粒径 /μm	体积浓度 /%	粒径 /μm	体积浓度 /%	粒径 /μm	体积浓度 /%	粒径 /μm	体积浓度 /%
61.068	4.266	49.815	9.134	32.475	8.430	27.757	10.876
67.464	7.076	55.615	10.345	36.193	9.450	31.124	10.092
73.861	7.214	61.388	10.097	39.910	8.859	34.491	10.036
80.257	7.342	67.174	10.153	43.628	8.711	37.858	8.598
86.653	8.204	72.961	8.854	47.346	8.445	41.225	6.768
93.050	7.894	78.747	8.082	51.063	7.487	44.592	5.107
99.446	6.856	84.534	5.530	54.781	7.048	47.959	4.150
105.842	6.904	90.320	3.992	58.498	4.980	51.327	3.043
112.239	6.057	96.106	3.455	62.216	3.774	54.694	2.465
118.635	6.671	101.532	2.085	65.933	2.959	58.061	1.830
125.031	4.914	107.679	1.463	69.651	2.264	61.428	1.265
131.428	3.528	113.466	1.206	73.368	1.487	64.795	0.957
137.824	3.004	119.252	0.477	77.086	1.039	68.162	0.752
144.220	2.571	125.038	0.304	80.803	0.758	71.529	0.616
150.617	1.533	130.825	0.309	84.521	0.519	74.896	0.387
157.013	1.119	136.611	0.164	88.239	0.410	78.263	0.448
163.409	1.086	142.398	0.220	91.956	0.291	81.630	0.345
169.806	0.481	150.656	0.145	95.674	0.310	84.997	0.317
176.202	0.210	153.970	0.140	99.391	0.186	88.364	0.294
182.598	0.095	159.757	0.154	103.109	0.229	91.731	0.247
188.994	0.057	165.543	0.070	106.826	0.224	95.098	0.257
195.391	0.081	171.329	0.061	110.544	0.157	98.465	0.168
201.787	0.057	177.116	0.084	114.261	0.162	101.832	0.154
208.183	0.057	182.902	0.070	117.979	0.133	105.199	0.149
214.580	0.029	188.689	0.028	121.697	0.172	108.566	0.145
220.976	0.057	194.753	0.051	125.414	0.062	111.933	0.126
227.372	0.057	200.261	0.079	129.132	0.105	115.300	0.075
233.769	0.014	206.048	0.028	132.849	0.062	118.667	0.098
240.165	0.019	211.834	0.019	136.567	0.057	122.034	0.047
246.561	0.010	217.621	0.028	140.284	0.067	125.401	0.075
252.958	0.033	223.407	0.028	144.002	0.071	128.768	0.028

表 3-5(续)

0.35 MPa		0.45 MPa		0.55 MPa		0.65 MPa	
粒径 /μm	体积浓度 /%	粒径 /μm	体积浓度 /%	粒径 /μm	体积浓度 /%	粒径 /μm	体积浓度 /%
259.354	0.043	229.193	0.014	147.719	0.052	132.136	0.023
265.750	0.029	234.980	0.009	151.437	0.052	135.503	0.033
272.147	0.010	238.128	0.005	155.154	0.019	138.870	0.023
278.543	0.019	246.553	0.000	158.872	0.029	142.237	0.014
284.939	0.014	252.339	0.009	162.590	0.024	145.604	0.005
291.336	0.019	258.125	0.005	166.307	0.024	148.971	0.009
297.732	0.010	263.912	0.000	170.025	0.014	152.338	0.023
304.128	0.005	269.698	0.005	173.742	0.010	155.705	0.009
310.525	0.010	275.484	0.000	177.460	0.005	159.072	0.009
316.921	0.010	281.271	0.000	181.177	0.000	162.439	0.014
323.317	0.010	285.328	0.000	184.895	0.000	165.806	0.000
329.714	0.000	292.844	0.000	188.612	0.000	169.173	0.000
336.110	0.005	298.630	0.005	192.330	0.005	172.540	0.005

由表 3-3～表 3-5 可以看出，在相同孔径与相同供水压力的条件下，随着供气压力的增大，喷雾场雾滴粒径逐渐减小。随着压力由 0.35 MPa 增加至 0.65 MPa，当喷嘴水压为 0.1 MPa 时，最小的雾滴粒径由 15.991 μm 减小到 5.230 μm，最大的雾滴粒径由 280.370 μm 减小至 109.280 μm；当喷嘴水压为 0.15 MPa 时，最小的雾滴粒径由 18.446 μm 减小到 6.432 μm，最大的雾滴粒径由 316.610 μm 减小至 134.430 μm；当喷嘴水压为 0.2 MPa 时，最小的雾滴粒径由 22.690 μm 减小到 7.555 μm，最大的雾滴粒径由 336.110 μm 减小至 172.540 μm，而在相同气压条件下，雾滴粒径随着水压力的增加而增加。例如，喷嘴水压由 0.1 MPa 增加至 0.2 MPa，在气体压力为 0.45 MPa 压力条件下，雾滴的最小粒径由11.640 μm增加至 15.097 μm，雾滴的最大粒径由 206.240 μm 增加至298.630 μm；在气体压力为 0.55 MPa压力条件下，雾滴的最小粒径由 8.587 μm 增加至 10.170 μm，雾滴的最大粒径由 173.180 μm 增加至 192.330 μm。

为了更直观地看出不同压力下各个雾滴粒径的分布概率及参数 D_{50} 的数值大小，做出图 3-7 至图 3-9，即 0.1 MPa、0.15 MPa、0.2 MPa 三种水压力条件下雾滴粒度分布概率及累积概率图。

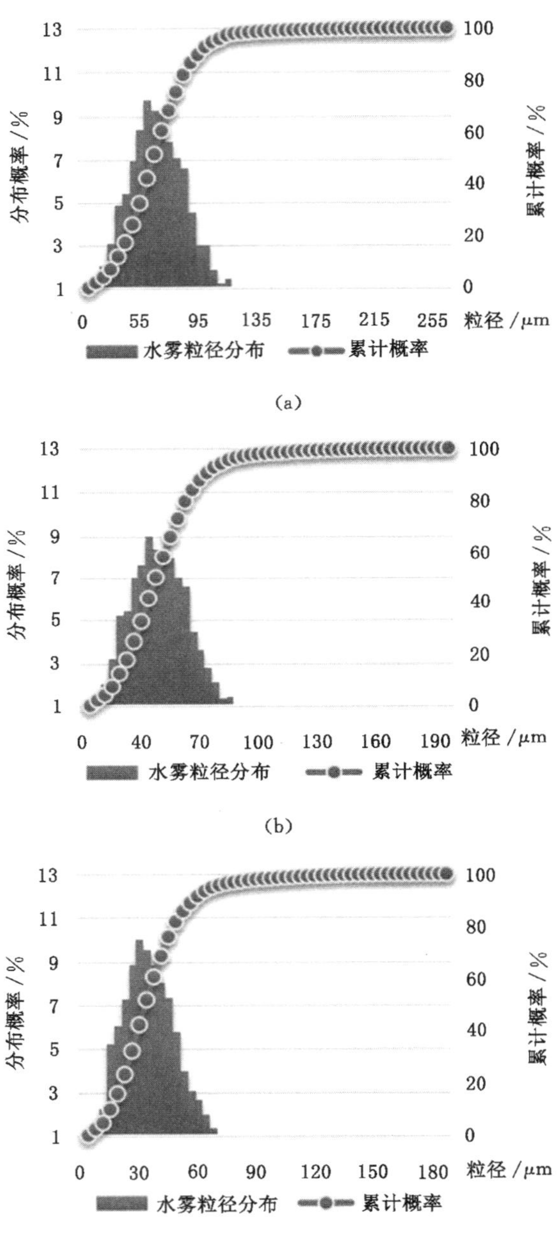

图 3-7　水压力为 0.1 MPa，喷雾压力为 0.35、0.45、0.55、0.65 MPa 时的雾滴粒度分布概率

(a) 0.35 MPa；(b) 0.45 MPa；(c) 0.55 MPa；(d) 0.65 MPa

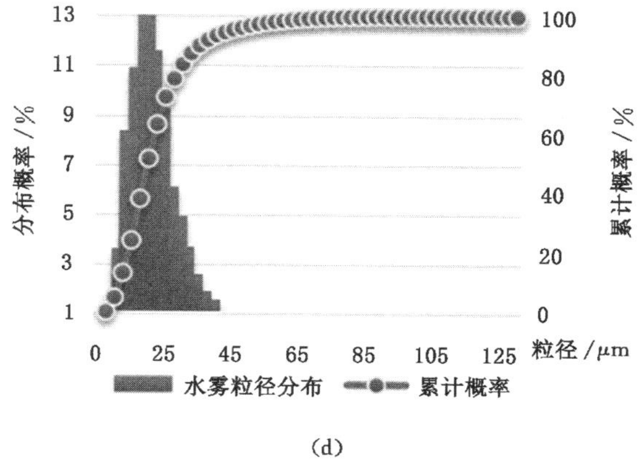

(d)

图 3-7　(续)

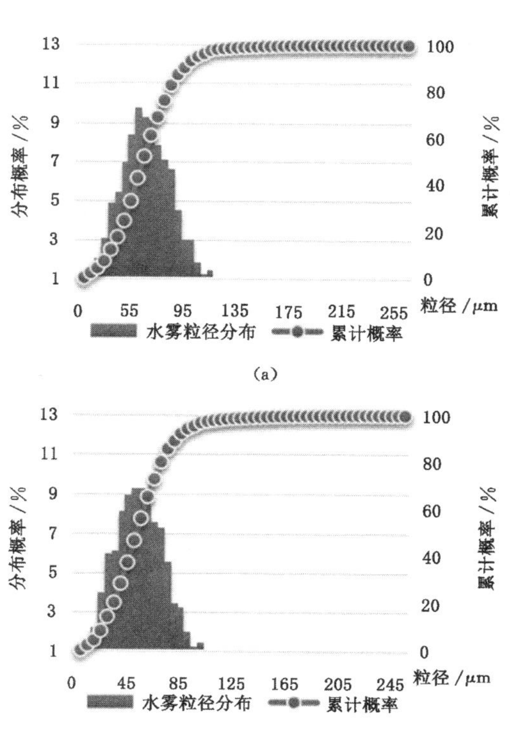

(b)

图 3-8　水压力为 0.15 MPa，喷雾压力为 0.35、0.45、0.55、0.65 MPa 时的雾滴粒度分布概率

(a) 0.35 MPa；(b) 0.45 MPa；(c) 0.55 MPa；(d) 0.65 MPa

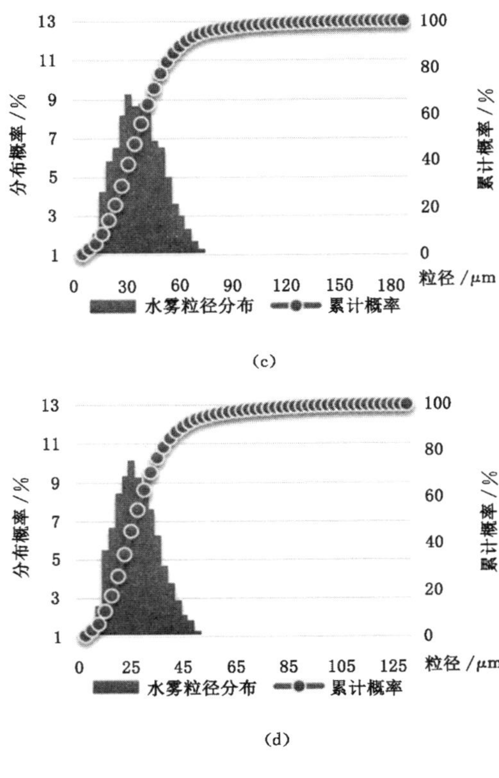

(c)

(d)

图 3-8 （续）

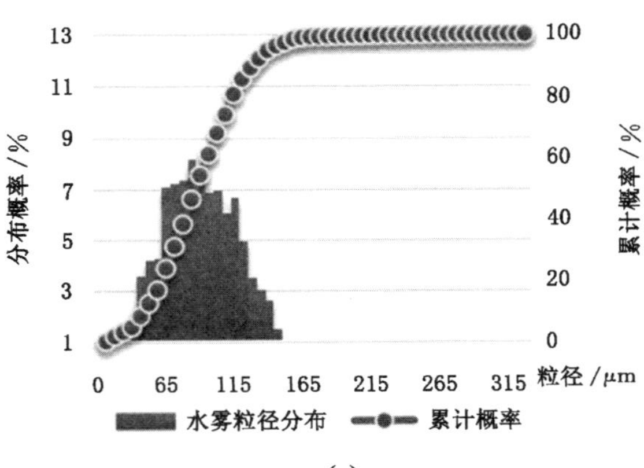

(a)

图 3-9 水压力为 0.2 MPa，喷雾压力为 0.35、0.45、0.55、0.65 MPa 时的雾滴粒度分布概率

(a) 0.35 MPa；(b) 0.45 MPa；(c) 0.55 MPa；(d) 0.65 MPa

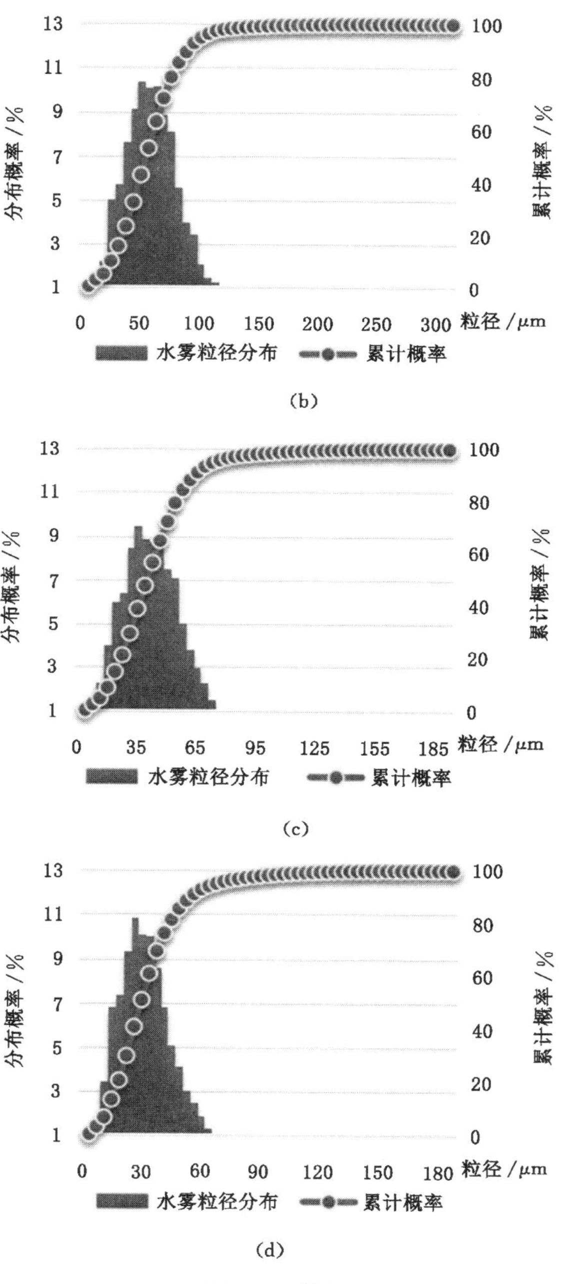

13
11
9
7
5
3
1
分布概率 / %
100
80
60
40
20
0
累计概率 / %
0
50
100
150
200
250
300
粒径 / μm
水雾粒径分布
累计概率

(b)

13
11
9
7
5
3
1
分布概率 / %
100
80
60
40
20
0
累计概率 / %
0
35
65
95
125
155
185
粒径 / μm
水雾粒径分布
累计概率

(c)

13
11
9
7
5
3
1
分布概率 / %
100
80
60
40
20
0
累计概率 / %
0
30
60
90
120
150
180
粒径 / μm
水雾粒径分布
累计概率

(d)

图 3-9 （续）

由图 3-7 至图 3-9 分析得，在相同水压力条件下，随着气体压力的增大，喷雾粒径逐渐减小。当喷嘴水压为 0.1 MPa 时，在气压为 0.35、0.45、0.55、0.65 MPa条件下，D_{50}由63.35 μm，减小到 17.79 μm，当水压为 0.15 MPa 时，D_{50}由 71.86 μm 减小到 26.17 μm，当水压为 0.2 MPa 时，D_{50}由 89.85 μm 减小到30.78 μm，为了更明显地看出 D_{50}的变化趋势，做出图 3-10。由图 3-10 我们看出，气体压力从0.35 MPa增加到 0.45 MPa 时，雾滴粒径减小幅度较大，当气体压力大于 0.55 MPa 时，随着压力的增大，雾滴粒径的减小趋势有所减缓，这是由于气体压力的增大为雾化提供了更大的能量，使得雾滴破碎的更加完全，较大的雾滴在压力作用下破碎成更小的雾滴，产生了更多粒径尺寸更小的雾滴群。另外，当喷雾气体压力相同时，随着液体压力的增加，雾滴粒径逐渐变大。在喷嘴水压由 0.1 MPa 增加到 0.2 MPa 的条件下，喷雾气体压力为 0.35 MPa 时，雾滴场的 D_{50}由 63.35 μm 增加到 89.85 μm，当喷雾气压力为 0.45 MPa 时，D_{50}由 47.39 μm 增加到59.66 μm，当喷雾气体压力为 0.55 MPa 时，D_{50}由 34.37 μm 增加到40.84 μm，当喷雾气体压力为 0.65 MPa 时，D_{50}由 17.79 μm 增加到 30.78 μm。由图 3-10 可以看出，当气体压力相同时，喷嘴水压为 0.1 MPa、0.15 MPa、0.2 MPa 的三种情况下，雾滴粒径变化幅度比较接近，这是由于喷嘴自身的结构特点所决定的。

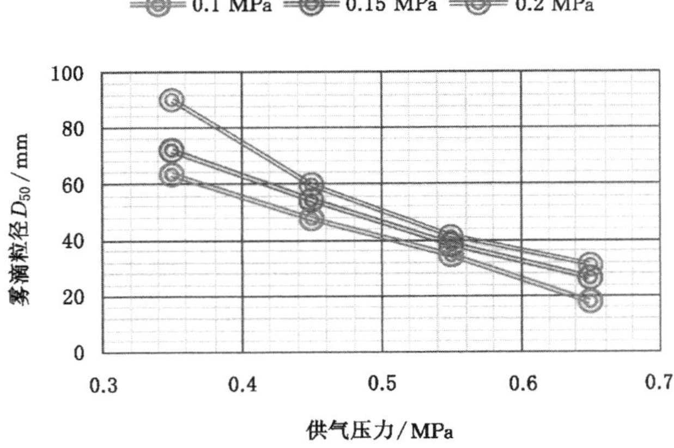

图 3-10　不同水压力不同喷雾压力下的雾滴粒径 D_{50}

3.1.5　多气动喷嘴联合螺旋耦合喷射实验研究

（1）实验系统的设计与制作

根据上述实验结果以及实际情况的分析，气动喷嘴虽然有更小的雾滴粒度和雾化角度，但是射程超过 3 m。改进的气动喷嘴，可以很好地解决雾化角度小的问题，但是改进的雾化角度仍然不能够满足采煤工作面大面积尘源发尘问题。为了解决气动喷嘴雾化范围的缺点，作者在考虑流体力学与两相流理论的基础上，提出了多个气动喷嘴旋转耦合的想法，如图 3-11 所示。将气动喷嘴安装在喷嘴转向器上，几个气动喷嘴通过合理的安装角度，使得雾滴在彼此强烈耦合的情况下发生旋转，高速旋转气流彼此耦合的瞬间，切向速度冲击气动喷嘴射出水雾再一次破碎，使得雾滴之间进一步碰撞，雾滴之间在不同的碰撞角度和碰撞力度作用下，发生破碎或凝并之后随着旋转的气流继续前进，旋转的气流使雾化区域更广泛，可以更容易的罩住发尘源，同时高速旋转的水雾螺旋式前进比直线前进更容易与空气中煤尘颗粒发生碰撞。旋转水雾会罩着尘源，使得尘源发出的粉尘很难逃逸到旋转水雾之外。偶尔逃出的少许煤尘，会被高速旋转的水雾带来的负压力，再次卷进螺旋雾化区域与水雾发生碰撞后沉降。

根据前述基本思路，设计气动喷嘴螺旋耦合喷雾如图 3-11 所示。

由图 3-11 可知，本文设计的气动螺旋射雾器的核心部分包括：环状可调压力水管、环状可调压力气管、气水两路雾化喷嘴、风流导向挡板、喷嘴转向器，下面将对核心设备进行介绍。

① 环状可调压力水管及气管

环状可调压力水管的入口处装有泄压阀，可以减缓高压泵开启时的脉动压力，起到保护喷嘴的作用。环状水管上还安装可以用来安装喷嘴的接口，可以根据实际需要来决定安装喷头的组数。压力气管连接方式与水管基本相同。

② 气动喷嘴

气动喷嘴是本套装置的终端输出端口，气动喷嘴能够将环形可调压力气管和水管中的水以合理的雾化角度和粒径分布变成水雾，是核心输出端口。选取合适的气动喷嘴在旋转耦合下制造出更符合实际需要的雾滴分布是本实验需要解决的关键问题之一。

③ 风流导向挡板

高压气流经气动喷嘴携带水雾冲向开放空间，衰减速度很快。因此在气动喷嘴的外边缘处安装风流导向挡板，气动水雾在挡板的“掩护”下向前移动一段距离。本设计中的风流导向挡板可以调节挡板的长度与角度。

④ 喷嘴转向器

喷嘴转向器用来调节各个气动喷嘴之间的螺旋耦合角度，使高速的雾流发生螺旋耦合形成切向速度。通过调节耦合角度、供气压力及供水压力，进而控制旋转气流的强度。旋转气流夹杂着水雾具有更高的动能，带动周围空气发生旋转，形成旋涡。不断涌出的旋转水雾在风流导向挡板的作用下会推着旋涡沿着轴向持续高速推进。

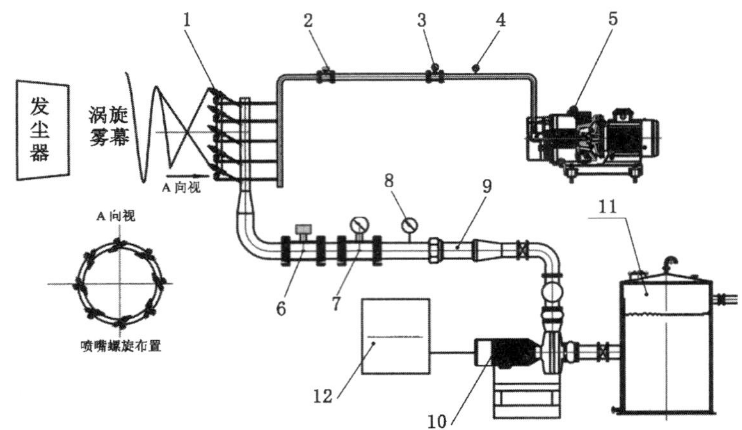

1—气动喷嘴;2—气体泄压阀;3—气体流量计;4—气压力表;5—空气压缩机;6—液体泄压阀;7—液体流量计;8—水压力表;9—调压阀;10—水泵;11—蓄水桶;12—矢量变频器。

(a)

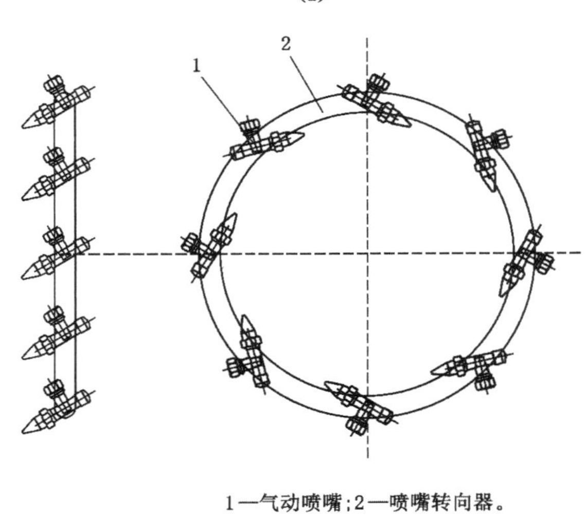

1—气动喷嘴;2—喷嘴转向器。

(b)

图 3-11 气动喷嘴螺旋耦合喷雾系统

(a) 设备系统图;(b) 设备主视图

(2) 实验系统的组成

经过以上内容对于气动螺旋射雾器关键部件的分析,为了达到更好的测试效果,方便实验研究,设计出如下图的实验装置,如图 3-12 所示。

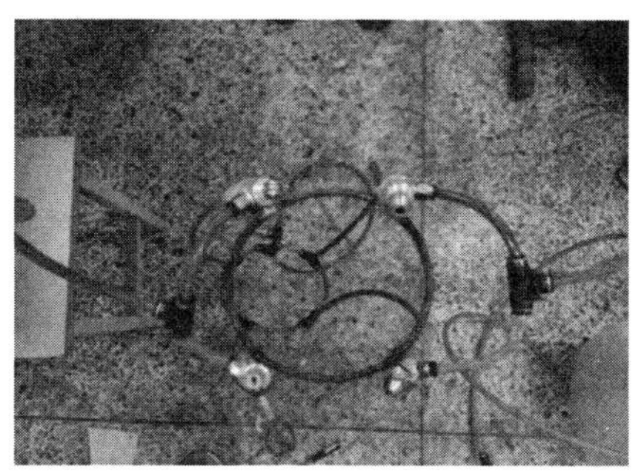

图 3-12　支架喷嘴组装

根据气动螺旋雾幕发生装置实验仪器与测试系统功能，可以将该实验系统分解为 3 个子系统：

① 喷嘴转向器与风流导向挡板系统

喷嘴转向器与风流导向挡板系统是本实验的重要系统，喷嘴的喷雾角度主要由喷嘴转向器控制，在不同的降尘环境下，需要提高射程还是提高雾化直径的调节主要通过喷嘴转向器的角度来控制。风流导向挡板的作用是增加雾幕的影响范围，对喷嘴间螺旋耦合后形成的雾幕以及喷嘴和气与水的管路进行一个初期保护。

② 气水两路喷雾系统

气水两路喷雾系统是本组实验主要调节参数的关键部件，采用 JDT-12A 型高压雾化机为气动喷嘴螺旋耦合提供压力水，高压入水管路与入口泄压阀连接，泄压阀经过三通与高压环形 PE 管连接，实验过程所使用的水源是自来水引入储水箱，喷嘴根据需要固定在喷嘴转向器上，喷嘴的气路与气管通过 PE 管将连接。气水两路喷嘴，由于其雾化所需的水压力比较低，近些年被广泛应用于井下降尘，喷雾系统主要零件组成如图 3-13 所示。

③ 实验参数测量子系统

本次实验主要仪器及测量仪表的规格及型号如表 3-6 所示。

表 3-6　主要仪器的规格与型号

序号	仪表名称	型号	规格	精度
1	矢量变频器	PST350	1.5 kW	±0.5%
2	涡轮流量计	LWGY-DN4	0.04～0.025 m^3/h	0.5 级
3	热敏风速仪	GM8903	0～30 m/s	±0.1 m/s

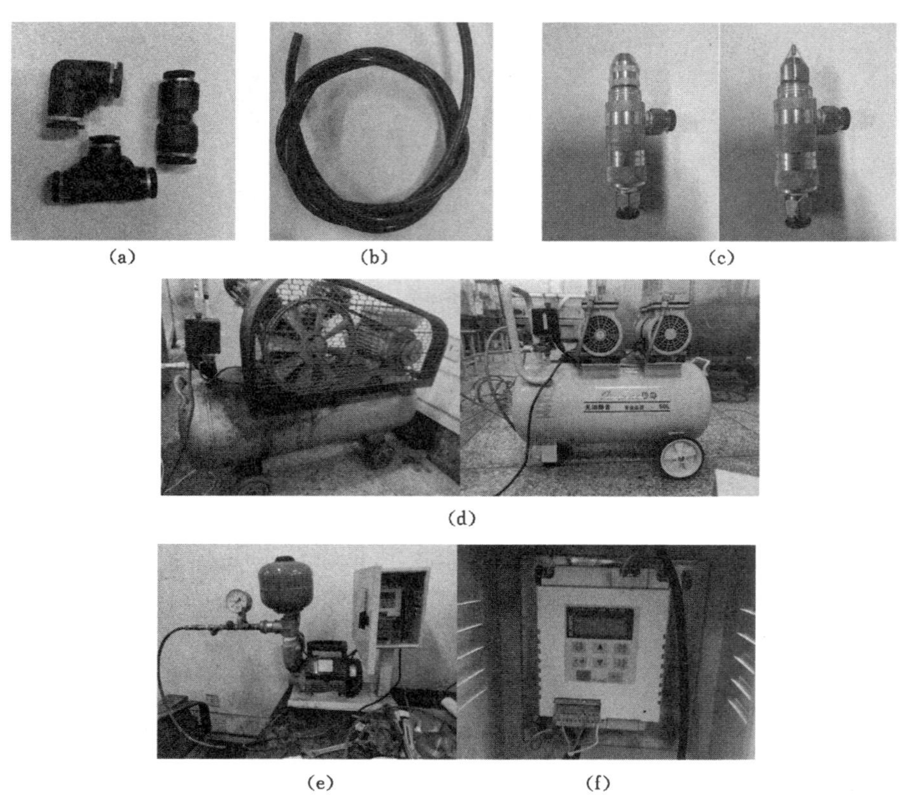

图 3-13　喷雾系统主要设备

(a) 三通和直通喷座;(b) PE 管;(c) 气动喷嘴;(d) 空气泵;(e) 水泵;(f) 矢量变频器

表 3-6(续)

序号	仪表名称	型号	规格	精度
4	电子秒表	PC2810	0～60 min	0.1 s
5	高精度风速仪	G78907	0.1～45 m/s	±0.1 m/s
6	压力表	YN-60	0～16 MPa	2.5 级
7	离心风机	160FLJ8	0～5 m^3/min	—
8	高压雾化机	JDT-12A	1.2 L/min	—

在本实验中,为了得到较为准确的实验数据,需要用到一些标准化测量仪器,简单介绍如下:

a. GM8903 手持式热敏式风速仪

本组实验中需要考察风速对雾滴粒径的影响，风速的测试方式尤为关键，本组使用了常见的两种风速仪器，如图 3-14 所示。一种是机械法测试仪器——标智 GT8907 高精度风速仪，风速测量范围 0.1 m/s 到 45 m/s，测量精度控制在0.1 m/s，分辨率为 0.01 m/s，同时带有风向角度测试功能。对于连续测量时，可以用 USB 接口与电脑连接，电脑会记录整个实验过程的数据，方便整理。另一种是散热效率法风速仪，本次实验使用型号为 GM8903 手持式热敏式风速仪，因为手柄前段的感应头比较小，可以深入到高压风管中测试风流压力，风速最大量程为30 m/s。测量风速需要手持测量手柄，手柄最前端是一小段被加热的金属丝，根据不同风速所提供的散热效率不同的原理，根据拟合公式，计算出当前风速，风速的计算结果通过电子显示屏出来，图 3-15 为 GM8903 手持式热敏式风速仪测试结果显示图。

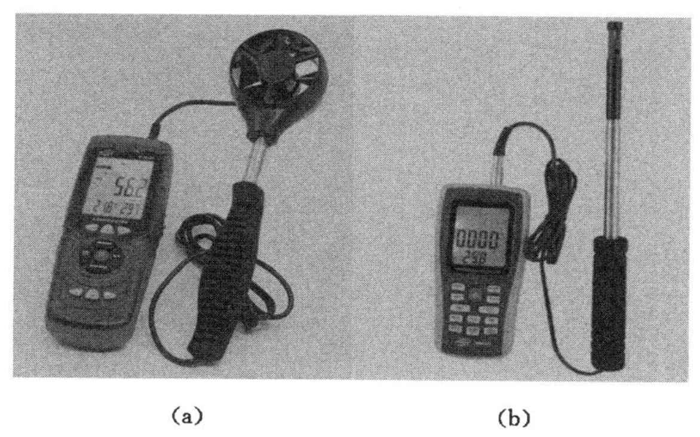

(a)　　　　　　　　(b)

图 3-14　实验测量设备

(a) 标智 GT8907 高精度风速仪；(b) GM8903 手持式热敏式风速仪

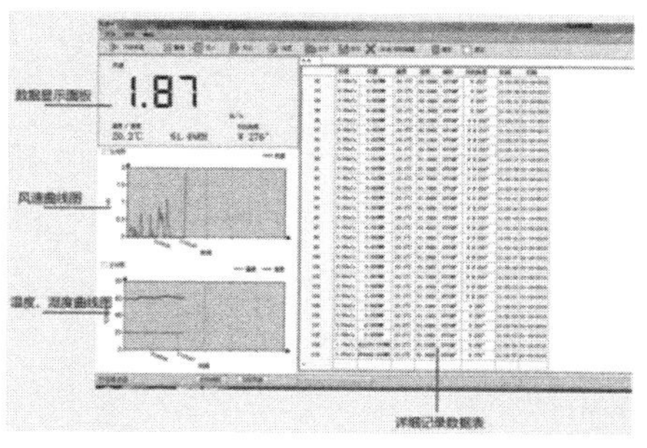

图 3-15　GM8903 手持式热敏式风速仪

测试结果

b. PST350 矢量变频器

实验使用的变频器型号为 PST350 矢量变频器，变频器工作原理是先通过进行整流待变仪器的频率，然后再进行逆变，逆变之后得到自己所要的频率，从而转化为特定的电压。矢量控制技术通过坐标变换，将三相系统等效变换为 M-T 两相系统，将交流电机定子电流矢量分解成两个直流分量(即磁通分量和转矩分量)，从而达到分别控制交流电动机的磁通和转矩的目的，因而可获得与直流调速系统同样好的控制效果。变频率的频率变化范围为 0～50 Hz，该变频器具有一个独立的液晶显示屏幕，可以很直观的读出风机运转时所对应的频率，并且能够对风机起到一定的保护作用，操作简单实用，本次实验使用的变频器如图 3-16 所示。

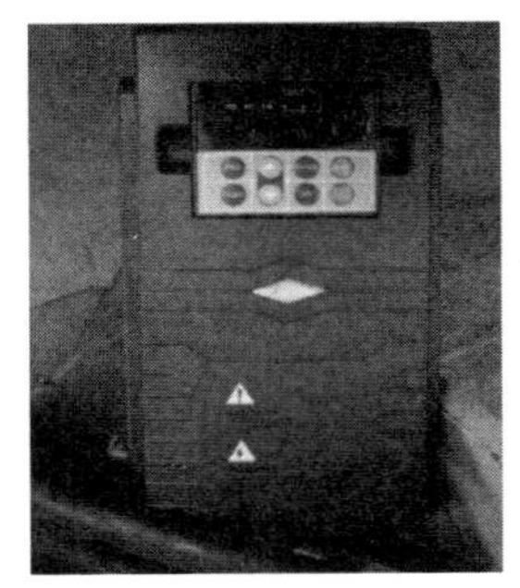

图 3-16　PST350 矢量变频器

(3) 实验方案(一共需要做几组实验)

本实验测试选在无风条件下的室内进行，最大程度降低了外界因素对于实验数据的影响，由于实验设备各个连接处都是卡扣连接，需要进行二次加固，确保连接牢固、密闭条件好；打开电源开关，启动空气压缩机、水泵、调整矢量变频器，控制气压和水压输出强度至实验工况，保持输出稳定时，开始测量数据。

① 不同水压力下螺旋耦合实验

本组实验通过调节进入气动喷嘴的水压力，在上一小节单喷嘴的基础上，观察不同气体压力下，高压水雾分别在 0.1 MPa、0.15 MPa 和 0.2 MPa 压力下的雾化宏观特性。

② 不同气动压力下螺旋耦合实验

使用风速仪(GM8903)测定气动螺旋射雾器气动喷嘴的气压分别在 0.35 MPa、0.45 MPa、0.55 MPa 这 3 种压力条件下不同位置的风速分布情况。测试这 3 种气压下雾幕的覆盖范围以及射程。

③ 不同风流导向挡板下螺旋耦合实验

经过对前期实验数据的整理和分析发现，气动喷嘴螺旋耦合在雾化性能上有很大的优势，但是雾幕在形成初段衰减速度较快，尤其是在开阔的空间，为了解决这一问题，提出在气动喷嘴耦合发生的前段增加风流导向挡板的想法，本组实验需要找出最佳风流导向挡板的设计长度问题。

3.1.6　气动喷嘴螺旋耦合实验结果分析

（1）雾幕形成宏观实验结果分析

为了更准确地描述气动喷嘴螺旋耦合旋转气流的力度，在无风实验条件下，建立三维的直角坐标系以便更好的描述风流大小，以气动螺旋射雾器的中心为坐标原点（0，0，0）选择截面，距离喷嘴轴向选择 3 个截面，截面距离喷嘴轴向为 0.6 m、1.5 m 和 2.5 m。每个截面上设置 7 个速度测试点，测试点距离轴向分别为：−1 m、−0.6 m、−0.3 m、0 m、0.3 m、0.6 m、1 m 一共 7 个位置。当气动喷嘴供气压力分别为 0.35、0.45、0.55 MPa 时，各测点速度记录后整理成表 3-7。

表 3-7　不同测点风速

气流压力/MPa	截面距喷嘴轴向距离/m	测试点距轴向距离/m						
		−1	−0.6	−0.3	0	0.3	0.6	1
		风速/(m·s^{-1})						
0.35	0.6	5	15	13	12	15	17	6
	1.5	4	13	12	10	9	8	5
	2.5	3	8	7	8	6	6	4
0.45	0.6	9	18	16	16	18	19	10
	1.5	8	15	13	11	14	16	9
	2.5	7	9	10	10	9	8	8
0.55	0.6	13	20	23	20	22	25	14
	1.5	12	19	21	17	20	24	13
	2.5	9	17	19	15	18	14	10

（2）气动喷嘴螺旋耦合雾化范围测定

旋转水雾的旋转半径以及射程是影响旋转水雾能否罩住尘源的关键因素，D 为旋转水雾有效直径，R 为旋转水雾有效射程，如图 3-17 所示。

为了准确的测定气动喷嘴螺旋耦合后的雾化性能，本实验测试选在无风条件下的室内进行，最大程度降低了因环境风流或其他干扰因素对实验数据的影响，保证实验的准确性。首先，开启水压泵及气压泵至稳定喷雾条件，调节水压和气压到测定需要的数值。其次，调节喷嘴角度，等喷雾稳定后进行数据的测量。图 3-18 是实验条件下气动喷嘴螺旋耦合的雾化效果图。

通过实验平台测定了喷嘴在不同的气体压力和供水压力以及喷雾角度条件

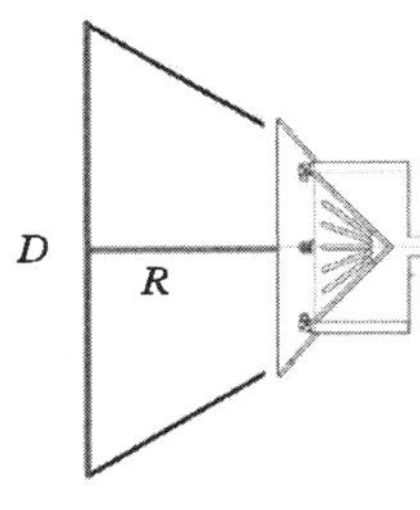

图 3-17 装置雾化范围

图 3-18 气动螺旋耦合喷嘴喷雾效果

下的射程和相应的雾幕直径。选择喷嘴口径为 2 mm，测得不同工况条件下的雾化性能如表 3-8 所示。

表 3-8 口径为 2 mm 时不同工况条件下的雾化性能

供水压力/MPa	气体压力/MPa	工作夹角/(°)	直径/cm	射程/cm
0.1	0.35	45	174	173
		60	197	192
		75	179	209
		90	109	286
		105	175	276
	0.45	45	188	186
		60	215	204
		75	191	225
		90	120	314
		105	186	297
	0.55	45	213	204
		60	240	233
		75	209	269
		90	132	360
		105	204	341

表 3-8(续)

供水压力/MPa	气体压力/MPa	工作夹角/(°)	直径/cm	射程/cm
0.15	0.35	45	188	179
		60	213	198
		75	192	216
		90	118	296
		105	188	285
	0.45	45	203	192
		60	231	213
		75	205	232
		90	129	322
		105	199	305
	0.55	45	228	209
		60	257	238
		75	225	275
		90	141	368
		105	218	348
0.2	0.35	45	195	184
		60	220	204
		75	199	222
		90	123	303
		105	197	293
	0.45	45	210	196
		60	240	218
		75	213	237
		90	131	332
		105	207	315
	0.55	45	237	213
		60	264	243
		75	230	281
		90	143	377
		105	223	355

(3) 不同工况对雾化性能的影响规律

分析表 3-8 的测试结果,可知气动螺旋雾幕除尘设备后雾化性能结果:

① 单独考察喷嘴供水压力这一工况条件,在保持喷嘴角度和供气压力不变的情况下,喷嘴供水压力在逐渐增加时,有效射程也随着压力的增大逐渐增加,这与之前单个喷嘴的雾化实验结果相近,这说明喷雾压力与射程成正比的情况保持不变。在本组实验中,增加范围达到 20 cm 左右,增加幅度很小,雾化半径也随着压力的增加而逐渐增加,增加幅度也不是很大,这说明气动喷嘴在液体压力不大的情况下对于雾化射程的影响作用不大。因此在其他条件不变的情况下,雾化半径及雾化射程与喷嘴水压力成正比例关系。

② 单独考察喷嘴气体压力这一工况条件,由于气动喷嘴的气体压力是前端气流能够相互螺旋耦合的主要因素,所以供气压力的大小对于雾幕范围起到重要的作用。当喷嘴供水压力保持在 0.15 MPa,喷嘴方向与风流轴向成 60°夹角时,将喷嘴气压由 0.35 MPa 逐渐加大,可以看到雾流的射程和雾化直径逐渐增加,0.35 MPa 增加到 0.45 MPa 变化不大,当增加到 0.55 MPa 时,有效射程增加较快。

③ 单独考察喷嘴安装角度这一工况条件,逐渐改变喷嘴方向与风流轴向的夹角时,在其他条件不改变的情况下,夹角由 45°逐渐增加到 105°,雾幕半径呈现出随角度的增大先增大再减小再增大的"N 型"分布情况。即当喷雾角度由 45°增加到 60°时,雾化半径随着喷嘴角度的增加而增加,出现雾化半径的第一个峰值;随着角度继续增加,雾化半径开始减小;喷嘴角度为 90°时,雾化半径取得极值;当喷嘴角度继续增加时,雾化半径继续增加。可以看出有效射程在喷嘴角度由 45°增加到 90°时,随着角度的增加有效射程也在增加,当安装角度超过 90°时,有效射程开始降低。

(4) 影响因素参数优化

根据上表 3-8 实验结果进行分析。在保持实验过程中两个自变量不变的情况下,选取单一自变量影响因素进行分析:利用最小二乘法原理对喷嘴工作角与雾化范围进行拟合,得到拟合曲线如图 3-19 所示。

由工作夹角与雾化范围的散点图可以直观地看出,随着工作夹角的增大,雾化范围(直径)呈现出先增大后减小又增加的趋势,为了找到最优影响因素组合条件,获得的拟合曲线函数关系为:

$$y = 0.004\,8x^3 - 1.078\,1x^2 + 75.619x - 1\,463.6 \tag{3-13}$$

式中 y——雾化范围(直径),m;

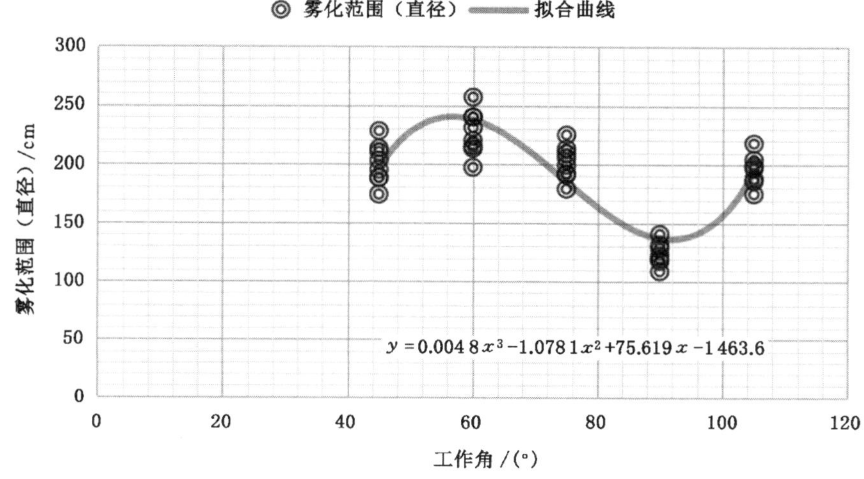

图 3-19　工作角拟合结果

x——工作夹角，(°)。

式(3-13)为工作夹角与雾化范围影响关系的三次函数拟合结果，对式(3-13)求导计算，得出函数极值点为 56.06，即最佳工作角度为 56.06°。

(5) 不同风流导向挡板下雾幕特性分析

在上一节实验的基础上，经过对于前期实验数据的整理和分析发现，气动螺旋射雾器在雾化性能上有很大的优势，但是速度衰减比较快，尤其是在较为开阔的空间内。经过反复研究发现，在前端增加挡板可以提高雾幕的整体效果，这一组实验在前一组实验的基础上，测试导流板的最佳长度。在保持前一组实验条件供水压力为 0.15 MPa 和喷嘴直径 2 mm 的情况下，导流板长度实验结果整理如表 3-9 所示。

表 3-9　雾化性能

长度/cm	气压/MPa	工作夹角/(°)	直径/cm	射程/cm
0	0.35	45	188	179
		60	213	198
		75	192	216
		90	118	296
		105	188	285

表 3-9(续)

长度/cm	气压/MPa	工作夹角/(°)	直径/cm	射程/cm
0	0.45	45	203	192
		60	231	213
		75	205	232
		90	129	322
		105	199	305
	0.55	45	228	209
		60	257	238
		75	225	275
		90	141	368
		105	218	348
5	0.35	45	199	183
		60	229	203
		75	202	221
		90	125	303
		105	199	292
	0.45	45	214	197
		60	247	218
		75	217	238
		90	137	330
		105	211	313
	0.55	45	239	214
		60	276	244
		75	237	281
		90	148	377
		105	231	356
10	0.35	45	202	184
		60	232	204
		75	206	223
		90	127	304
		105	200	293

表 3-9(续)

长度/cm	气压/MPa	工作夹角/(°)	直径/cm	射程/cm
10	0.45	45	218	198
		60	252	219
		75	219	239
		90	139	332
		105	212	315
	0.55	45	244	215
		60	282	245
		75	241	283
		90	150	379
		105	235	358
15	0.35	45	205	184
		60	239	206
		75	209	224
		90	128	308
		105	205	296
	0.45	45	221	198
		60	260	221
		75	223	241
		90	141	333
		105	215	317
	0.55	45	247	218
		60	292	247
		75	243	285
		90	153	383
		105	237	361
20	0.35	45	205	184
		60	241	207
		75	209	224
		90	129	309
		105	205	296

表 3-9(续)

长度/cm	气压/MPa	工作夹角/(°)	直径/cm	射程/cm
20	0.45	45	221	200
		60	263	221
		75	223	242
		90	141	334
		105	217	318
	0.55	45	249	218
		60	295	247
		75	245	285
		90	154	383
		105	238	362

气动喷嘴螺旋耦合后的效果已经很好，再增加风流导向挡板可以实现雾化效果的进一步提高。对表 3-9 数据的分析发现，在加装导流板时雾化半径有一定提高，雾化半径的提升幅度将近 10%，但有效射程平均提高很微弱仅仅提高将近 20 cm。在同一供气压力的条件下，喷嘴角度为 60°的时候提高比其他角度明显，在喷嘴角度不变的情况下，随着供气压力的提高，雾化半径和有效射程的变化趋于稳定，在气压为 0.55 MPa 时，提高效果比 0.35 MPa 明显。

3.2 多气动喷嘴耦合雾化特性数值仿真

3.2.1 基于 FLUENT 的多气动喷嘴耦合雾化数值模型建立

(1) 颗粒轨迹的运动方程

在喷雾过程中，雾滴作为离散相，它的轨迹方程是通过对时间步长积分计算出来的，通过对时间步长的积分可以计算出雾滴速度在不同位置的速度。

$$\frac{\mathrm{d}x}{\mathrm{d}t}=u_{\mathrm{p}} \tag{3-14}$$

在三维直角坐标系中，求解 x、y、z 三个坐标轴上控制方程，计算出雾滴在三维坐标系中的移动轨迹。

(2) 喷雾液滴破碎数学模型

FLUENT 基于液滴的破碎理论，提供了适合不同条件下液滴破碎的模型。

① TAB 破碎模型

TAB 破碎模型是多个估算液滴破碎模型中比较常见的一个，他是在泰勒类比的基础上建立的方法，TAB破碎模型适用于韦伯数比较小的液滴破碎问题，当液滴的韦伯数超过某一极限时就会发生破碎。在射流以较小速度射入标准空气的情况下一般选择TAB破碎模型。TAB破碎模型可以计算出各个时刻液滴的变形情况。

即：

$$C_F \frac{\rho_g u^2}{\rho_1 r} - C_k \frac{\sigma}{\rho_1 r^3} x - C_d \frac{\mu_1}{\rho_1 r^2} \frac{dy}{dt} = \frac{d^2 x}{dt^2} \tag{3-15}$$

式中　ρ_1——离散相的密度，kg/m³；

ρ_g——连续相的密度，kg/m³；

u——液滴的相对速度，m/s；

r——液滴未发生变形前的半径，m；

σ——液滴表面张力，N；

μ_1——液滴黏度，Pa·s。

经过反复实验得出三个无量纲常数 C_F、C_K、C_d 的经验数值：$C_F=\frac{1}{3}$、$C_k=8$、$C_d=5$

当 $x>C_b r$ 时，液滴发生破碎，其中，C_b 为等于0.5的常数。

如果令 $y=\frac{x}{C_b r}$，可以将上述的量纲形式改写成：

$$\frac{d^2 x}{dt^2} = \frac{C_F}{C_b} \frac{\rho_g}{\rho_1} \frac{u^2}{r^2} - \frac{C_k \sigma}{\rho_1 r^3} y - \frac{C_d \mu_1}{\rho_1 r^2} \frac{dy}{dt} \tag{3-16}$$

经过液滴破碎模型计算，液滴的速度、液滴的质量大小和液滴的比表面积在符合三大守恒定律的前提下发生变化，液滴的密度，温度等属性不发生变化。破碎发生的启动条件是 $y>1$。

在液滴相对速度为常数的同时忽略掉液滴的阻力，y 值用下式计算得出：

$$y(t) = \frac{C_F}{C_k C_h} W_e + e^{-t/t_d} \left[\left(y_0 - \frac{C_F}{C_k C_h} \right) \cos \omega t + \frac{1}{\omega} \left(y_0 - \frac{y_0 - \frac{C_F}{C_k C_b}}{t_d} \right) \sin \omega t \right] \tag{3-17}$$

式中：C_h 为无量纲常数，经验取值为 $C_h=5$；$\frac{1}{t_d} = C_d \frac{\mu_1}{2\rho_1 r^2}$；$\omega^2 = C_k \frac{\sigma}{\rho_1 r^3} - \frac{1}{t_d{}^2}$；$W_e = \frac{\rho_g \mu^2 r}{\sigma}$。

② 波动破碎模型

R.D.Reitz提出的波动破碎模型与TAB破碎模型最大的区别是，波动破碎模型适用于速度较大的射流，通常需要韦伯数大于 100，R.D.Reitz 认为液滴与气体项的相对速度是液滴能否破碎的重要因素，不稳定表面波可以影响液滴破碎大小和破碎的时间[135]。

对于高速射流的稳定性分析是波动模型的主要前提，在某一运动的同时增加一个位移，我们就在这一特殊的位移上建立离散方程，可以通过求解离散方程来求出增长率：

此特殊位移关系式如下：

$$\eta = \eta_0 e^{ikz+w} \tag{3-18}$$

式中 η_0——初始扰动波幅；

z——射流轴向坐标；

i——射流径向坐标；

k——振动的波数；

w——振动的频率。

建立离散关系式：

$$\omega^2 + 2v_1k^2\omega\left[\frac{I_1'(ka)}{I_0(ka)} - \frac{2kL}{k^2+L^2}\frac{I_1(ka)}{I_0(ka)}\frac{I_1'(La)}{I_0(La)}\right] = \frac{\sigma k}{\rho_1 a^2}(1-k^2a^2)\left(\frac{L^2-a^2}{L^2+a^2}\right)\frac{I_1(ka)}{I_0(ka)} + \frac{\rho_1}{\rho_2}\left(U - i\frac{\omega}{k}\right)\left(\frac{L^2-a^2}{L^2+a^2}\right)\frac{I_1(ka)}{I_0(ka)}\frac{K_0(ka)}{K_1(ka)} \tag{3-19}$$

式中 I_0、I_1——第一类修正贝塞尔函数；

K_0、K_1——第二类修正贝塞尔函数；

σ——表面张力，N。

根据公式(3-20)和公式(3-21)，求得相应的波长 Λ 及扰动的最大增长率 Ω：

$$\Omega\left(\frac{\rho_1 a^3}{\sigma}\right) = \frac{(0.34 + 0.38We_2^{1.5})}{(1+Oh)(1+1.4Ta^{0.6})} \tag{3-20}$$

$$\frac{\Lambda}{\Omega} = 9.02\frac{(1+0.45Oh^{0.5})(1+0.4Ta^{0.7})}{(1+0.87We_2^{1.67})^{0.6}} \tag{3-21}$$

式中，$Oh = \sqrt{We/Re_1}$ 为昂塞格数，泰勒数 $Ta = Oh\sqrt{We_2}$，$We_1 = \rho_1 U^2 a/\sigma$ 为气体韦伯数，$We_2 = \rho_2 U^2 a/\sigma$ 为液体韦伯数，$Re_1 = Ua/v_1$ 为雷诺数。

雾滴的半径 a 的可以用液滴半径比上表面波的波长求得。

$$r = B_0\Lambda \tag{3-22}$$

式中 B_0——模型常数，取 0.61。

原始液滴半径变化率为：

$$\frac{da}{dt} = -\frac{(a-r)}{\tau}, r \leqslant a \tag{3-23}$$

破碎时间 τ 为：

$$\tau=\frac{3.729B_1 a}{\Lambda\Omega} \tag{3-24}$$

式中 B_1——模型常数，取5。

③ KH-RT模型[140]

KH-RT模型也是比较常见的描述液滴破碎的数学模型，KH与RT共同影响着液滴的破碎过程，KH-RT模型认为最快增长波的波长可以预测液滴破碎的方式以及破碎的时间[141]。KH模型认为只有韦伯数超过临界韦伯数才能使液滴破碎的情况发生，而RT模型认为液滴的破碎主要受液滴表面的不稳定影响，所以液滴的表面张力必须考虑，它的最优增长率公式为[142]：

$$\Omega_{\mathrm{RT}}=\left(\frac{2}{3\sqrt{3\sigma}}\frac{[-g_{\mathrm{t}}(\rho_1-\rho_{\mathrm{g}})]^{1.5}}{\rho_1+\rho_{\mathrm{g}}}\right)^{0.5} \tag{3-25}$$

式中 $g_{\mathrm{t}}=gn_j+a_{\mathrm{cc}}n_j$；

g——重力加速度，$\mathrm{m/s^2}$；

ρ_1——颗粒密度，$\mathrm{kg/m^3}$；

ρ_{g}——气体密度，$\mathrm{kg/m^3}$；

σ——表面张力。

波长和波数分别为：

$$K_{\mathrm{RT}}=\left(\frac{-g_{\mathrm{t}}(\rho_1-\rho_{\mathrm{g}})}{3\sigma}\right) \tag{3-26}$$

$$\Lambda_{\mathrm{RT}}=\frac{2\pi C_{\mathrm{RT}}}{K_{\mathrm{RT}}} \tag{3-27}$$

式中，C_{RT} 与喷嘴条件有关，本文取实验得经验值为0.25。

液滴破碎时间尺度为：

$$\tau_{\mathrm{RT}}=\frac{C_\tau}{\Omega_{\mathrm{RT}}} \tag{3-28}$$

式中，C_τ 为破碎时间常数[143]，通常取1。

新液滴半径分别为：

$$r_{\mathrm{chile}}=\frac{\pi C_{\mathrm{RT}}}{K_{\mathrm{RT}}} \tag{3-29}$$

（3）液滴碰撞模型

同一计算域内液滴颗粒之间发生碰撞是极其复杂的问题，假设在这个算域内，共有 N 个液滴参与计算，那么这 N 个液滴之间发生碰撞的计算量巨大，对于实际情况的数值模拟，一个时间步都会产生上万个液滴，要想计算这些液滴之间发生碰撞的结果给现在计算机硬件水平带来了巨大的考验,液滴间碰撞之后所呈现的状态需要一个简化的算法,即提出了将某一组液滴的碰撞结果用一个液滴的碰撞结果来代替,以一组包含 10 000 个液滴为例,那么要计算液滴之间的碰撞在计算量上就少了 8 个数量级,极大地降低了计算机的工作强度,提高了计算效率。O'Rourke 首先提出碰撞随机的并且只有在同一网格中的液滴才能发生碰撞。

O'Rourke 提出的随机碰撞发生的概率,认为液滴是均匀分布在网格之中,液滴发生碰撞的概率方程为:

$$P_1=\frac{\pi(r_1+r_2)^2 v_{\mathrm{rel}}\Delta t}{V} \tag{3-30}$$

式中,$\pi(r_1+r_2)^2 v_{\mathrm{rel}}\Delta t$ 表示一个液滴的碰撞体积,V 表示计算网格体积。

液滴组碰撞概率的期望值为:

$$\bar{n}=\frac{n_2\pi(r_1+r_2)v_{\mathrm{rel}}\Delta t}{V} \tag{3-31}$$

式中 n_2——第二液滴组中包含液滴的个数,个。

碰撞次数的概率分布服从 Poisson 分布:

$$P(n)=\mathrm{e}^{-\bar{n}}\frac{\bar{n}^n}{n!} \tag{3-32}$$

式中 n——与其它液滴的碰撞数,个。

液滴之间碰撞以后会产生合并和反弹两种情况,当液滴之间正面相撞时,碰撞后液滴之间更倾向于合并,如果液滴之间发生侧面相撞,碰撞后液滴更倾向于发生反弹。两种结果的临界值是集合液滴管与小液滴的半径函数与碰撞韦伯数决定的。

雾滴的碰撞和凝并是由 O'Rourke 计算出的临界值决定的,碰撞模型为:

$$S_{\mathrm{tk}}=\frac{\rho_{\mathrm{p1}}d_{\mathrm{p1}}^2}{18\rho_{\mathrm{g}}\mu(v/\varepsilon)^{1/2}}=\frac{\rho_{\mathrm{p1}}}{18\rho_{\mathrm{g}}}\left[\frac{d_{\mathrm{p1}}}{(v^3/\varepsilon)^{1/4}}\right] \tag{3-33}$$

$$\eta=\left(\frac{S_{\mathrm{tk}}}{S_{\mathrm{tk}}+a}\right)^b \tag{3-34}$$

式中 S_{tk}——Stokes 数,无量纲;

v——空气运动黏度,$\mathrm{m^{-2}/s}$;

ε——湍流耗散率,无量纲;

η——碰撞效率;

a、b——与雷诺数有关的参数,本文取 $a=0.65$,$b=3.7$。

(4) 液滴蒸发模型

蒸发定律是离散相的六大定律之一,用来对液滴的蒸发进行计算,当液滴的温度超过一个设定温度时并且小于液滴沸腾所需温度时,液滴会依据蒸发定理发生蒸发，这个临界温度值的最小值 T_{vap} 称为蒸发温度，临界温度的最大值 T_{bp} 叫作沸腾温度，可以根据具体情况设定这两个数值的大小。

在液滴满足蒸发的条件时，需要计算液滴的蒸发速度，待蒸发的液滴向气体中扩散的速度与气流跟液滴之间的蒸汽浓度梯度函数有关：

$$N_i = k_c\left(\frac{p_{sat}(T_p)}{RT_p} - X_i\frac{p_{op}}{RT_\infty}\right) \tag{3-35}$$

式中　N_i——蒸汽的摩尔流率 kg·mol/m²·s；

k_c——传质系数，m/s；

R——为普适气体常数；

p_{sat}——饱和蒸汽压，pa；

T_p——液滴温度，K；

X_i——i 组分的当地体积摩尔分数；

p_{op}——工作压力，pa；

T_∞——当地气相(体积平均)温度，K。

单个液滴的质量随着液滴的蒸发而减小，公式(3-36)描述了液滴质量减小的方程：

$$m_p(t+\Delta t) = m_p(t) - N_i A_p M_{\omega,i}\Delta t \tag{3-36}$$

式中　$M_{\omega,i}$——第 i 组分的摩尔质量，kg/mol；

m_p——液滴的质量，kg；

A_p——液滴表面积，m²。

能够达到蒸发的两个条件，液滴就开始发生蒸发，直到液滴蒸发没有，即液滴质量为零。

外部热源同样会影响液滴的速度，在蒸发过程会伴随热量传递，气体中的液滴与气体之间发生热交换的同时，液滴的边界会将水分传递到空气中。

经验公式如下：

$$Nu = 2.0 + 0.6Re^{1/2}Pr^{1/3} \tag{3-37}$$

$$Sh = 2.0 + 0.6Re^{1/2}Sc^{1/3} \tag{3-38}$$

式中　Nu——努塞尔数；

Sh——舍伍德数；

Pr——普朗特数；

S_C——施密特数；

Re——雷诺数。

(5) 几何模型的建立

迭代计算过程相当复杂，考虑计算机计算及存储能力的限制，在数值计算时只考虑雾化模型的喷嘴外雾滴场，喷嘴内部的雾滴结合交由计算机后天直接处理，以喷口直径为0.8 mm为例，根据需要建立高为500 mm，直径为100 mm的圆柱体喷雾流场几何模型，并进行网格划分，网格数为1 104 414。如图3-20所示。

图3-20　气动喷雾网格划分

喷雾过程中，边界条件设定为入口是速度入口，出口为自由流动，将气体流场视为连续相，并且气相为不可压缩非稳态湍流流动，液态水视为离散相，模拟雾滴颗粒之间在空间碰撞、凝并，以及二次碰撞及凝并等动力学事件。采用湍流模型、泰勒比破碎模型、碰撞模型和蒸发模型，能量交换。进行项间数值模拟计算，直到迭代收敛。

(6) 液滴源参数的设定

液滴源参数设置如表3-10所示。

表3-10　液滴源参数设置

项目	名称	参数设定
液滴源参数设定	材料	液体
	粒子流数	1000
	开始时间/s	0
	停止时间/s	350
	喷雾半角/(°)	15～40
	总流量/($kg \cdot s^{-1}$)	0.06～0.02
	内径/mm	2
	湍流分散	随机跟踪
	相对速度/($m \cdot s^{-1}$)	90

3.2.2 单喷嘴雾化性能的影响数值模拟结果与分析

以 2 mm 口径的气动喷嘴为例，气压设定为 0.35 MPa、水压设定为 0.1 MPa 和气压为 0.45 MPa、水压为 0.1 MPa 下的雾滴情况，建立以喷嘴口径为轴的截平面，用来采样经过这个平面所有雾滴的粒径的数值，在统计雾滴粒径以后得出了图 3-21 和图 3-22 的数据。

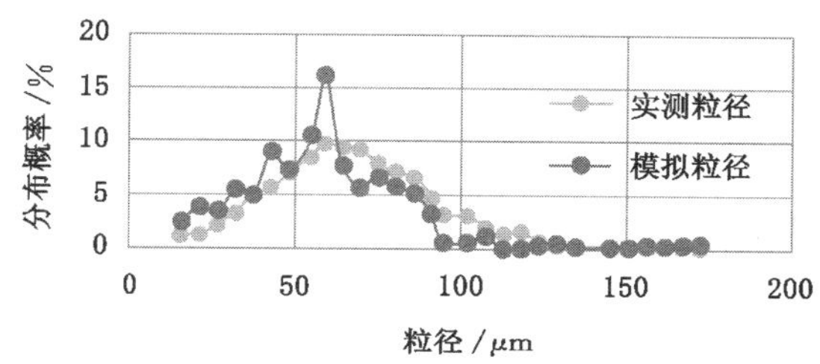

图 3-21　气压为 0.35 MPa、水压为 0.1 MPa 下模拟与实验对比

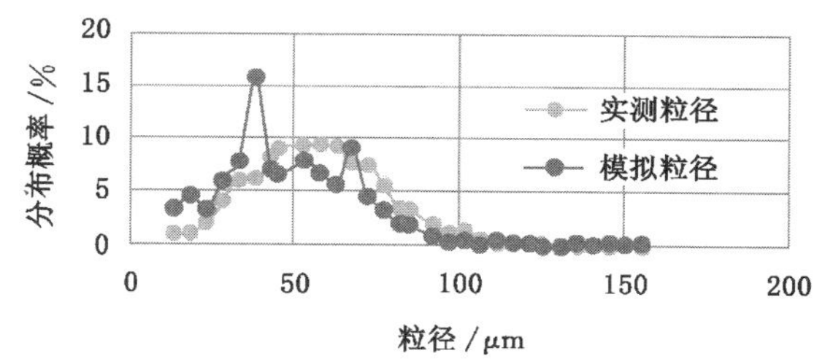

图 3-22　气压为 0.45 MPa、水压为 0.1 MPa 下模拟与实验对比

在喷嘴口径为 2 mm 和水压力为 0.1 MPa 的情况下，气体压力为 0.35 MPa 的雾滴粒径明显好于 0.45 MPa 的，气体压力为 0.45 MPa 喷嘴的雾滴浓度要好于0.35 MPa 的喷嘴。可以看出在没有干扰的环境中喷嘴的供气压力是影响雾化效果的主要因素。

综采工作面的煤尘具有发尘量大，污染范围广泛的特点，如果要控制综采工作面的煤尘，布置单个喷头往往无法有效地控制煤尘，要想有效覆盖某些尘源点往往需要同时布置多个喷嘴进行联合使用。各个喷嘴之间的雾化角是锥形，所以在布置喷嘴位置的时候，要想喷雾完全覆盖住煤尘，需要充分考虑到各个喷嘴之间喷出的雾滴发生叠加、相互耦合的情况。

在雾滴耦合区间内，不同雾滴之间发生碰撞或者凝并的情况比较复杂，由于液滴之间碰撞角度和碰撞速度的不同、发生碰撞的液滴之间存在体积大小的区别、两个以上液滴同时发生碰撞等情况都会使得碰撞后雾滴之间形态发生各种不同的变化。本节以数值模拟为研究工具，充分考虑雾化过程中碰撞模型、破碎模型、蒸发模型等影响因素，研究不同喷嘴在不同工况下发生碰撞后，对雾滴粒径分布以及雾滴形态的影响。

3.2.3 三喷嘴叠加喷雾特性研究

(1) 三喷嘴叠加喷雾特性(三个相同喷嘴)

首先考察三个喷嘴之间发生平行耦合情况。这里以供水压力为 0.1 MPa 和供气压力为 0.35 MPa 为例。在保持喷嘴压力不变的情况下来考察，改变三喷嘴之间的间距，观察不同的喷嘴间距在彼此发生耦合的情况下对雾滴粒径分布产生的影响。模拟结果如图 3-23 所示。

在三个正常喷嘴的基础上，位于边缘的两个喷嘴距离较远同时又被中间的喷嘴阻挡，所以两侧的喷嘴发生碰撞机会减少，只有靠改变喷嘴间的距离来控制相邻两喷嘴雾滴之间的碰撞概率。

当喷嘴由远距离彼此靠近时，雾滴的粒径分布开始阶段变化不太，这是由于喷雾之间发生耦合碰撞的机会比较少，耦合效果不明显，当喷嘴距离继续靠近，即喷嘴距离由 0.5 m 到 0.3 m，雾滴粒径变化不太明显，由 0.3 m 再到 0.2 m 的过程雾滴变得更加均匀，这是由于雾滴之间充分耦合碰撞的结果，当由 0.2 m 减小到 0.1 m 时，耦合后的雾滴粒径比为发生耦合之前小，当两喷嘴之间的距离继续接近到 0.05 m 时，虽然耦合体积进一步增加，但是雾滴粒径分布情况较喷嘴间距为 0.1 m 时没有明显的变化，这是因为雾滴之间充分碰撞耦合，由于碰撞会消耗大量的雾滴动能，降低雾滴的速度，所以单个雾滴发生的碰撞机会不一定增加。可见过小的喷嘴间距，可能不会增加雾滴的破碎效果，但是雾化范围有所降低，有效射程没有明显变化，雾滴速度略有下降，所以想依靠改变喷嘴距离来使得雾滴粒径更加稳定的时候，不要将喷嘴距离靠得太近。

在喷嘴间距为 0.2 m 和 0.3 m 的时候，尤其是喷嘴间距为 0.2 m 的时候，粒径在 50 μm 以下的雾滴占比较 0.1 m、0.05 m 以及 0.5 m 都有所增加，这说明合理的撞击可以有效提高雾滴破碎程度，使雾滴更加细碎和均匀，在此条件下可以选择喷嘴间距为 20 cm 作为最佳耦合间距。

(2) 三喷嘴叠加特性研究(两个正常的喷嘴中间加一个广角喷嘴)

根据前文的研究发现，如果喷嘴之间的距离调整得当，可以使用耦合后的雾场使细小的雾滴变大，大颗粒的雾滴变小，进而使得有效雾滴增多，但是同类型的喷嘴平行耦合后还是不够满足综采工作面煤尘粒径分布较为复杂的情况。经

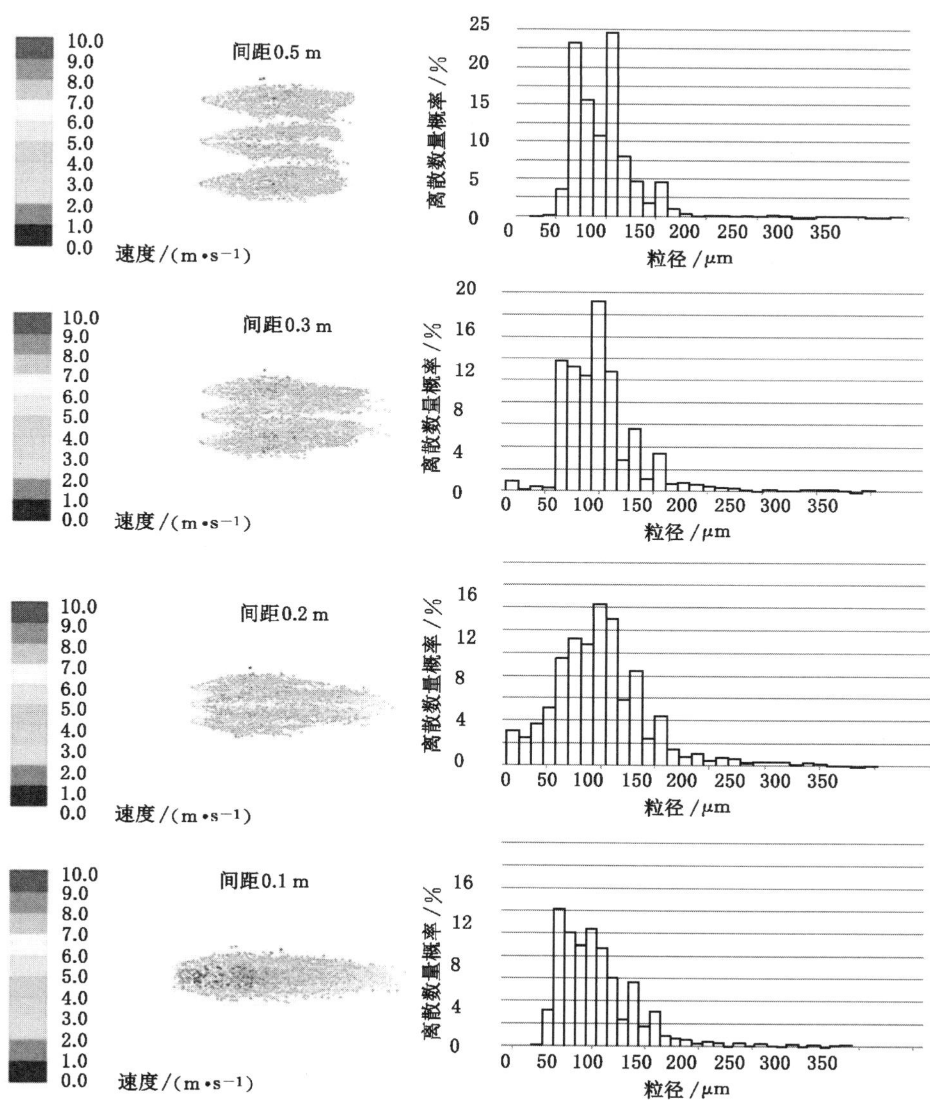

图 3-23　三个相同喷嘴耦合特性模拟

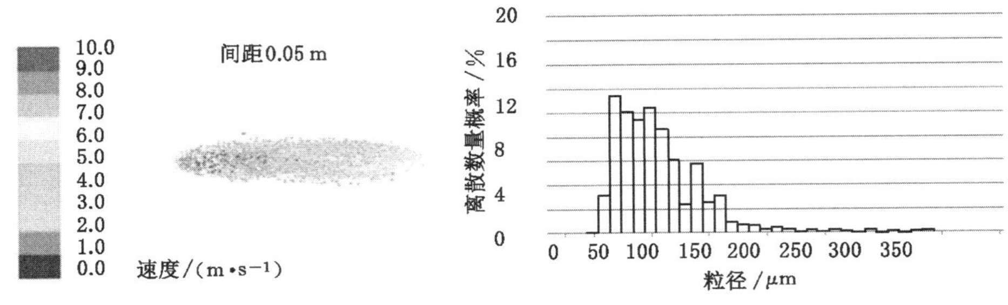

图 3-23 （续）

过调研发现，细小粒径煤尘和中型粒径煤尘以及大粒径煤尘同时存在。不同粒径的粉尘需要匹配不同类型的喷嘴才能达到更好降尘效率。所以在前文研究的基础上，通过数值模拟的方法研究不同类型喷嘴之间和它们联合应用后的雾化特性和受到气、水压力影响的喷雾特性变化规律。

喷嘴间距由 0.5 m 逐渐降低到 0.05 m，根据之前的计算发现，在喷嘴叠加区域变化的情况下，雾滴粒径变化明显，本次模拟选用的是在两个气压为 0.45 MPa 和水压为 0.15 MPa 的气动喷嘴中间安装一个气压为 0.35 MPa 和水压为 0.1 MPa 的喷嘴，由于气压较低的喷嘴拥有更大的雾化角增加了雾滴间的碰撞机会，可以进一步考察喷嘴的雾滴碰撞结果。喷嘴间距设置为 0.5 m、0.2 m、0.15 m、0.1 m、0.075 m、0.05 m 几个距离进行喷雾模拟，结果如图 3-24 所示，图中左侧为雾滴速度轨迹图片，右侧是在喷雾方向截取所有计算雾滴的粒径信息制作成粒径分布图。

通过图 3-24 可以看出，在合理的耦合距离内，碰撞机会越多，雾滴的粒径越均匀，有效射程没有明显地减小。当三个喷嘴间距小于 0.15 m 的时候雾化效果出现了比 0.15 m 更差的情况，这说明在喷嘴之间叠加耦合范围过大的情况下，会不利于雾滴粒径均匀。当喷嘴间距为 0.15 m 的时候雾化效果最佳，与前一组实验进行对比分析，前一组实验的最佳距离是 0.2 m，这是由于前一组实验 3 个喷嘴都是在气压为 0.35 MPa 和水压为 0.1 MPa 下进行的，本组实验是在两个气压为 0.45 MPa 和水压为 0.15 MPa 的气动喷嘴中间安装一个气压为 0.35 MPa 和水压为 0.1 MPa 的喷嘴，由于高压力使得雾化角度减小，所以虽然两组实验的最佳雾化距离不同，但是雾滴间耦合体积基本相等，相当于总体积的 1/3 左右，所以当喷嘴间雾滴耦合体积为 1/3 的时候雾化效果最好。

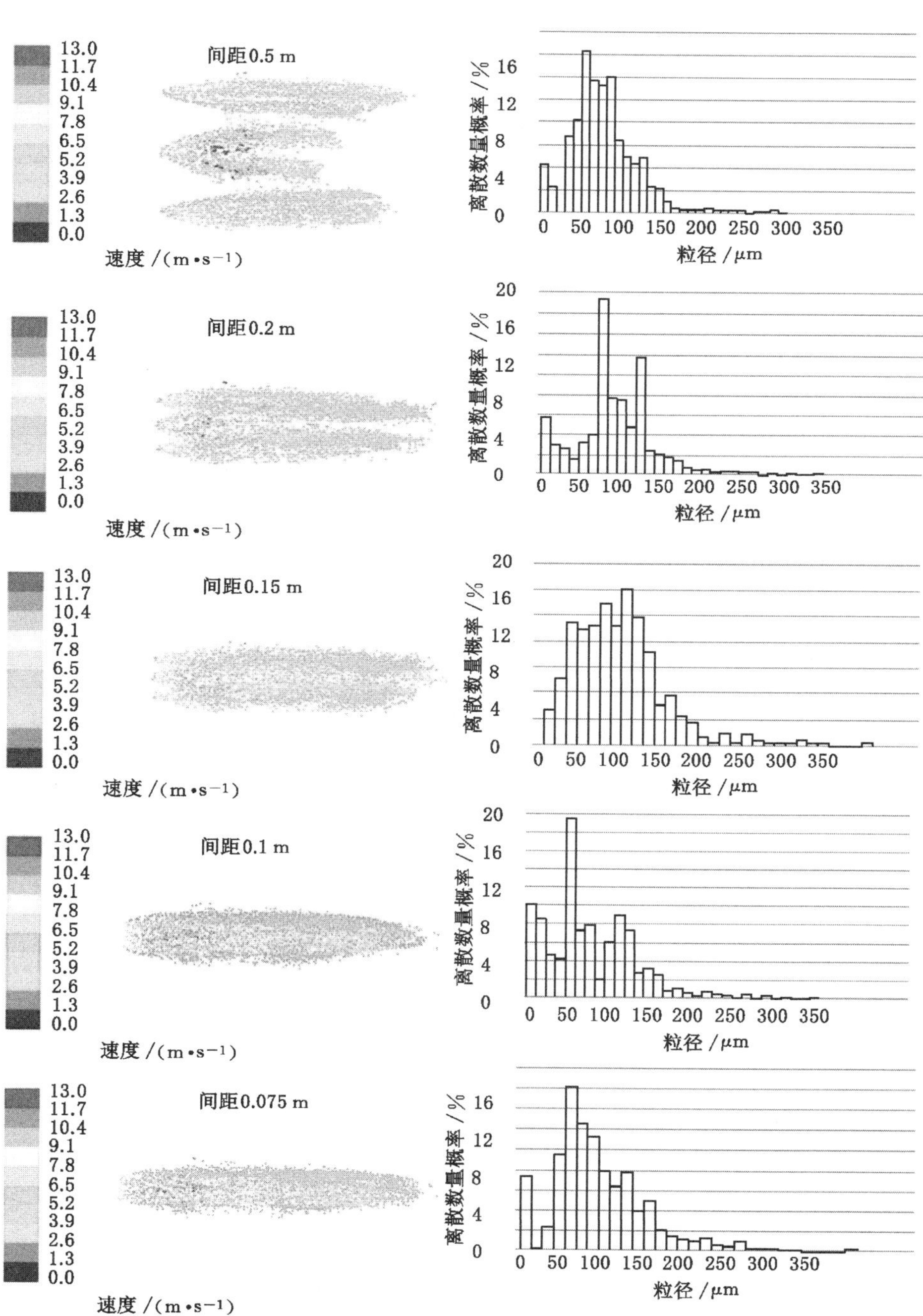

图 3-24　三个不同喷嘴耦合特性模拟

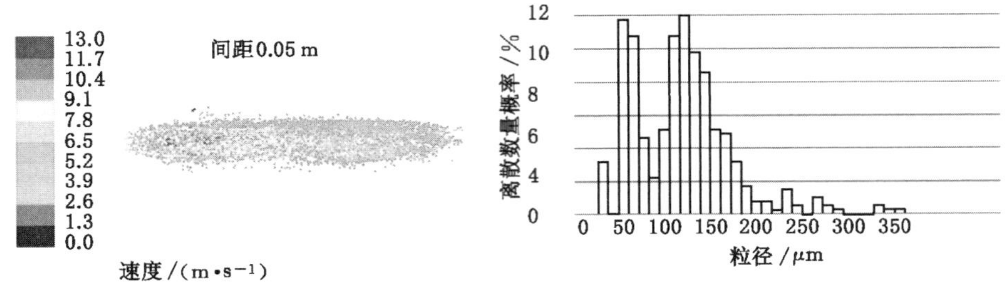

图 3-24 （续）

当保持其他条件不变的情况下，对于最后一组数值模拟（三喷嘴间距0.075 m），将两个喷嘴中间的喷嘴换成供气压力为 0.35 MPa 和供水压力为0.2 MPa 的喷嘴，如图 3-25，结果发现，对于高压喷嘴之间的喷雾耦合低于压力喷嘴时，如果耦合面积选择不合理，雾滴粒径相差悬殊的情况下反而会影响雾化效果，雾滴粒径成倍增加，同时增加了水资源的浪费，所示在雾滴粒径相差很大的情况下，尽量减小大粒径雾滴与小粒径雾滴之间的相互碰撞。

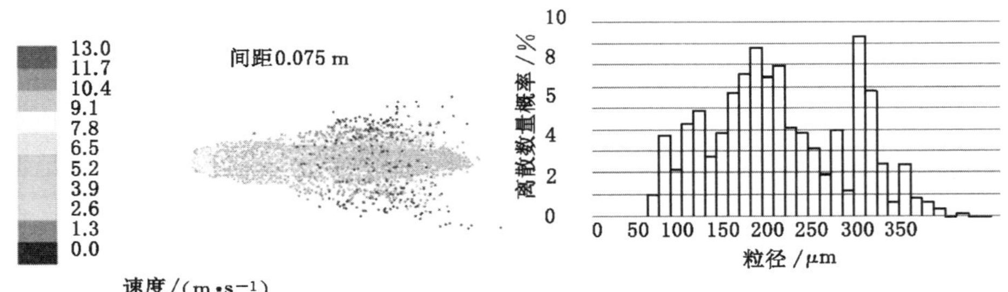

图 3-25　搭配不合理三个喷嘴耦合特性模拟

(3) 三喷嘴叠加特性研究（两个正常的喷嘴旁边加一个广角喷嘴）

在保持其他条件不变的情况下，改变上述模拟条件时刻三个喷组的排列顺序，顺序变为两个气压为 0.45 MPa 和水压为 0.15 MPa 的气动喷嘴相邻，上方安装一个气压为 0.35 MPa 和水压为 0.1 MPa 喷嘴，即两个气压为 0.45 MPa 的喷嘴旁边放一个气压为 0.35 MPa 的喷嘴。计算结果如图 3-26 所示。

通过对比发现，两个气压为 0.45 MPa、水压为 0.15 MPa 的气动喷嘴和一个气压为 0.35 MPa、水压为 0.1 MPa 喷嘴平行耦合，后者一个组合的雾滴 D_{50} 数值更小一点，但是雾滴粒径小于 D_{50} 的雾滴数量略少一些。雾化效果排列顺序

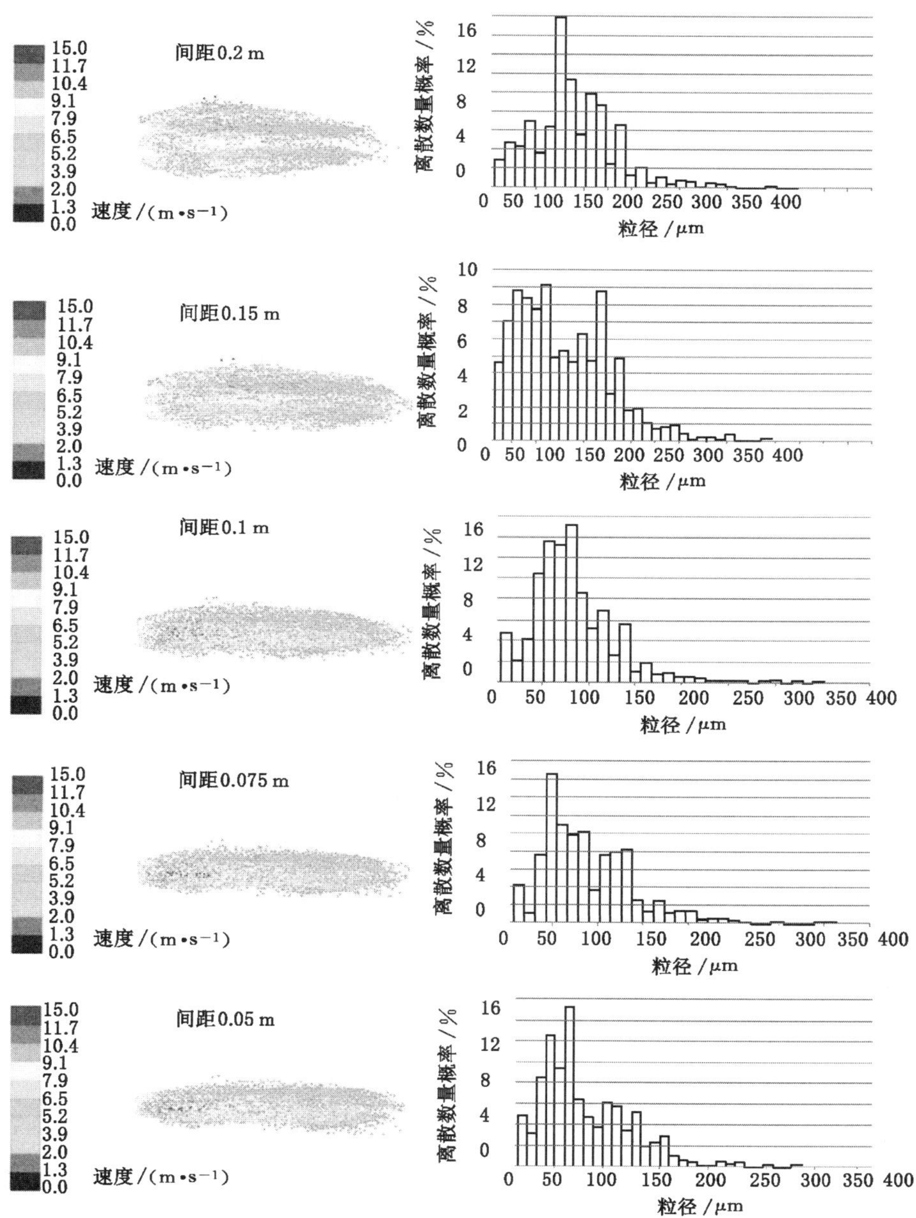

图 3-26　改变排列顺序后三个喷嘴耦合特性模拟

对喷嘴间的耦合体积有关，所以再一次验证了喷嘴之间雾滴耦合与耦合体积有关系。要想得到最优的耦合结果，第一要尽量避免大粒径雾滴与小粒径雾滴碰撞，第二耦合叠加截面积 1/3 左右效果最佳。

3.2.4 单因素对螺旋耦合的影响

(1) 喷嘴安装角度单因素对螺旋耦合的影响

在保持供气压力为 0.45 MPa 不变的基础上，考察喷嘴不同安装角度对于风流的影响，如图 3-27 所示，可以发现随着安装角度由 45°逐渐增加到 90°，风流射程速度提高，当安装角度增加到 105°时，影响半径再次减小，这与前一章的测试结果保持一致，证明了数值模拟的有效性。这里需要根据实际情况来选择合适的安装角度，如果需要比较大的雾化直径可将雾化角度调到 60°附近，如果需要射程更远也可以通过调节喷嘴安装角度的方式来实现。

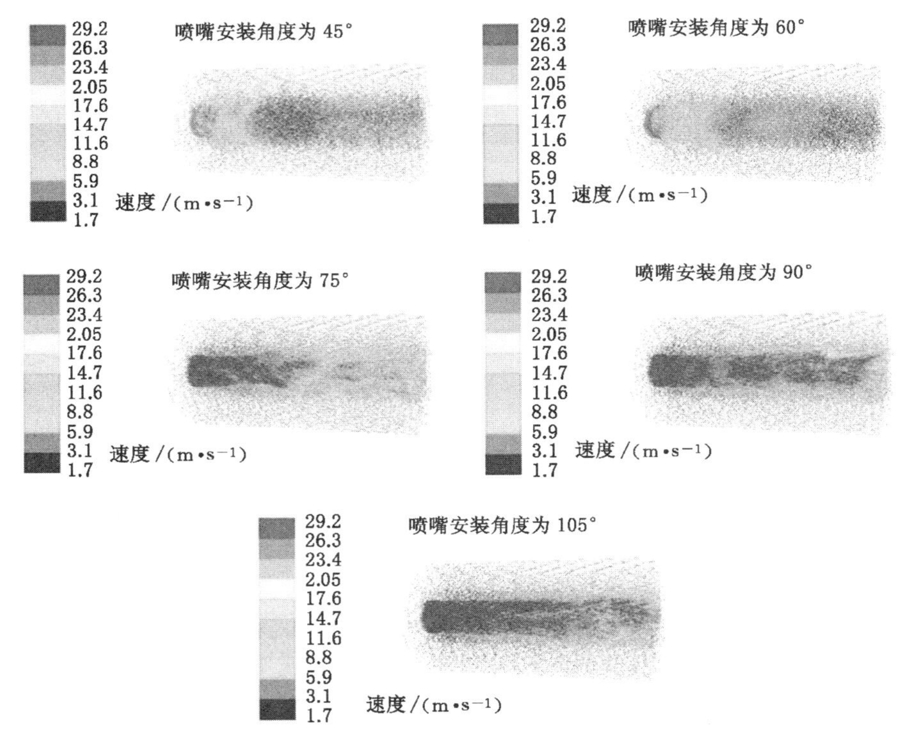

图 3-27 不同喷嘴安装角度气流特性模拟

喷嘴安装角度直接决定了气流旋转的强度和影响直径。这里模拟了不同喷嘴安装角度对于风流的影响，在供水压力不变的情况下，随着喷嘴安装角度的增加,旋转气流的有效射程逐渐增加,直到安装角度为 90°达到最大射程,当安装角度增加到 105°的时候射程减小。这与前一章节对雾化射程测试结果基本吻合。因此要想获得更好的雾化直径需要将喷嘴安装角度调节到 60°附近,在需要雾化射程较远的情况下,尽量使喷嘴安装角度接近 90°。

(2) 入口气压单因素对螺旋耦合的影响

将导流叶片的角度调整为 60°,气动喷嘴在彼此旋转耦合的影响下,产生切向气流,静止的空气在高速切向气流的影响下,开始旋转,在高速并且带有旋转的气流影响下,原本轴向运动的细小雾滴,改变了运动的轨迹,风流与雾滴的轨迹彼此干扰,风流与雾滴在速度大小与角度不同的情况下,雾滴发生破碎、凝并、碰撞等现象,最终形成统一的轨迹一起旋转前进。保持射流角度不变,将入口气压设定分别为 0.35 MPa、0.45 MPa、0.55 MPa 及 0.65 MPa,并且沿轴向做截面,截面风流的矢量图如图 3-28 所示。

我们把雾滴与风流混合所形成的轨迹统称为雾幕,观察风流场在螺旋耦合情况下的气体在 0.35 MPa、0.45 MPa、0.55 MPa 及 0.65 MPa 四种压力下,雾幕的影响半径也逐渐提高,但是当气体入口压力由 0.55 MPa 增加到 0.65 MPa 的时候,雾幕影响半径增速减缓,要想把气压由 0.55 MPa 增加到 0.65 MPa 需要耗费更多的资源,所以在考虑经济和环保的前提下,入口气压应选择 0.55 MPa 左右效果最佳。

从雾幕轴向距离角度考虑,随着入口气压的提高,雾幕轴向距离没有明显的增加。这说明在喷嘴角度为 60°情况下,单纯依靠提高喷嘴气压不能实现雾幕轴向距离的较大改变,需要结合上一小节的研究内容,调整喷嘴安装角度。

雾幕的旋转角速度随着气体压力的提高逐渐提高,入口压力为 0.35 MPa 的时候,旋转不太激烈,角速度比较低,当气动喷嘴的气体压力大于 0.45 MPa 时,角速度提高显著,由 0.55 MPa 提高到 0.65 MPa 时,雾幕角速度提高再次放缓,较高的旋转速度可以延长雾幕轨迹的存在时间,增加雾滴与煤尘碰撞机会,提高降尘与控尘效率,同时较高旋转速度也消耗了雾化大量的动能,这也是在气体压力由 0.35 MPa 提高到 0.65 MPa,雾幕的轴向距离有效提高不显著的原因。

将喷嘴安装角度设置为 60°,保持射流角度不变,将入口气压分别设定为 0.35 MPa、0.45 MPa、0.55 MPa 及 0.65 MPa,并且在风流轴向距离喷嘴距离 0.6 m、1.5 m 和 2.5 m 设置 3 个截平面,记录检测通过这三个平面的风流速度,计算结果如图 3-29 所示。

由图 3-29 可以看出,在轴向方向的气体压力由 0.35 MPa 增加到 0.65 MPa 的时候,随着入口气压的提高,可以实现风流影响半径增加,供气压力越大旋转

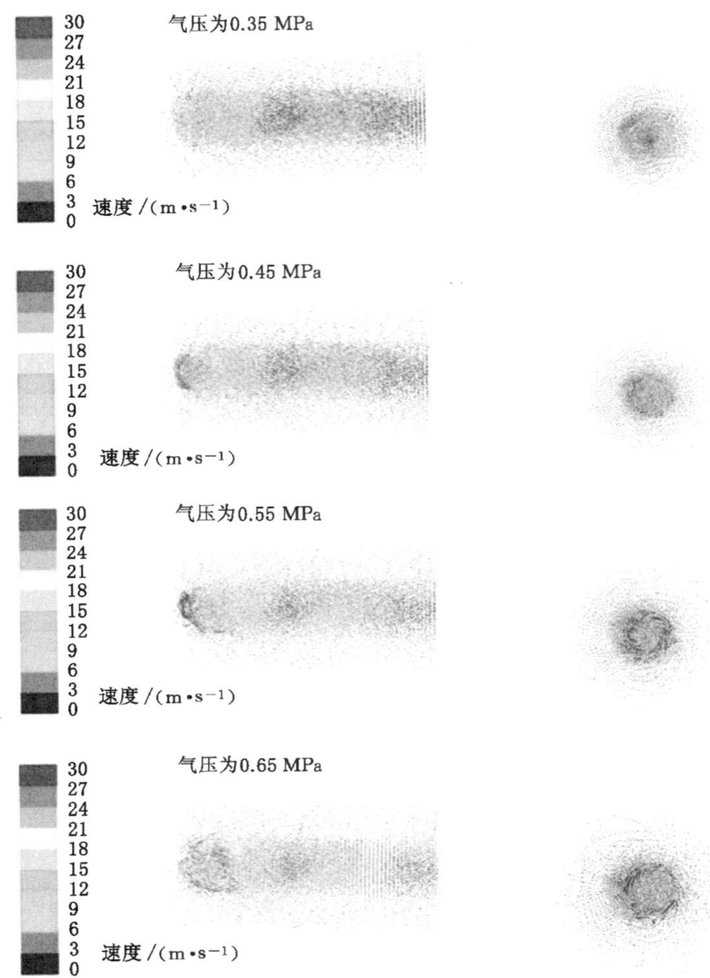

图 3-28　不同气压下气流特性模拟

越强烈，雾幕的影响半径也就越大，雾幕沿着轴向方向会向旋转方向发生一点偏移。偏移会随着入口气压的增加而加大。数值模拟的数据与所做的实验进行对比，结果显示误差较小，证明了模拟的有效性。

(3) 供水压力单因素对螺旋耦合的影响

在保持喷嘴入射角度不变的情况下，改变喷嘴的水压力，观察在喷嘴气压为 0.35 MPa、0.45 MPa、0.55 MPa 三个条件下，不同的入口压力对于射雾器雾化效果的影响数值模拟，入口气压设置为 0.35 MPa，喷嘴安装角度为 60°，喷嘴间距

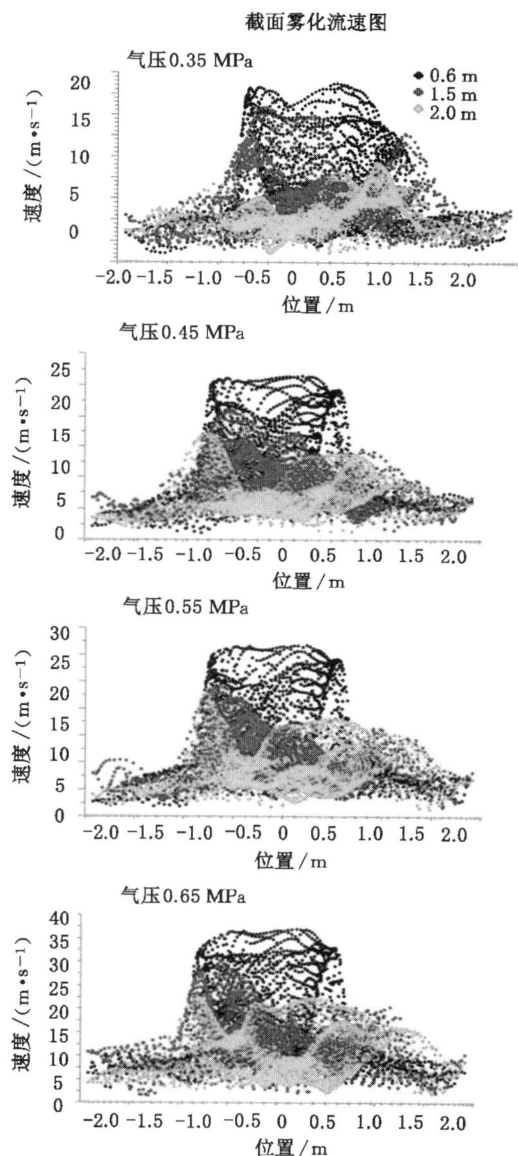

图 3-29　不同气压下不同截面气流速度

0.15 m，喷嘴直径 2 mm。四个喷嘴水压力为 0.1 MPa、0.15 MPa 和 0.2 MPa。取轴向截面为雾滴信息收集盘区，收集雾滴时间设置为 2 s，经过计算后收集所有雾滴粒径信息进行统计。当水压为 0.1 MPa 时雾滴粒径模拟情况如图 3-30 所示。

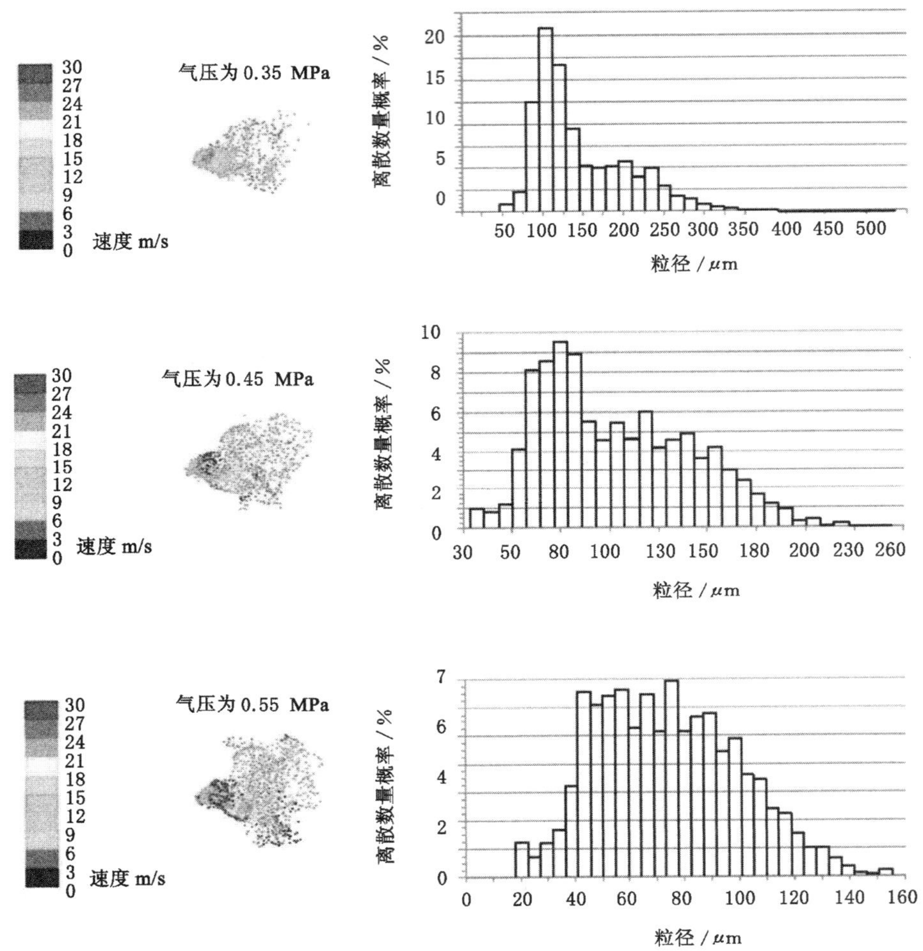

图 3-30　水压为 0.1 MPa 下不同气压雾滴粒径模拟

由图 3-30 可以看出，在供水压力为 0.1 MPa 和喷嘴供气压力为 0.35 MPa 时刻，螺旋耦合后的雾滴轨迹如图中右侧图所示，耦合后粒径分布的雾滴粒径累计概率达到 50%的雾滴粒径 110 μm 附近；供气压力升高到 0.45 MPa 时，累计概率达 50%的雾滴粒径 90 μm 附近；继续将喷嘴压力提高到 0.55 MPa 雾滴粒径降低到 70 μm。在供水压力、喷嘴工作角度以及喷嘴间距不变的情况下，雾滴粒径随着喷嘴供气压力的提高而减小。

继续保持导流板角度为 60°，喷嘴间距 0.15 m 不变，供水压力设置为 0.15 MPa，四个喷嘴压力分别为 0.34 MPa、0.45 MPa、0.55 MPa，喷嘴直径 2 mm。取轴向截面为雾滴信息收集盘区。收集时间为 2 s，经过速算后收集所有雾滴粒径信息进行统计，统计结果如图 3-31 所示。

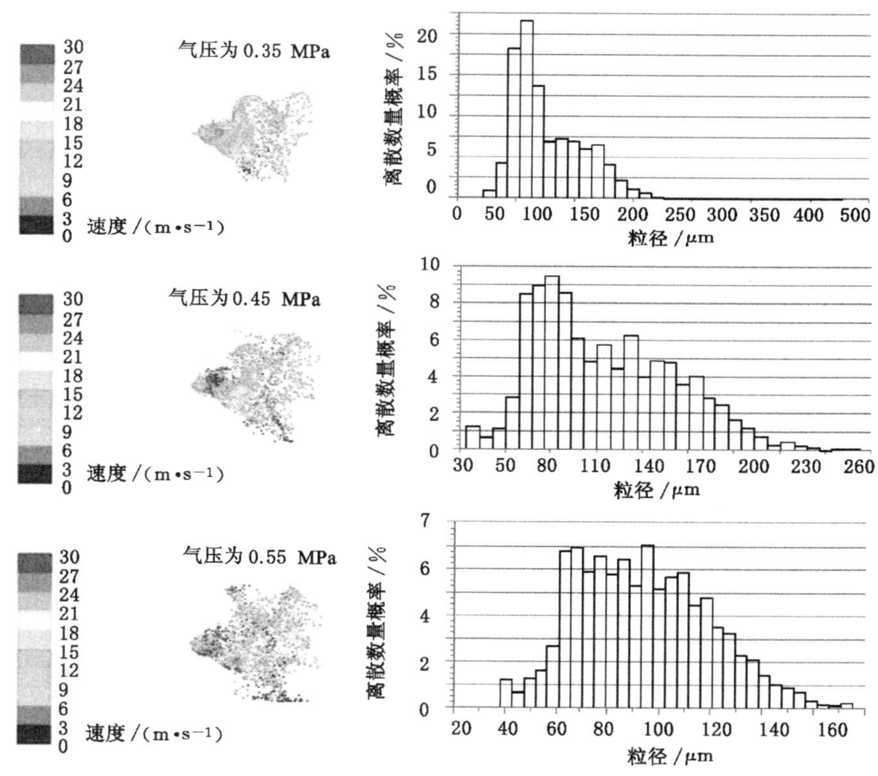

图 3-31　水压为 0.15 MPa 下不同气压雾滴粒径模拟

经过对图 3-31 的分析，当保持其他设置条件不变的情况下，供水压力由 0.1 MPa 提高到 0.15 MPa 对雾滴粒径分布的影响不大。雾滴的粒径分布受供气压力的影响较大。图 3-32 为供水压力提高到 0.2 MPa 的雾滴粒径分布图和雾滴轨迹图。

经过对图 3-32 的分析，保持喷嘴的口径 2 mm 不变，在喷嘴供水压力由 0.1 MPa 提高到 0.2 MPa 的情况下，喷嘴供气压力以及喷嘴的耦合范围仍然是影响螺旋耦合后雾滴雾化特征的主要因素，螺旋耦合可以改变雾滴的分布均匀性，使得粒径小的发生凝并，变成中粒径的雾滴，大粒径的雾滴破碎成更小的雾滴，使得雾滴分布由原来的中间高两边急速下降的奶嘴型，变成分布更加均匀橄榄球型，经过对于尘缘煤尘的粒径分布测试，耦合出更加适合捕尘的雾滴粒径分布，这样更有利于对符合 R-R 型分布粉尘的捕捉。

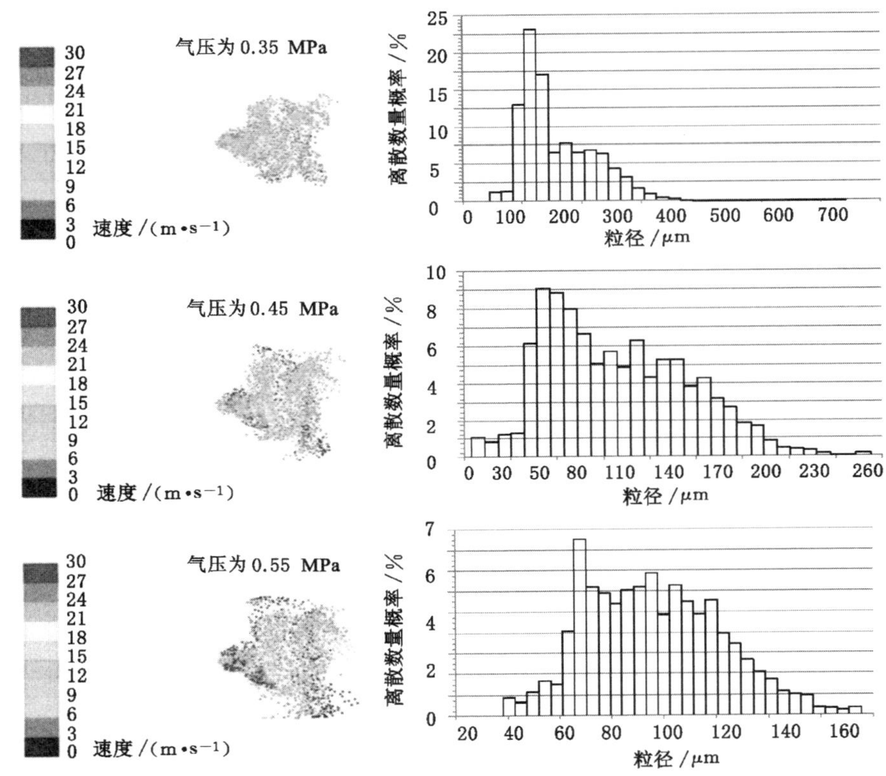

图 3-32　水压为 0.2 MPa 下不同气压雾滴粒径模拟

3.3　多气动喷嘴螺旋耦合控尘性能实验研究

3.3.1　气动喷雾降尘实验系统概述

（1）喷雾降尘效果测试实验系统

喷雾降尘效果测试实验系统的组成由图 3-33 和图 3-34 的自制发尘器组成，在喷雾测量段，安设喷嘴的喷雾管可以旋转，以测量不同喷雾方向下雾场的雾滴粒度，现场实验过程如图 3-35 所示。

（2）实验系统仪器简介

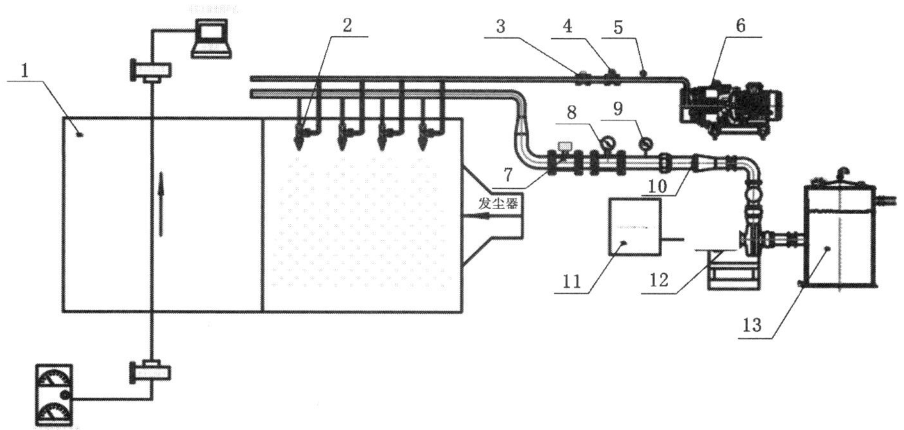

1—监测窗口；2—气动喷嘴；3—气体泄压阀；4—气体流量计；5—气压表；6—空气压缩机；7—液体泄压阀；8—液体流量计；9—水压表；10—调压阀；11—矢量变频器；12—水泵；13—蓄水桶。

图 3-33　喷雾特性测试实验系统

图 3-34　发尘器

图 3-35　喷雾实验现场图

在本实验中，为了得到较准确的实验数据，需要用到一些标准化测量仪器和简单的调节工具，大部分仪器和设备在前文已经介绍，这里不再一一列举，仅介绍一下测尘装置。

为了研究不同气动喷嘴在不同耦合条件下的降尘性能，在实验箱壁面设置自制发尘器作为发尘源。本实验采用粉尘检测设备主要有两种：便携直读式CCZ1000粉尘检测仪（北京聚道合盛科技有限公司）和AKFC-92A矿用粉尘采样器（常熟市矿山机电器材有限公司）。当多个气动同时开启时，实验空间内雾滴较多、湿度较大，空间内微小液滴布满整个空间，严重影响粉尘浓度仪的测量精度，对此需改用粉尘采样器对空气中的煤尘进行采样，经烘干后计算粉尘浓度，实验检测设备实物如图3-36所示。

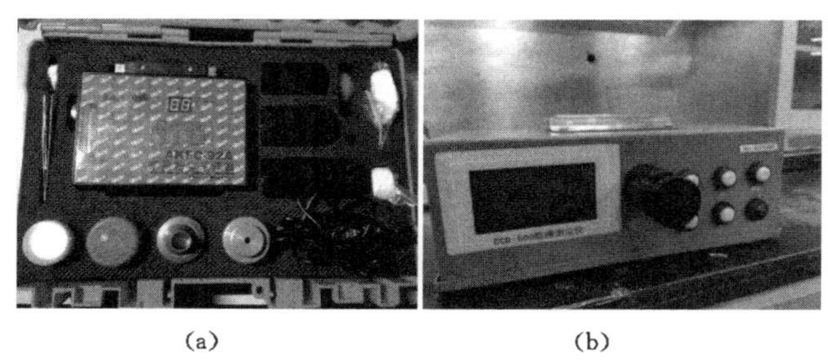

(a) (b)

图3-36 实验检测设备实物

(a) AKFC-92A矿用粉尘采样器；(b) CCZ1000粉尘测定仪

(3) 煤尘的制作与要求

为增加实验所测数据的精确性，需对实验用煤尘进行调配，对22205工作面的煤尘含水率测定结果为0.37%，取大块煤样，破碎成小块后磨碎成煤尘，磨碎后使用120目的筛网将粒径大于125 μm的煤尘颗粒筛掉，之后经过层层筛选，分类保存，根据前面章节在采煤工作面测试的煤尘分散度数据，反复调配出的全尘粒径分布如表3-11和图3-37所示。

表3-11 全尘粒径分布

粒径/μm	体积浓度/%	累计概率	粒径/μm	体积浓度/%	累计概率
0.44	0.5	0.00%	38.55	6.57	42.38%
1.40	0.22	0.64%	41.94	7.57	49.95%
2.61	0.51	1.25%	51.89	7.49	57.45%

表 3-11(续)

粒径/μm	体积浓度/%	累计概率	粒径/μm	体积浓度/%	累计概率
3.64	0.31	1.73%	59.72	8.75	66.20%
4.69	0.8	3.66%	63.01	6.05	72.25%
6.67	3.01	6.55%	74.34	5.42	77.67%
7.45	4.2	8.96%	79.21	4.33	82.00%
8.69	1.95	11.91%	92.53	5.46	87.46%
9.38	1.8	14.65%	88.58	2.96	90.42%
12.82	4.57	18.95%	108.77	2.29	92.70%
16.09	4.23	23.22%	111.68	3.52	96.23%
22.12	5.34	28.61%	117.03	2.30	98.53%
31.08	7.16	35.82%	123.55	1.47	100.00%

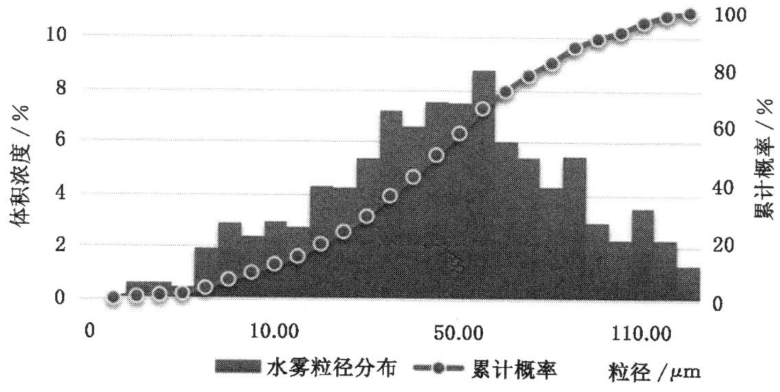

图 3-37 实验用的全尘粒径分布概率

通过对比数据可以发现，要是实现实验煤尘分散度与现场分散度完全一致非常困难，可以通过合理的调配使实验煤尘与现场煤尘相近。调试好粒径分布的煤尘，通过喷水和干燥的方法反复调配，得到含水率与22205工作面含水率相近的实验用粉尘。通过筛分机器，筛分出190目～250目、250目～360目、360目～900目、900目以上的粒径区间的煤尘备用。

3.3.2 喷雾对于不同粒径降尘效率的影响(D_{50})

微雾滴由喷嘴喷出的过程极其复杂，当雾滴遇到粉尘并与之结合是一个更加复杂的问题，一部分煤尘在与雾滴撞击之后，被雾滴捕获，进而加速沉降，提高了降尘效率。宏观情况下，当喷嘴的雾化角增大，喷嘴有效射程加大等因素能够提高单位空间中高速雾滴个数的行为，都与降尘效率具有正相关关系。本组实验在广大学者已有实验结论的基础上，通过实验考察同一组喷嘴喷出的雾滴在已知雾滴粒径分布的情况下，对于各个粒径区间煤尘的降低效率问题，旨在为降尘喷嘴类型和工作参数的选择提供依据。

由于开启降尘设备时，实验空间内湿度加大，会导致激光粉尘浓度仪的测量精度下降，因此改用粉尘采样器对实验空间中的粉尘采样。从而，利用采样前后滤膜单位质量的增加和设备的采样流量，根据公式计算单位体积空气中的粉尘质量浓度，计算公式如下：

$$C=\frac{M_2-M_1}{Q\cdot t}\times 100 \tag{3-39}$$

式中 C——粉尘质量浓度，mg/m^3；

M_2——采样后含尘滤膜总质量，mg；

M_1——采样前滤膜总质量，mg；

Q——采样流量，L/min；

t——采样时间，min。

本组实验选用喷嘴在不同的水压和气压条件下，对于粉尘颗粒在 190 目～250 目、250 目～360 目、360 目～900 目、900 目以上四个区间段的粉尘进行降尘实验。首先得到不同目数对应粉尘粒径的数据如表 3-12 所示。

表 3-12　粒径分级表

目数	190 目～250 目	250 目～360 目	360 目～900 目	900 目以上
粒径/μm	61～80	40～61	20～40	0～20

本实验选取 1 个空气雾化喷嘴，分别对喷嘴在不同水压不同气压条件下进行编号 1～5。1 号喷嘴供水压力为 0.15 MPa，供气压力为 0.55 MPa；2 号喷嘴供水压力为 0.1 MPa，供气压力为 0.45 MPa；3 号喷嘴供水压力为 0.2 MPa，供气压力为 0.45 MPa；4 号喷嘴供水压力为 0.15 MPa，供气压力为 0.35 MPa；5 号喷嘴供水压力为 0.2 MPa，供气压力为 0.35 MPa。根据前面章节的测试结果，1～5号喷嘴喷射出的雾滴粒径 D_{50} 分别为 38.18 μm、47.39 μm、59.66 μm、71.86 μm、89.85 μm，在其他条件相同的情况下，选取含水率为 3.42%的煤样分别对四种不同粒径范围的煤尘进行降尘实验，得到降尘效率如表 3-13 所示。

表 3-13　不同粒径粉尘降尘效率

雾滴粒径(D_{50})/μm	粉尘粒径/μm											
	0～20			20～40			40～61			61～80		
	喷雾前粉尘浓度/($mg \cdot m^{-3}$)	喷雾后粉尘浓度/($mg \cdot m^{-3}$)	降尘效率/%	喷雾前粉尘浓度/($mg \cdot m^{-3}$)	喷雾后粉尘浓度/($mg \cdot m^{-3}$)	降尘效率/%	喷雾前粉尘浓度/($mg \cdot m^{-3}$)	喷雾后粉尘浓度/($mg \cdot m^{-3}$)	降尘效率/%	喷雾前粉尘浓度/($mg \cdot m^{-3}$)	喷雾后粉尘浓度/($mg \cdot m^{-3}$)	降尘效率/%
38.18	321.65	79.01	75.44	329.46	49.74	84.90	329.15	69.53	78.88	330.52	75.54	77.14
47.39	353.06	82.46	76.65	318.38	41.89	86.84	346.69	65.77	81.03	325.67	66.66	79.53
59.66	342.79	78.97	76.96	335.46	47.54	85.83	332.58	52.75	84.14	342.13	63.34	81.49
71.86	349.68	69.20	80.21	346.87	51.93	85.03	332.58	47.74	86.14	344.11	64.82	81.16
89.85	334.65	58.37	82.56	320.62	57.15	82.17	336.54	45.89	86.36	325.39	55.32	83.00

由表 3-13 可以看出，对于 0～20 μm 区间的煤尘，降尘效率最高的雾滴粒径 D_{50} 为 89.85 μm，当雾滴的 D_{50} 由 38.18 μm 增加到 89.85 μm 时，降尘效率由 75.44%升高到 82.56%。而对于粒径在 20～40 μm 区间的煤尘，降尘效率最高的雾滴 D_{50} 为 47.39 μm，降尘效率为 86.84%，当雾滴粒径为 89.85 μm 时，降尘效率最低，为 82.17%，降低了 4.67%。对于粒径在 40～61 μm 区间的煤尘，降尘效率由雾滴粒径为 38.18 μm 时的 78.88%增加至雾滴粒径为 89.95 μm 时的 86.36%。通过对比我们发现，当雾滴粒径小于粉尘粒径时，降尘效率较低，当雾滴粒径大于煤尘粒径时，降尘效率逐渐升高。但是当雾滴粒径 D_{50} 超过粉尘粒径的 1.7 倍左右时，降尘效率又开始降低。这是由于雾滴与粉尘碰撞的过程中，雾滴粒径大于粉尘粒径更利于捕捉粉尘，从而增加煤尘的沉降速度。为更直观的描述这种变化趋势，作出雾滴粒径 D_{50} 与降尘效率的关系图，如图 3-38 所示。

由图 3-38 我们可以很直观地发现，对于粒径区间为 0～20 μm 的煤尘，降尘效率最高的雾滴粒径为 89.85 μm，对于粒径在 20～40 μm 区间的煤尘，降尘效率最高的雾滴粒径为 47.39 μm，而对于区间在 40～61 μm 和 61～80 μm 的煤尘，降尘效率最高的雾滴粒径都是 89.85 μm，它们降尘效率分别提高了 7.12%、4.67%、7.48%、5.86%。为了找出降尘效率最高的雾滴粒径 D_{50}，将其应用于煤矿井下的气动喷雾除尘中，对雾滴粒径与煤尘粒径的比值与降尘效率进行拟合，得到图 3-39。

由图 3-39 得到拟合公式：

$$y = 1.805\,5x^4 - 12.149x^3 + 23.401x^2 - 7.741\,3x + 76.587 \quad (3\text{-}40)$$

为了找到最佳的雾滴粒径与粉尘粒径的比值，对拟合公式进行求导得：

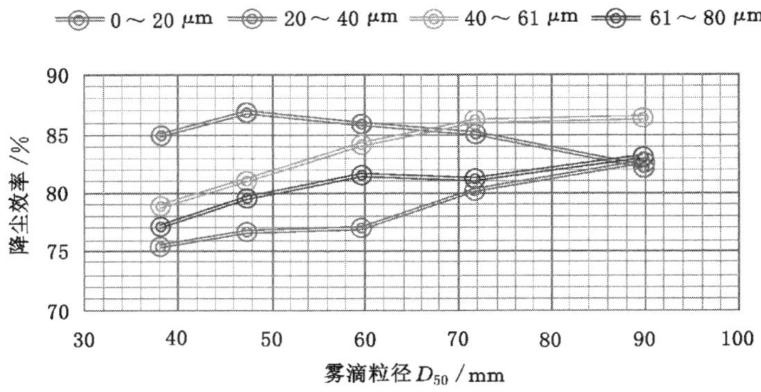

图 3-38 雾滴粒径 D_{50} 与降尘效率关系

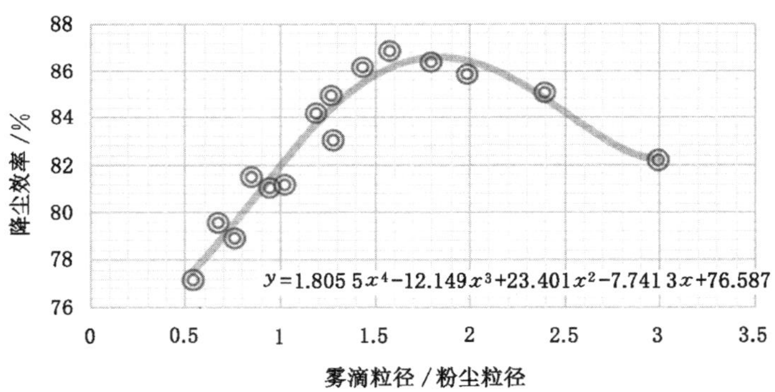

图 3-39 雾滴粒径与煤尘粒径比值与降尘效率拟合关系

$$y = 7.222x^3 - 36.447x^2 + 46.802x - 7.741\ 3 \tag{3-41}$$

求得极值点为1.84，即当雾滴粒径 D_{50} 是粉尘平均粒径的1.84倍时，降尘效率最高。

图3-39中 x 轴为雾滴平均粒径 D_{50} 与粉尘平均粒径的比值，y 轴为降尘效率。从图3-39中我们可以很清晰地看出，对于粒径在20～80 μm之间粉尘，当雾滴粒径为煤尘粒径1.84倍左右时，降尘效率最高。当雾滴粒径与煤尘粒径比在0～1.84倍时，随着比值的增加，降尘效率逐渐升高，当雾滴粒径与煤尘粒径比大于1.84倍时，降尘效率随着比值的增加逐渐降低。因此，在煤矿井下应用喷雾降尘时，可以通过调节喷雾参数得到最佳的雾滴粒径与粉尘粒径比，从而提高降尘效率。

3.3.3　煤尘含水率对降尘效率的影响

根据前文叙述已知提高煤尘的含水率可以有效降低煤尘浓度，因此，为了研究煤尘含水率对降尘效率的影响，我们特别选取含水率为 3.42％、2.54％、1.81％、0.96％、0.03％的煤样进行降尘效率实验，得到各种不同含水率煤尘的降尘效率如表 3-14 至表 3-17 所示，上一节的降尘效率实验选取的是含水率为 3.42％的煤尘，因此在这一节中不专门列出此含水率煤尘降尘效率数据。

表 3-14　含水率 2.54％煤尘降尘效率

雾滴粒径(D_{50})/μm	粉尘粒径/μm											
	0～20			20～40			40～61			61～80		
	喷雾前粉尘浓度/(mg·m^{-3})	喷雾后粉尘浓度/(mg·m^{-3})	降尘效率/％	喷雾前粉尘浓度/(mg·m^{-3})	喷雾后粉尘浓度/(mg·m^{-3})	降尘效率/％	喷雾前粉尘浓度/(mg·m^{-3})	喷雾后粉尘浓度/(mg·m^{-3})	降尘效率/％	喷雾前粉尘浓度/(mg·m^{-3})	喷雾后粉尘浓度/(mg·m^{-3})	降尘效率/％
38.18	342.85	90.52	73.60	317.94	55.76	83.96	351.17	73.58	79.05	345.62	81.82	76.33
47.39	336.78	82.12	75.61	356.69	51.14	85.03	330.71	61.91	81.28	336.33	72.88	78.33
59.66	349.21	87.36	74.98	364.77	50.82	85.40	344.29	55.89	83.77	364.84	73.59	79.83
71.86	328.16	70.61	78.48	335.74	50.36	84.99	333.75	45.80	86.28	347.15	71.60	79.37
89.85	350.19	66.74	80.94	302.22	64.52	81.44	356.43	53.93	84.87	342.29	57.19	83.29

表 3-15　含水率 1.81％煤尘降尘效率

雾滴粒径(D_{50})/μm	粉尘粒径/μm											
	0～20			20～40			40～61			61～80		
	喷雾前粉尘浓度/(mg·m^{-3})	喷雾后粉尘浓度/(mg·m^{-3})	降尘效率/％	喷雾前粉尘浓度/(mg·m^{-3})	喷雾后粉尘浓度/(mg·m^{-3})	降尘效率/％	喷雾前粉尘浓度/(mg·m^{-3})	喷雾后粉尘浓度/(mg·m^{-3})	降尘效率/％	喷雾前粉尘浓度/(mg·m^{-3})	喷雾后粉尘浓度/(mg·m^{-3})	降尘效率/％
38.18	335.49	91.77	72.65	342.81	58.06	83.06	333.07	74.40	77.66	328.11	77.97	76.24
47.39	343.89	85.46	75.15	327.30	47.39	85.52	345.30	65.96	80.90	347.13	73.50	78.83
59.66	337.24	90.47	73.17	334.94	52.10	84.44	338.57	55.65	83.56	346.56	75.61	78.18
71.86	323.47	75.03	76.81	320.21	47.52	85.16	321.96	48.67	84.88	317.74	71.95	77.35
89.85	344.28	67.28	80.46	329.86	67.90	79.42	332.89	51.38	84.57	322.22	54.72	83.02

表 3-16　含水率 0.96%煤尘降尘效率

雾滴粒径(D_{50})/μm	粉尘粒径/μm											
	0～20			20～40			40～61			61～80		
	喷雾前粉尘浓度/(mg·m^{-3})	喷雾后粉尘浓度/(mg·m^{-3})	降尘效率/%	喷雾前粉尘浓度/(mg·m^{-3})	喷雾后粉尘浓度/(mg·m^{-3})	降尘效率/%	喷雾前粉尘浓度/(mg·m^{-3})	喷雾后粉尘浓度/(mg·m^{-3})	降尘效率/%	喷雾前粉尘浓度/(mg·m^{-3})	喷雾后粉尘浓度/(mg·m^{-3})	降尘效率/%
38.18	325.29	95.32	70.70	334.40	57.14	82.91	320.88	73.26	77.17	332.66	85.74	74.23
47.39	354.20	92.17	73.98	361.09	53.78	85.11	351.75	73.84	79.01	343.99	77.60	77.44
59.66	342.82	89.30	73.95	329.47	49.82	84.88	341.43	60.19	82.37	342.88	77.16	77.50
71.86	332.61	80.74	75.72	322.74	54.09	83.24	327.08	50.54	84.55	335.83	77.71	76.86
89.85	326.34	69.28	78.77	344.55	69.91	79.71	337.84	56.54	83.26	327.42	56.13	82.86

表 3-17　含水率 0.03%煤尘降尘效率

雾滴粒径(D_{50})/μm	粉尘粒径/μm											
	0～20			20～40			40～61			61～80		
	喷雾前粉尘浓度/(mg·m^{-3})	喷雾后粉尘浓度/(mg·m^{-3})	降尘效率/%	喷雾前粉尘浓度/(mg·m^{-3})	喷雾后粉尘浓度/(mg·m^{-3})	降尘效率/%	喷雾前粉尘浓度/(mg·m^{-3})	喷雾后粉尘浓度/(mg·m^{-3})	降尘效率/%	喷雾前粉尘浓度/(mg·m^{-3})	喷雾后粉尘浓度/(mg·m^{-3})	降尘效率/%
38.18	331.08	98.75	70.17	320.95	56.01	82.55	321.60	73.85	77.04	329.04	90.46	72.51
47.39	367.26	96.49	73.73	364.02	59.47	83.66	355.99	79.87	77.56	351.30	78.93	77.53
59.66	355.33	102.07	71.28	353.04	59.45	83.16	341.13	61.62	81.94	347.84	77.47	77.73
71.86	325.39	77.94	76.05	337.23	55.67	83.49	347.08	58.81	83.05	342.58	83.84	75.53
89.85	315.88	67.79	78.54	327.61	68.26	79.16	326.88	54.67	83.27	321.85	54.20	83.16

表 3-13 对应煤尘含水率为 3.42%时的降尘效率，表 3-14 至表 3-17 对应的是煤尘含水率为 2.54%、1.81%、0.96%、0.03%的降尘效率。由表中数据我们发现，对同一粒径的粉尘，当煤尘含水率提高之后，随之的降尘效率略有升高，例如对于 0～20μm 的粉尘，用雾滴粒径 D_{50} 为 47.39 μm 的水雾喷射，含水率为 0.03%、0.96%、1.81%、2.54%、3.42%的粉尘对应的降尘效率分别为 73.73%、73.98%、75.15%、75.61%、76.65%，降尘效率提高 0.25%、1.17%、0.46%、

1.04%。随着煤尘含水率的提高，降尘效率略有升高，但是升高幅度不大。为了更清晰地看出这种变化趋势，作出图 3-40 为在不同粉尘粒径条件下，煤尘含水率对降尘效率的影响趋势图。

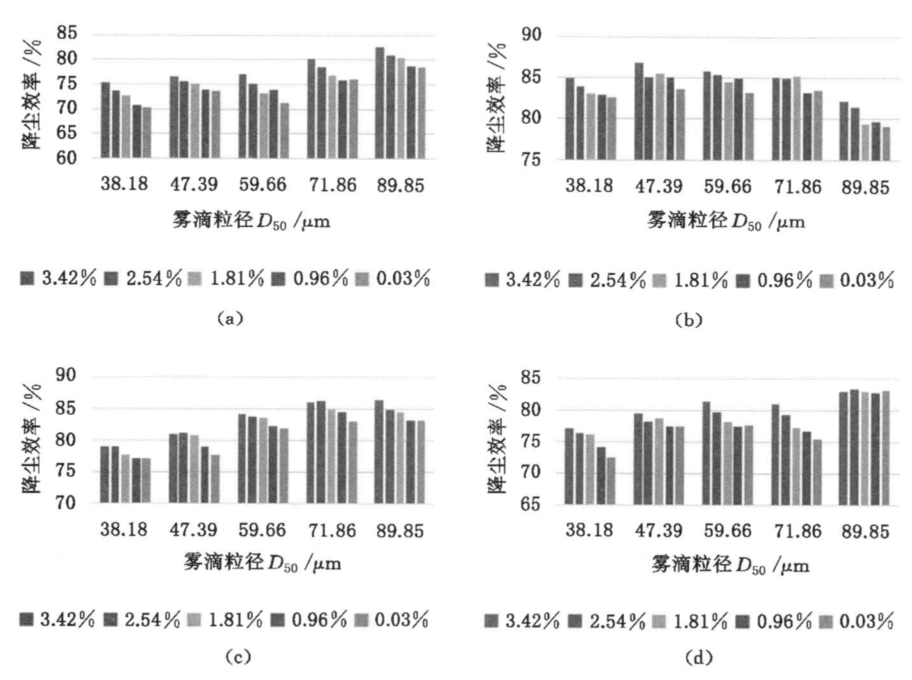

图 3-40　不同煤尘含水率与降尘效率关系

(a) 0～20 μm；(b) 20～40 μm；(c) 40～61 μm；(d) 61～80 μm

由图 3-40 我们发现，随着煤尘含水率的降低，喷雾的降尘效率略有减少，但是降低幅度不大。例如，当粉尘粒径为 61～80 μm 时，对于 D_{50} 为 59.66 μm 的雾滴来说，含水率从 3.42%减小到 0.96%，降尘效率由 81.49%降低到 77.49%，降尘效率减少了 4%，变化不大。从图中我们看出，当煤尘含水率为 0.03%时，降尘效率为 77.72%，反而升高了 0.23%，在实验条件下，这种变化可以忽略，整体上来说，降尘效率随着煤尘的含水率的升高略有提高。

3.3.4　雾滴浓度与粉尘浓度比值对降尘效率的影响

在实验过程中我们发现，雾滴浓度的大小也会影响粉尘的降尘效率。为了研究这种影响规律，我们实验选取两个喷嘴，喷出的雾滴浓度分别为 173.14 mg/m^3 和 205.22 mg/m^3，利用发尘器发出不同浓度的粉尘，计算雾滴浓度与粉尘浓度的比值，研究其比值对降尘效率的影响，得到表 3-18 和表 3-19。

表 3-18　浓度为 173.14 mg/m³ 的雾滴降尘效率

雾滴浓度 /(mg·m⁻³)	喷雾前粉尘浓度 /(mg·m⁻³)	喷雾后粉尘浓度 /(mg·m⁻³)	降尘效率 /%	雾滴浓度/粉尘浓度
173.14	353.34	74.52	78.91	0.49
	186.18	19.70	89.42	0.93
	121.92	10.63	91.28	1.42
	84.88	7.94	90.65	2.04

表 3-19　浓度为 205.22 mg/m³ 的雾滴降尘效率

雾滴浓度 /(mg·m⁻³)	喷雾前粉尘浓度 /(mg·m⁻³)	喷雾后粉尘浓度 /(mg·m⁻³)	降尘效率 /%	雾滴浓度/粉尘浓度
205.22	394.66	82.37	79.13	0.52
	193.60	19.86	89.74	1.06
	142.52	13.03	90.86	1.44
	103.64	10.82	89.56	1.98

根据表中数据，当雾滴浓度为 173.14 mg/m³ 时，雾滴浓度与粉尘浓度的比值由 0.49 增加到 0.93 时，降尘效率由 78.91%增加到 89.42%，增加了10.51%；雾滴浓度与粉尘浓度的比值由 0.93 增加至 1.42 时，降尘效率增加了 1.86%；雾滴浓度与粉尘浓度的比值由 1.42 增加至 2.04 时，降尘效率由91.28%降低至90.65%，减少了 0.63%，降低幅度较小。当雾滴浓度为 205.22 mg/m³ 时，雾滴浓度与粉尘浓度的比值由 0.52 升高到 1.06，降尘效率增加 10.61%，雾滴浓度与粉尘浓度的比值由 1.06 增加至 1.44 时，降尘效率增加了 1.12%；雾滴浓度与粉尘浓度的比值由 1.44 增加至 1.98 时，降尘效率由 90.86%降低至 89.56%，减少了 1.3%。通过对比我们发现，当雾滴浓度与粉尘浓度的比值从 0.5 左右升至 1 左右时，降尘效率大幅增加，而雾滴浓度与粉尘浓度的比值从 1 左右增加至 1.5 左右时，降尘效率增加幅度不大，当雾滴浓度与粉尘浓度的比值从 1.5 左右增加至 2 左右时，降尘效率略有降低，但是变化不大。为了找到最佳的雾滴浓度与粉尘浓度的比值区间，提高降尘效率，将雾滴浓度与粉尘浓度的比值与降尘效率进行拟合，得到图 3-41。

由图 3-41 得到拟合公式：

$$y = 11.14x^3 - 53.241x^2 + 82.102x + 50.153 \tag{3-42}$$

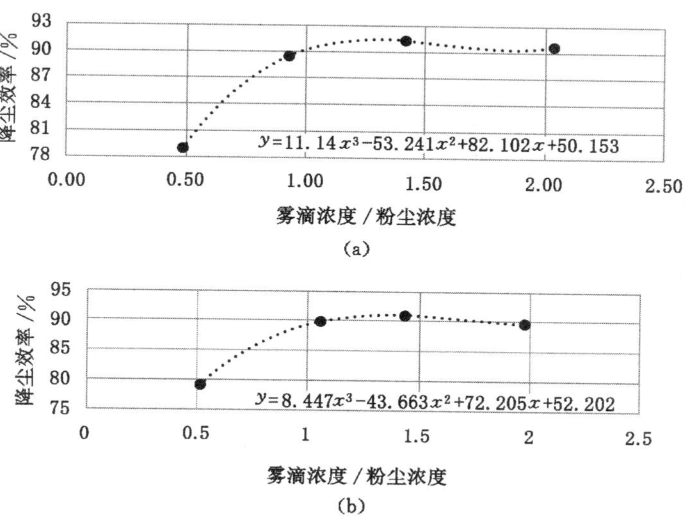

图 3-41　雾滴浓度与粉尘浓度比值与降尘效率拟合关系

(a) 雾滴浓度为 173.14 mg/m³；(b) 雾滴浓度为 205.22 mg/m³

$$y = 8.447x^3 - 43.663x^2 + 72.205x + 52.202 \tag{3-43}$$

为了得到最佳的降尘效率，对两个公式分别进行求导得：

$$y = 33.42x^2 - 106.482x + 82.102 \tag{3-44}$$

$$y = 25.341x^2 - 87.326x + 72.205 \tag{3-45}$$

求得极值点分别为 1.31 和 1.38。说明当雾滴浓度与粉尘浓度的比值在 1.35左右时，降尘效率最高。

通过图 3-41 我们看出，当雾滴浓度与粉尘浓度的比值在 1.35 左右时，降尘效率最高，该比值由 0.5 增加至 1 时，降尘效率大幅增加，该比值在 1～1.35 时，降尘效率增加缓慢，雾滴浓度与粉尘浓度的比值增加到 1.35 时，降尘效率达到最大，当该比值继续增加，降尘效率有所下降，但是变化幅度不大。因此，既节约能源同时又提高降尘效率的雾滴浓度是煤尘浓度的 1.35 倍左右。

3.3.5　雾滴与煤尘的相对速度对降尘效率的影响

在研究雾滴对粉尘的降尘效率影响因素的过程中我们发现，降尘效率还与雾滴与粉尘的相对速度有关。为了得到最佳的降尘效率对应的雾滴与粉尘的相对速度，我们进行了大量的实验。通过实验，我们分别测得不同的相对速度，即 5 m/s、10 m/s、15 m/s、20 m/s 时的降尘效率，得到表 3-20。

表 3-20　雾滴与粉尘不同相对速度的降尘效率

相对速度 /($m \cdot s^{-1}$)	喷雾前粉尘浓度 /($mg \cdot m^{-3}$)	喷雾后粉尘浓度 /($mg \cdot m^{-3}$)	降尘效率/%
5	158.42	47.27	70.16
10	146.28	25.28	82.72
15	167.14	14.93	91.07
20	159.37	16.85	89.43

通过表 3-20 中的数据，当雾滴与粉尘的相对速度为 5 m/s 时，降尘效率最低，只有 70.16%，当相对速度为 15 m/s 时，降尘效率最高，达到了 91.07%。当雾滴与粉尘的相对速度由 5 m/s 增加至 15 m/s 时，降尘效率增幅为 20.91%，增长幅度较大。当相对速度由 15 m/s 增加至 20 m/s 时，降尘效率由 91.07%降至 89.43%，降低了 1.64%，降低幅度较小。为了得到最佳的雾滴与粉尘的相对速度，提高降尘效率，将相对速度与降尘效率进行拟合，得到图 3-42。

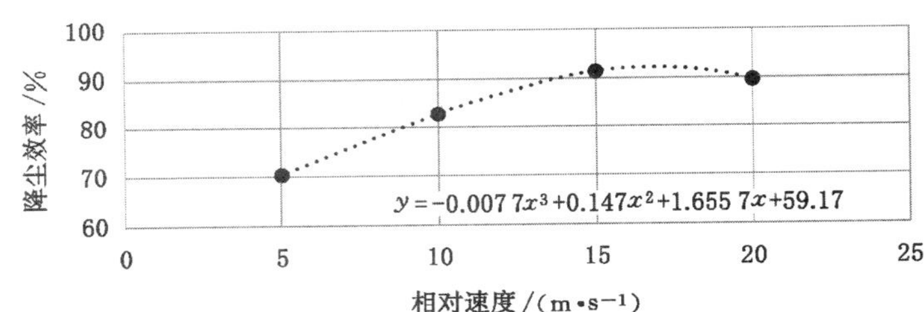

图 3-42　相对速度与降尘效率拟合关系

由图 3-42 得到拟合公式：

$$y = -0.007\ 7x^3 + 0.147x^2 + 1.655\ 7x + 59.17 \tag{3-46}$$

为了获得最高的降尘效率，对该公式进行求导得

$$y = -0.023\ 1x^2 + 0.294x + 1.655\ 7 \tag{3-47}$$

计算得极值点为 16.95 m/s，即当雾滴与粉尘的相对速度为 16.95 m/s 时，降尘效率最高。

由图 3-42 得，雾滴与粉尘的相对速度由 5 m/s 增加至 16.95 m/s 时，降尘效率增加较快，增加幅度较大，当相对速度由 16.95 m/s 增加至 20 m/s 时，降尘效率降低较慢，降低幅度较小。因此，为了提高降尘效率，我们应该选择雾滴与粉尘的相对速度为 17 m/s 左右区域对粉尘进行沉降。

3.3.6　混合喷嘴平行耦合降尘效率研究

混合喷嘴增加了雾滴粒径分布的广度，使得雾滴捕捉粉尘颗粒的效率提高，因此，为了得到不同特性喷嘴间耦合以及排列方式对降尘效率的影响，选择相同气压不同水压的 A 号喷嘴（水压为 0.15 MPa、气压为 0.45 MPa）和 B 号喷嘴（水压为 0.1 MPa、气压为 0.35 MPa）各 3 个，以不同的方式排列混合，根据前文叙述已知 A 号喷嘴和 B 号喷嘴产生雾滴粒径 D_{50} 分别为54.32 μm和 63.35 μm，与本次实验的粉尘平均粒径相差不大。此次实验共设计 6 种不同的线型排列方式，排列方式 1 为 A 号喷嘴 3 个；排列方式 2 为 B 号喷嘴 3 个；排列方式 3 和排列方式 4 为 A 号喷嘴 1 个和 B 号喷嘴 2 个，其中排列方式 3 为 A 号喷嘴在中间，排列方式 4 为 A 号喷嘴在左边；排列方式 5 和排列方式 6 为 A 号喷嘴 2 个和 B 号喷嘴一个，其中排列方式 5 为 B 号喷嘴在中间，排列方式 6 为 B 号喷嘴在左边。实验测得各种排列方式的降尘效率如表 3-21 所示。

表 3-21　气动喷嘴不同排列方式的降尘效率

排列方式	全尘			呼吸性粉尘		
	喷雾前浓度 /(mg・m^{-3})	喷雾后浓度 /(mg・m^{-3})	降尘效率 /%	喷雾前浓度 /(mg・m^{-3})	喷雾后浓度 /(mg・m^{-3})	降尘效率 /%
排列 1	458.27	111.50	75.67	108.88	28.50	73.82
排列 2	449.62	138.35	69.23	80.52	23.79	70.45
排列 3	467.39	81.75	82.51	66.72	11.24	84.16
排列 4	439.24	73.84	83.19	78.43	11.72	85.06
排列 5	445.53	38.05	91.46	57.46	5.30	90.77
排列 6	452.44	42.85	90.53	89.27	9.38	89.49

由表中数据可知，5、6 两种排列方式对全尘和呼吸性粉尘的降尘效率最高，分别为 91.46%、90.77%和 90.53%、89.49%，而排列方式 2 对全尘和呼吸性粉尘的降尘效率最低，分别为69.23%和 70.45%。排列方式 5、6 是选择雾滴粒径 D_{50} 为 54.32 μm的喷嘴两个和 63.35 μm 的喷嘴一个混合，这种组合方式喷出的小雾滴在相互碰撞结合之后粒径变大，大颗粒雾滴在发生高速耦合碰撞之后破碎成小颗粒雾滴，对于粒径小于 40 μm 的煤尘有更好的捕尘效果。粒径大于 40 μm 的煤尘，由于自身沉降速度较快，所以排列方式 5、6 两种喷嘴的组合为了更好地捕捉小粒径的煤尘，增加了小雾滴的权重，喷嘴间距为 0.15 m 和 0.2 m 降尘时，尘雾耦合区域内雾滴与粒径分布如图 3-43 和图 3-44 所示。并且雾滴恰好是煤尘粒径的 1.8 倍左右，所以捕捉粉尘的能力最好，降尘效率最高。

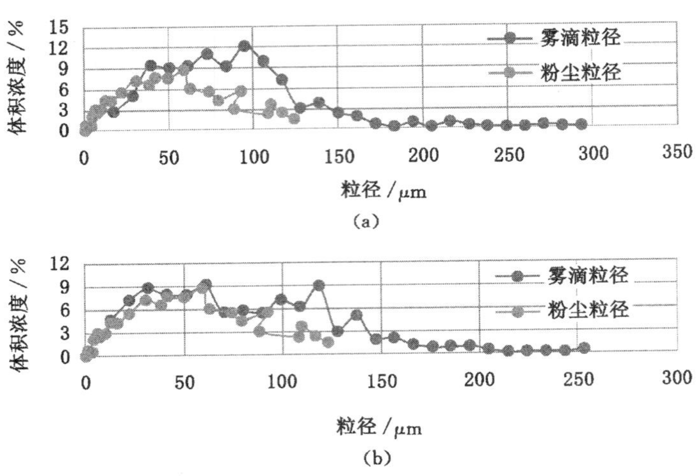

图 3-43　喷嘴间距为 0.15 m 时雾滴粒径与粉尘粒径关系

(a) 气压为(0.45＋0.35＋0.45) MPa；(b) 气压为(0.45＋0.45＋0.35) MPa

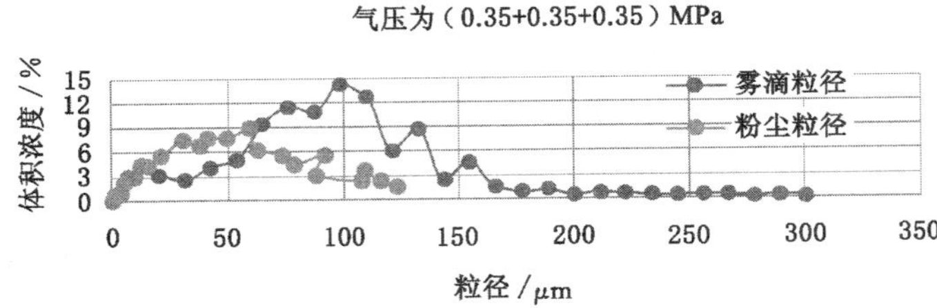

图 3-44　喷嘴间距为 0.2 m 时的雾滴粒径与粉尘粒径关系

5、6 两种排列方式是将喷嘴位置改变，而这两种方式降尘效率相差不大，排列方式 5 降尘效率略高，说明相同的喷嘴排列方式不同对降尘效率的影响主要是通过喷嘴间耦合后的雾滴分布所决定的。

排列方式 3、4 也恰好说明了这一特点。排列方式 3、4 是选择两个 D_{50} 为 63.35 μm 的喷嘴和一个 D_{50} 为 54.32 μm 的喷嘴，他们组合之后的雾滴粒径大概是粉尘中位径的 2 倍左右，降尘效率较低。排列方式 1、2 单个喷嘴的 D_{50} 为分别为 54.32 μm 和 63.35 μm，我们实验后发现，排列方式 1 使雾滴粒径扩大为粉尘粒径的 1.5 倍左右，排列方式 2 使雾滴粒径扩大为粉尘粒径的 2.4 倍左右，降尘效率与前文所得结论一致。

由图 3-45 我们可以直接看出不管是对全尘还是呼吸性粉尘，都是排列方式

5、6 的降尘效率最高，3、4 两种排列方式次之，排列方式 2 降尘效率最低。由排列方式 5、6 和 3、4 我们可以看出相同的喷嘴不同的位置对降尘效率的影响不大。因此，通过本次实验，我们可以根据粉尘的中位径选出降尘效率最高的喷嘴排列方式，从而提高实际应用中的降尘效率。

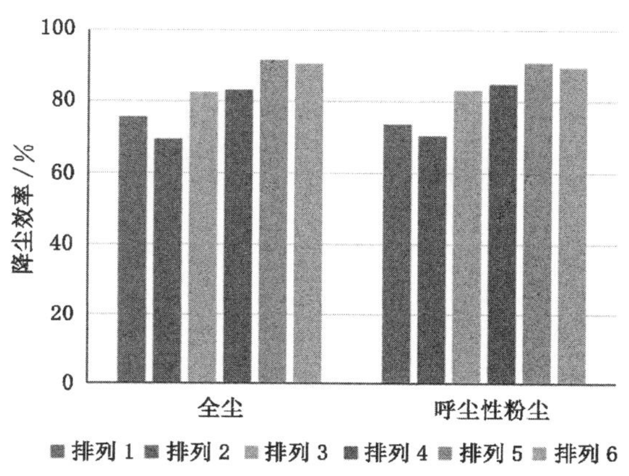

图 3-45　混合喷嘴降尘效率

3.3.7　供气压力对混合喷嘴螺旋耦合降尘效率的影响

本实验研究气动螺旋耦合喷嘴对采煤机滚筒的降尘性能，按照实验与实际工作面比例 1∶2 搭建实验平台，测得 3 种气动螺旋耦合喷嘴在水压为 0.15 MPa、气压不同时的降尘效率。气动螺旋耦合喷嘴共用 4 个气动喷嘴，1 号喷嘴气压均为 0.45 MPa，2 号喷嘴气压均为 0.55 MPa，3 号喷嘴为 2 个 0.45 MPa 喷嘴和 2 个 0.55 MPa喷嘴耦合，实验平台设计如图 3-46 所示。

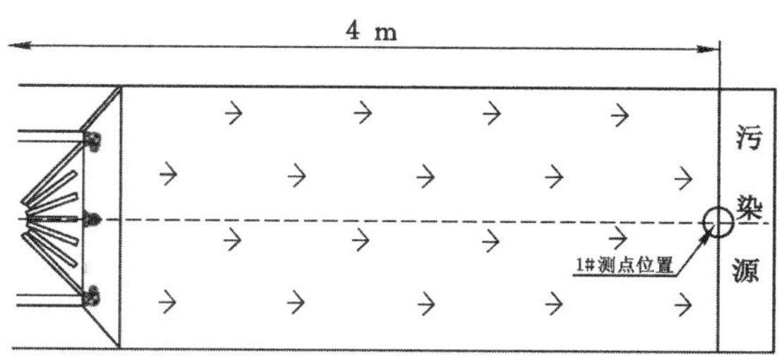

图 3-46　实验平台

本实验选取的巷道风速分别为 1.1 m/s、1.4 m/s、1.7 m/s 和 2.0 m/s，同时对不同巷道风速下的降尘效率进行实验。由此可得各巷道风速条件下采用气动螺旋耦合喷嘴前后的粉尘浓度，并以此计算出各种条件下的降尘效率如表 3-22 至表 3-24 所示。

表 3-22　气压为 0.45 MPa 的气动螺旋耦合喷嘴的降尘效率

巷道风速 /(m·s^{-1})	全尘			呼吸性粉尘		
	喷雾前粉尘浓度 /(mg·m^{-3})	喷雾后粉尘浓度 /(mg·m^{-3})	降尘效率 /%	喷雾前粉尘浓度 /(mg·m^{-3})	喷雾后粉尘浓度 /(mg·m^{-3})	降尘效率 /%
1.1	153.96	19.66	87.23	46.01	5.70	87.62
1.4	174.32	25.00	85.66	55.14	8.12	85.28
1.7	137.04	22.58	83.52	29.68	5.08	82.87
2.0	168.26	32.37	80.76	48.28	10.03	79.22

表 3-23　气压为 0.55 MPa 的气动螺旋耦合喷嘴的降尘效率

巷道风速 /(m·s^{-1})	全尘			呼吸性粉尘		
	喷雾前粉尘浓度 /(mg·m^{-3})	喷雾后粉尘浓度 /(mg·m^{-3})	降尘效率 /%	喷雾前粉尘浓度 /(mg·m^{-3})	喷雾后粉尘浓度 /(mg·m^{-3})	降尘效率 /%
1.1	169.32	17.32	89.77	57.70	5.88	89.81
1.4	143.19	15.25	89.35	38.11	4.22	88.92
1.7	171.77	19.65	88.56	51.58	6.29	87.81
2.0	152.46	18.57	87.82	45.82	5.99	86.93

表 3-24　气压为 0.45 MPa 和 0.55 MPa 混合的气动螺旋耦合喷嘴的降尘效率

巷道风速 /(m·s^{-1})	全尘			呼吸性粉尘		
	喷雾前粉尘浓度 /(mg·m^{-3})	喷雾后粉尘浓度 /(mg·m^{-3})	降尘效率 /%	喷雾前粉尘浓度 /(mg·m^{-3})	喷雾后粉尘浓度 /(mg·m^{-3})	降尘效率 /%
1.1	174.19	14.96	91.41	65.46	5.16	92.11
1.4	146.77	14.12	90.38	59.47	5.38	90.95
1.7	131.87	14.56	88.96	36.32	4.03	88.90
2.0	143.89	17.97	87.51	43.71	5.77	86.81

由表中数据我们发现，当巷道风速为 1.1 m/s 时，1、2、3 号喷嘴全尘的降尘效率分别为 87.23%、89.77%、91.41%，呼吸性粉尘的降尘效率分别为87.62%、89.81%、92.11%，1 号喷嘴的降尘效率最低，3 号喷嘴的降尘效率最高；当巷道风速分别为 1.4 m/s 和 1.7 m/s 时，降尘效率最高的仍然是 3 号喷嘴；而当巷道

风速为 2.0 m/s 时，2 号喷嘴的降尘效率略高于 3 号喷嘴，二者的降尘效率无明显差别。因此，选择气压为 0.45 MPa 和 0.55 MPa 的喷嘴混合为最优选择。这是因为不同供气压力混合后雾滴粒径分布更加均匀，雾滴粒径 D_{50} 与粉尘平均粒径更接近，降尘效率提高。根据表中数据，我们作出在不同巷道风速下不同供气压力的全尘和呼吸性粉尘降尘效率图，如图 3-47 所示。

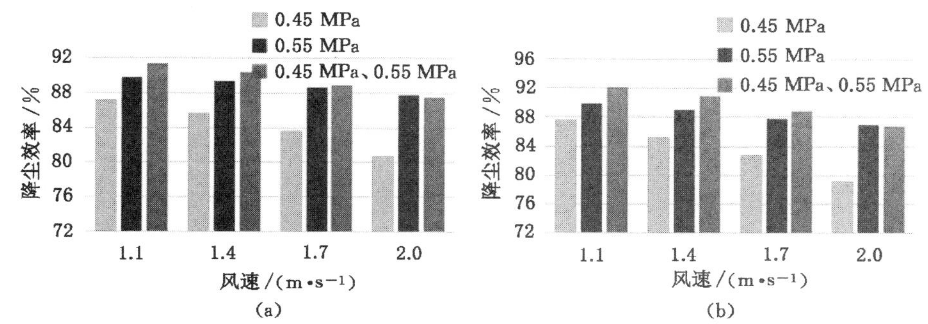

图 3-47　不同气压与降尘效率关系

(a) 全尘；(b) 呼吸性粉尘

由图中很明显地看出，在巷道风速分别为 1.1m/s、1.4 m/s、1.7 m/s 条件下，不管是全尘还是呼吸性粉尘，3 号喷嘴降尘效率最好，2 号喷嘴降尘效率次之，1 号喷嘴的降尘效率最差。当巷道风速增加到 2.0 m/s 时，不同供气压力下全尘的降尘效率分别为 80.76%、87.82%、87.51%；呼吸性粉尘的降尘效率分别为79.22%、86.93%、86.81%。对比两图我们发现，3 号喷嘴的降尘效率略高于 2 号喷嘴的降尘效率，明显高于 1 号喷嘴的降尘效率，这是因为当供气压力增大时，气动喷嘴受到风速的影响就会变小，供气压力越大，受风速影响越小。因此，为了研究巷道风速对降尘效率的影响，得到最佳的喷嘴耦合方式，作出图 3-48。

由图 3-48 可以看出，随着风速的增大，不管是全尘还是呼吸性粉尘，降尘效率都逐渐降低。当供气压力为 0.45 MPa 时，随着风速从 1.1 m/s 增加到 2.0 m/s，全尘的降尘效率分别为 87.23%、85.66%、83.52%，80.76%；呼吸性粉尘的降尘效率分别为 87.62%、85.28%、82.87%，79.22%。随着风速的增加，降尘效率呈现出降低的趋势。当气压为 0.55 MPa 和气压为 0.45、0.55 MPa 混合两种条件下，降尘效率仍然随着风速的增加而减小。

对比相同供气压力、不同风速条件下的降尘效率我们发现，当供气压力为 0.45 MPa时，全尘的降尘效率降低了 6.47%，呼吸性粉尘的降尘效率降低了

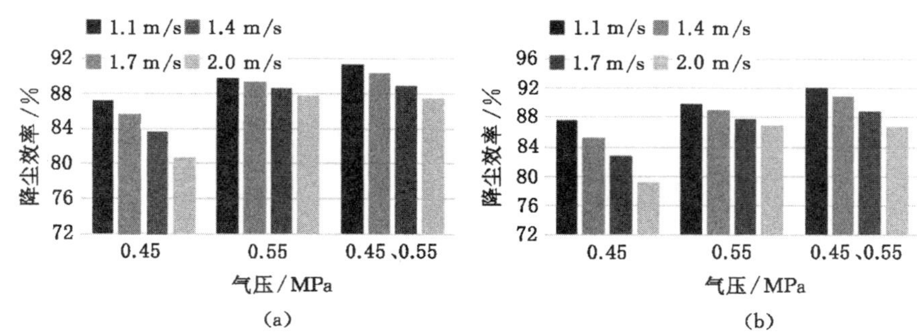

图 3-48　不同风速与降尘效率关系

(a) 全尘;(b) 呼吸性粉尘

8.4%,降低幅度分别为 7.41%和 9.18%;当气压为 0.55 MPa 时,全尘降尘效率降低了 1.95%,呼吸性粉尘的降尘效率降低了 2.88%,降低幅度分别为 2.17%和 3.21%;当气压为 0.45 MPa 和 0.55 MPa 混合时,全尘和呼吸性粉尘的降尘效率分别降低 3.9%和 5.3%,降低幅度分别为 4.27%和 5.75%。由此可以看出,气压为0.45 MPa 的气动螺旋耦合喷雾降尘效率受到风速的影响最大,混合气压次之,气压为 0.55 MPa 的喷雾降尘效率受到风速的影响最小。同时,在实验过程中发现,呼吸性粉尘的降尘效率降低幅度大于全尘降尘效率降低幅度,说明呼吸性粉尘受到风速的影响较大。

3.4　综采工作面多气动喷嘴螺旋耦合控尘实验研究

3.4.1　综采工作面联合降尘相似实验

(1) 相似原理说明

力学相似是指原型流动与模型流动在对应点上对应物理量都应该有一定的比例关系。力学相似包括几何相似、运动相似和动力相似三个方面。如果原型流动与模型流动力学相似,那么必然有许许多多的比例尺,如果我们用一一检查比例尺的方法去判断两个流动是否力学相似,工作量太大,而且烦琐复杂,那么我们就要确定判断相似的新方法。事实上,判断相似的标准可用相似准则,下面将根据相似原理进行相似准则数的推导。

(2) 相似准则数的导出与简化

详见 2.1.2。

(3) 模型的建立与实验方案

相似系数为实验模型的相关参数与实际工况中的相关参数之间的比例系数。为使本书建立的相似实验模型更具代表性以及准确性，选择韩家洼煤矿 22205 工作面实际尺寸作为原型，根据相似第一定理和第二定理的描述，所有的 π 项均是不变的，相似系统中相似指标大小为 1，结合相似定理中相关公式可以得到不同的量纲参数的相似系数表达式。模型与原型比例为 1∶2 设计相似实验条件与模型尺寸。相似模型实物图如图 3-49 所示，模拟工作面实验平台如图 3-50 所示。

图 3-49　相似模型实物图

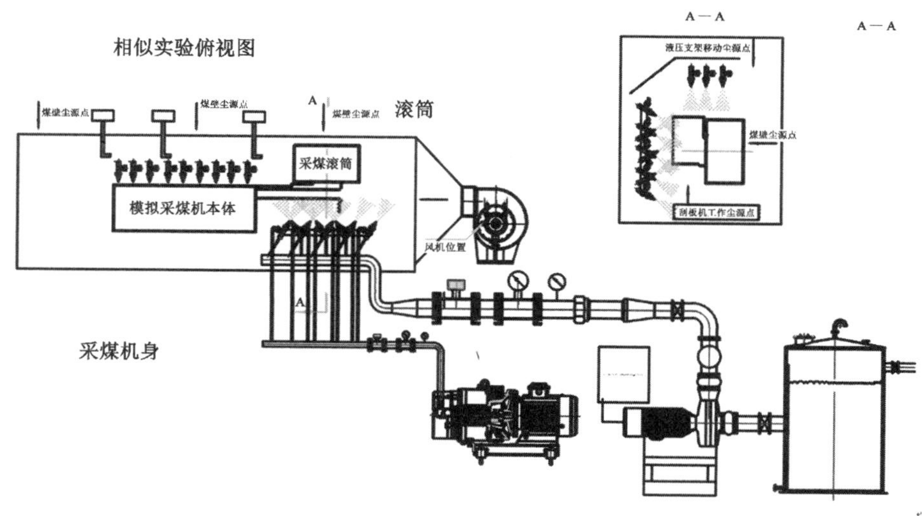

图 3-50　模拟工作面实验平台

实验测试所用仪器与使用方法在前文已经介绍，这里不再赘述，模拟巷道供风装置如图 3-51 所示。

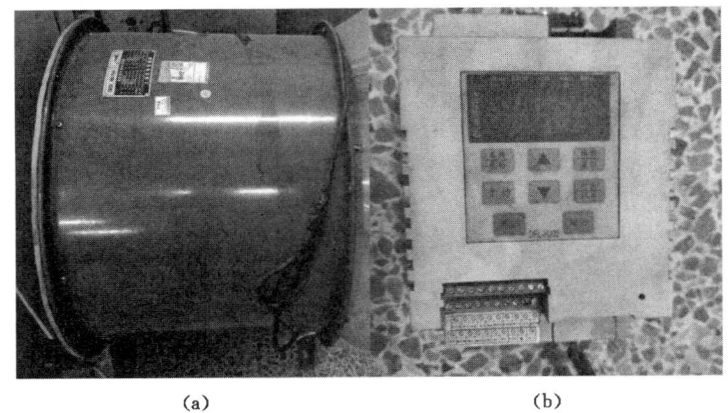

(a)　　　　　　　　(b)

图 3-51　模拟巷道供风装置

(a) 巷道风机;(b) 矢量变频器

打开电源开关,启动空气压缩机、水泵、调整矢量变频器,控制气压和水压输出强度至实验工况,保持输出稳定时,开启发尘器风机和巷道风机,开始测量数据。喷雾系统安装方案如图 3-52 所示。

设置 1、2 、3 、4 四个测尘点,高度选择呼吸带设置测尘点。同时开启支架移动尘源点与滚筒割煤尘源点,根据相似原理,模型中的风速是实际风速的两倍,使用变频器将巷道风速调节到 2.74 m/s,等风流和尘源发尘稳定时开始对煤尘进行采样,打开电源开关,启动空气压缩机、水泵,调整矢量变频器,控制气压和水压输出强度至实验工况,保持输出稳定时,开启发尘器风机、巷道风机,开始测量数据。每种工况取样三次,取平均值后整理成表格。

实验方案:

① 不开启任何降尘喷雾措施测量煤尘浓度;

② 支架多混合喷嘴平行耦合喷雾降尘效率测试;

③ 支架喷雾与采煤机喷雾联合使用降尘效率测试。

测试点布置如图 3-53 所示。

3.4.2　相似实验结果与讨论

在两种风速条件下测定四个测尘点的粉尘浓度,依据实验数据计算各测尘点开启降尘设备后的降尘效率,整理成表格。当巷道风速为 2.74 m/s 时,各测尘点开启不同降尘设备后的降尘效率如表 3-25 至表 3-27 所示。

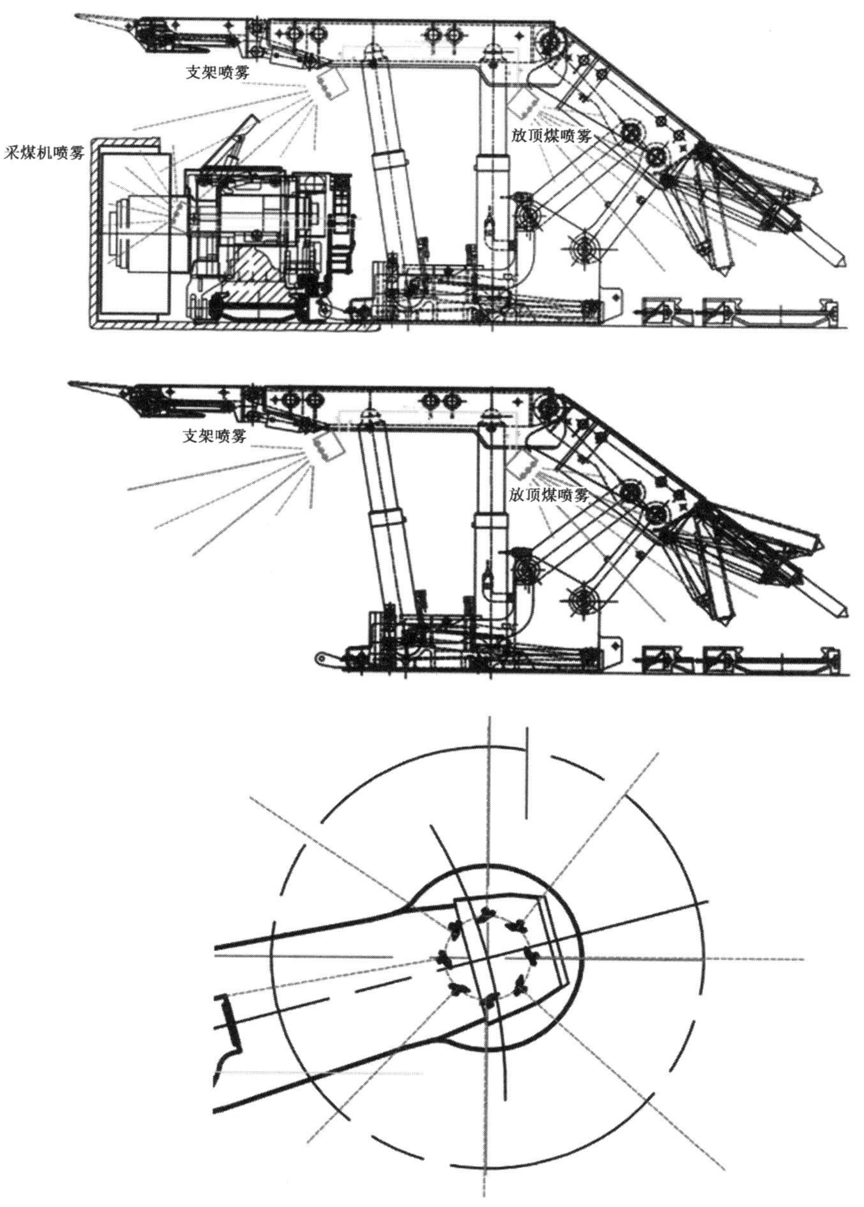

图 3-52　喷雾系统安装位置示意图

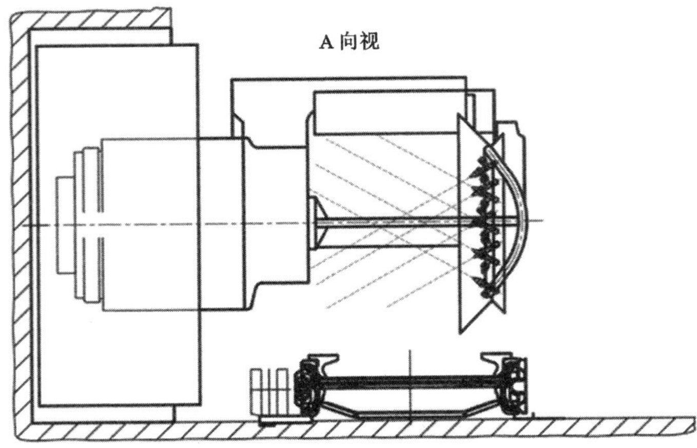

图 3-52 （续）

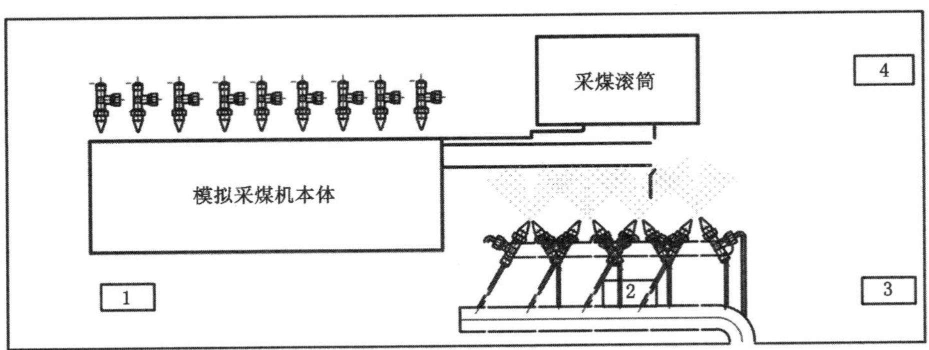

图 3-53 测试点布置

表 3-25 风速为 2.74 m/s 时支架喷雾开启的降尘效率

测点	全尘			呼吸性粉尘		
	喷雾前粉尘浓度/(mg·m^{-3})	喷雾后粉尘浓度/(mg·m^{-3})	降尘效率/%	喷雾前粉尘浓度/(mg·m^{-3})	喷雾后粉尘浓度/(mg·m^{-3})	降尘效率/%
测点 1	134.57	15.60	88.41	71.32	9.57	86.58
测点 2	161.29	46.16	71.38	75.81	22.48	70.34
测点 3	180.44	66.83	62.96	75.78	30.38	59.91
测点 4	286.53	130.34	54.51	157.59	72.68	53.88

表 3-26　风速为 2.74 m/s 时滚筒喷雾开启的降尘效率

测点	全尘			呼吸性粉尘		
	喷雾前粉尘浓度/(mg·m^{-3})	喷雾后粉尘浓度/(mg·m^{-3})	降尘效率/%	喷雾前粉尘浓度/(mg·m^{-3})	喷雾后粉尘浓度/(mg·m^{-3})	降尘效率/%
测点 1	130.53	93.45	28.41	52.21	37.24	28.67
测点 2	170.97	93.38	45.38	82.07	46.61	43.21
测点 3	198.48	89.40	54.96	101.22	48.90	51.69
测点 4	289.40	62.19	78.51	144.70	32.93	77.24

表 3-27　风速为 2.74 m/s 时双喷雾开启的降尘效率

测点	全尘			呼吸性粉尘		
	喷雾前粉尘浓度/(mg·m^{-3})	喷雾后粉尘浓度/(mg·m^{-3})	降尘效率/%	喷雾前粉尘浓度/(mg·m^{-3})	喷雾后粉尘浓度/(mg·m^{-3})	降尘效率/%
测点 1	139.95	7.82	94.41	71.37	2.78	96.11
测点 2	172.43	7.97	95.38	68.97	1.90	97.25
测点 3	188.48	11.38	93.96	101.78	3.16	96.90
测点 4	306.59	26.03	91.51	125.70	10.29	91.81

在单独开启支架混合平行耦合喷雾时，测试点 1 的降尘效率为88.41%，说明由滚筒割煤产生的煤尘只有一小部分逆着工作面风流方向向采煤机机身中部的人行道上扩散，测试点 4 位于刮板机垂直上方的呼吸带高度，由于支架喷雾不能完全覆盖滚筒产生的煤尘，所以测点 4 的降尘效率只有 54.51%，是四个测试点中降尘效率最低的。

单独开启滚筒螺旋耦合喷雾情况下，由于旋转雾幕只覆盖了滚筒及滚筒附近小范围，测试点 4 的降尘效率达到了 78.51%，测点 4 的煤尘主要由两部分组成，主要部分是来自滚筒割煤产生，这部分煤尘已经被滚筒喷雾所控制，其余部分来自于支架移动，尤其是滚筒喷雾没有覆盖到的煤尘，简介说明了人行道附近的煤尘很少向滚筒方向移动。同时测点 1 的降尘效率最低仅有 28.41%，这说明滚筒喷雾对于上风向采煤机中部的煤尘几乎没有控制作用，仅仅依靠大粒径的煤尘自然沉降，所以降尘效率很低。测点 2、3 只有 45.38%和 54.96%的降尘效率，说明滚筒仅仅控制滚筒产尘对周围煤尘的控制作用很有限。

在联合使用支架和滚筒喷雾的时候可以看到四个测尘点的降尘效率都达到了 90%，这说明支架喷雾可以降低支架移动及风流中的煤尘，滚筒喷雾可以控制住滚筒割煤产生的煤尘，两者配合可以很好地治理煤尘，拥有较好的效果。

对开启支架喷雾和滚筒喷雾的情况下，按照模型的大小和雾化参数的设定进行数值模拟，得到的水雾颗粒的轨迹图，如图 3-54 所示。

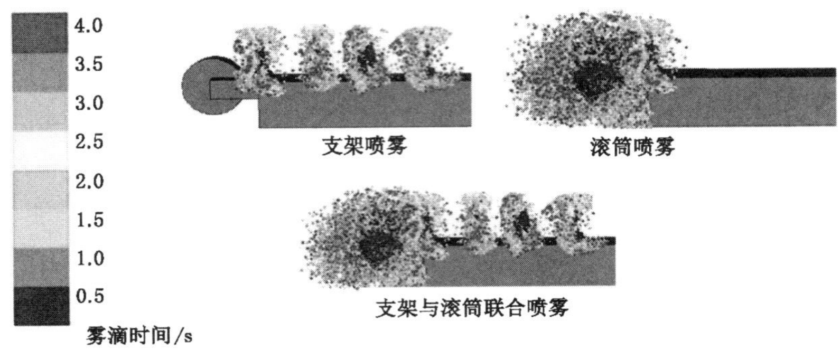

图 3-54　雾滴轨迹

由于工作面的风流速度会有变化，喷雾降尘的效率会受到风流速度的影响，本次实验在其他发尘条件不变的情况下，改变模拟巷道的风速为 4.22 m/s，旨在测试这套降尘系统在抗风流干扰的能力。测试结果整理成表 3-28 至表 3-30。

表 3-28　风速为 4.22 m/s 时支架喷雾开启的降尘效率

测点	全尘			呼吸性粉尘		
	喷雾前粉尘浓度 /(mg·m^{-3})	喷雾后粉尘浓度 /(mg·m^{-3})	降尘效率 /%	喷雾前粉尘浓度 /(mg·m^{-3})	喷雾后粉尘浓度 /(mg·m^{-3})	降尘效率 /%
测点 1	140.03	24.90	82.22	64.19	11.95	81.39
测点 2	164.52	55.72	66.13	70.50	24.38	65.42
测点 3	182.24	72.09	60.44	81.84	33.79	58.71
测点 4	296.34	138.92	53.12	165.47	80.77	51.19

表 3-29　风速为 4.22 m/s 时滚筒喷雾开启的降尘效率

测点	全尘			呼吸性粉尘		
	喷雾前粉尘浓度 /(mg·m^{-3})	喷雾后粉尘浓度 /(mg·m^{-3})	降尘效率 /%	喷雾前粉尘浓度 /(mg·m^{-3})	喷雾后粉尘浓度 /(mg·m^{-3})	降尘效率 /%
测点 1	124.03	95.70	22.84	46.99	36.34	22.66
测点 2	184.65	112.43	39.11	87.81	54.02	38.48
测点 3	204.43	96.37	52.86	104.38	51.48	50.68
测点 4	286.51	69.73	76.01	141.81	34.91	75.38

表 3-30　风速为 4.22 m/s 时双喷雾开启的降尘效率

测点	全尘			呼吸性粉尘		
	喷雾前粉尘浓度/(mg·m^{-3})	喷雾后粉尘浓度/(mg·m^{-3})	降尘效率/%	喷雾前粉尘浓度/(mg·m^{-3})	喷雾后粉尘浓度/(mg·m^{-3})	降尘效率/%
测点 1	132.95	13.71	89.69	75.65	6.58	91.30
测点 2	184.05	20.87	88.66	71.04	6.10	91.42
测点 3	182.83	16.20	91.14	100.76	5.08	94.96
测点 4	285.13	29.43	89.68	134.50	14.51	89.21

经过对风流速度增加后的降尘效率的对比，可以发现，在增加模拟工作面风流速度的时候，煤尘逸散规律变化不大，在双喷雾开启时对于全尘的降低效率保持在 88%以上，对于呼吸性粉尘降低效率最低的测点 4 也接近 90%的效率，在干扰风流增加的情况下，降尘效率降低幅度很小，符合设计预期，证明此测试系统具有抗风流干扰性。因此采煤工作面合理的耦合方式联合布置气动喷嘴，可以有效降低煤尘污染并控制煤尘扩散，显著改善综采工作面的工作环境。

第4章 超音速螺旋气动雾化技术研究

4.1 超音速螺旋气动雾化降尘技术概述

超音速螺旋气动雾化喷头结构如图 4-1 所示。为实现超音速螺旋气动雾化降尘，首先是要产生高速螺旋气流。为此拉瓦尔喷管通道的设计能保证当高压气流由 A_1 段通过时，因为喷管截面变窄，气压增大，导致气流被不断加速。加速的气流进入拉瓦尔喷管喉部时，喷管截面骤然加宽，由于此时气流速度已加速至超音速状态，气体分子之间的强排斥力使得分子间距增大，气体的压力能迅速转化为动能，使得气流进一步加速，此时会在喷嘴出气口衍射出相对真空，形成

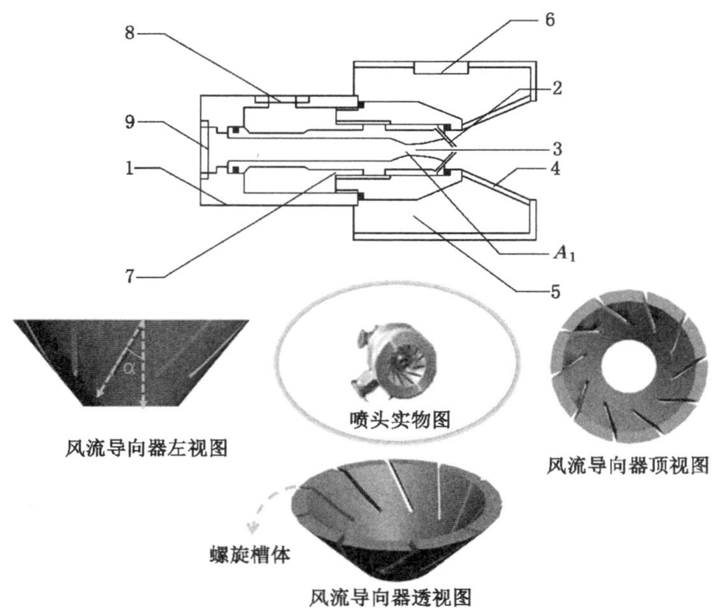

1—外壳；2—汲水探针；3—拉瓦尔喷管；4—气流导向器；5—气体室；6—侧入气口；
7—储水腔；8—入气口；9—主入气口。

图 4-1 超音速螺旋气动雾化喷头结构

负压。另一方面喷嘴的气流导向器上具有与锥形壁面轴向一定角度环形均匀排列的凹槽，当高压气流经过凹槽喷射时，会提供多股环形与轴向的剪切力。多股环形高压气流与喷嘴出气口处的负压共同作用，形成螺旋气流。

当水流经过探针进入超音速气流场时，会瞬间被断裂成纳米级别的雾滴，并被超音速气流场带出，受到螺旋气流的冲击，此时雾滴会随螺旋气流的作用运动状态发生变化，从而形成螺旋前进的雾幕，由于螺旋气流场的作用，雾滴会被再次撕裂，形成粒径更小的雾滴，增强雾滴捕获粉尘的能力，从而达到降尘目的。

4.2　超音速螺旋气动雾化数值模拟

4.2.1　超音速螺旋气动雾化数值模型建立

基于COMSOL软件，采用CFD数值模拟研究了对不同旋转槽体角度下的螺旋风流场规律及雾化粒子特性分布规律，为螺旋喷嘴降尘技术提供理论依据。

（1）物理模型

物理模型由喷嘴风流导向器与外接大气两部分组成，利用COMSOL内置软件按1∶1绘制风流导向器，如图4-2所示，该装置由吹风管、螺旋槽体、锥形壁面三部分组成。其中吹风管半径为0.001 m，长度为0.01 m，锥形壁面顶半径为0.016 m，底面半径为0.005 m，高度为0.015 m，8个螺旋槽体与锥形壁面以一定角度均匀分布，槽体深度为0.015 m，宽度为0.012 m。为获得雾场螺旋效果，需外接大气以研究其空间分布，绘制圆柱体气柱，半径为0.5 m，长度为1 m。

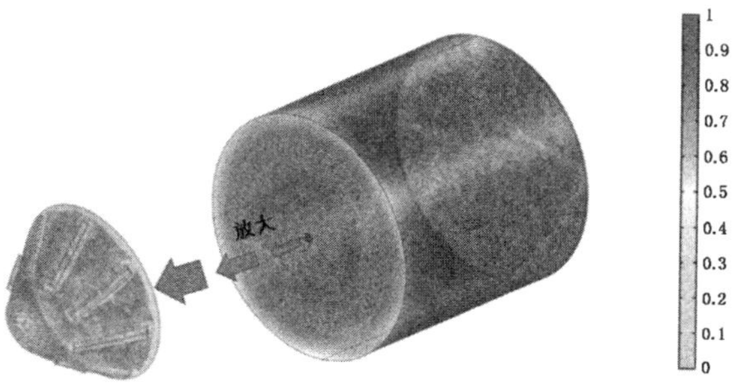

图4-2　网格划分与超细化

（2）数学模型

① 湍流模型

风流场数值模拟采用标准 k-ε 湍流模型，该模型对逆压梯度流场的计算有较高的精度。螺旋喷雾控尘技术的雷诺数较大，惯性力对流场的影响远大于流体的黏滞力，流体在流动过程中较不稳定，流速的微小变化会不断地增强，导致紊乱不规则流动，因此采用 k-ε 湍流模型进行计算。

② 曳力模型

气体与粉尘粒子接触相互作用，即遵循曳力模型。

③ 液滴破碎粒子追踪模型

粒子受力遵循 Stokes 方程、K-H 模型半径控制方程。

(3) 模型条件设定

按照模型参数进行模拟设置，模拟中边界条件所设定的参数值如表 4-1 所示。

表 4-1　边界条件和参数值

参数名称	参数设定
入口风速/($m\cdot s^{-1}$)	50
螺旋槽体入口风速/($m\cdot s^{-1}$)	50
出口压力/Pa	0
空气密度/($kg\cdot m^{-3}$)	1.25
连续相动力黏度/($Pa\cdot s^{-1}$)	1.8×10^{-5}
气体分子扩散系数/($m^2\cdot s^{-1}$)	2×10^{-5}
颗粒自身密度/($g\cdot cm^{-3}$)	1.33
入口粒子数/个	1 000

4.2.2　螺旋气动雾化模拟结果与分析

基于上述物理模型及条件设定，利用 CFD 软件对相同条件下、不同角度螺旋槽体风流场进行模拟，如图 4-3 所示。

从图 4-3 可知，螺旋槽与锥形壁面夹角 α 分别为 10°、20°、30°时，经过螺旋槽体喷射的高压气体与进风管处气流发生耦合，随着夹角 α 的增加，侧路气流对主路气流影响增强，y 轴上风流导向器边缘处的气流速度明显增加，中心处高速螺旋气流带速度、宽度逐渐增加。当夹角 α 为 30°时，随着 α 的增大，侧路风流对中间气流冲击作用增强，可以看出风流导向器由中心的高速螺旋气流带速度、宽度降低，边缘处气流开始出现紊乱。

当 $\alpha=30°$时，可以直观地看出高速风流均匀分布，耦合效果最佳，风流导向器中心的高速螺旋气流带速度、宽度相对于夹角 α 为其他角度时有着明显

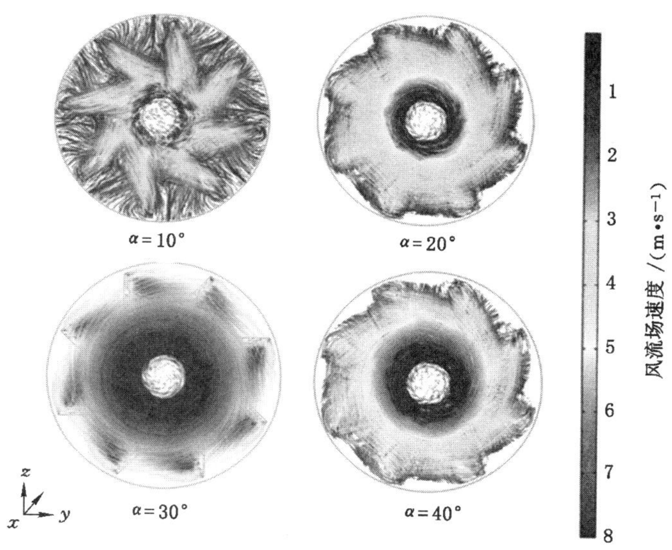

图 4-3　不同角度数值模拟结果(速度)

地增加，且边缘处形成的螺旋气流也保持较高的速度。在 $\alpha=30°$ 为前提下，对风流导向器顶面直径与高度比 d 对螺旋风流的影响进行了模拟研究如图 4-4 所示。

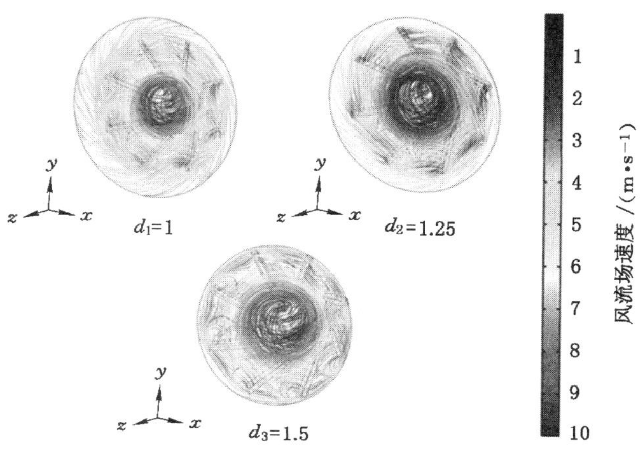

图 4-4　实验仪器、实验过程及验证结果

如图 4-4 所示，当 $d_1=1$ 时，螺旋槽体进入的高压气体对中间喷射风流影响

程度不高，高速螺旋气流主要集中在中间的出风口附近。当 $d_2=1.25$ 时，侧面风流与中间风流耦合程度最佳，气流混合均匀，中间高速螺旋风流带及边缘处风流速度最大。当 $d_3=1.5$ 时，气流耦合效果下降，风流导向器边缘风流带速度开始下降。这说明当 $\alpha=30°$、$d_2=1.25$ 时，通过风流导向器的高速气流耦合效果最佳。

为更好地观察喷雾的运动状态，特将喷嘴处雾滴粒子放大处理。如图 4-5 螺旋喷雾粒子三维点轨迹图所示，当 $\alpha=30°$、$d_1=1.25$ 时，雾滴粒子主要集中在水平轴线上，受到高速螺旋气流场的带动作用，雾滴随之螺旋喷出，加强了雾滴的破碎、覆盖面积与捕尘性能。

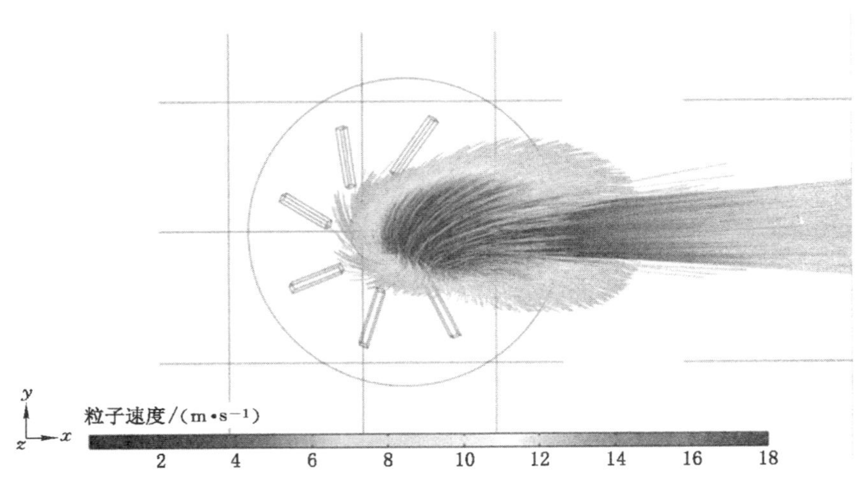

图 4-5　螺旋喷雾粒子三维点轨迹图

4.3　螺旋气动雾化除尘技术实验

4.3.1　最佳压力比测定实验

为佐证模拟结果准确性，验证超音速螺旋气动雾化喷头对呼吸性煤尘的高效降尘特性，开展了与超声波干雾抑尘的隔尘对比实验。实验中发现主入气口与侧面入气口压力比对喷雾螺旋效果及雾化角有着重要影响，为研究二者之间的关系，特引用一无量量纲 W，即 $W=F_1/F_2$。F_1、F_2 分别表示主入气口与侧入气口压力。如图 4-6 所示，搭建主、侧气路最佳压力比测定实验平台，测量仪器包括：气泵、压力罐、稳压阀、压力表和螺旋喷头等。

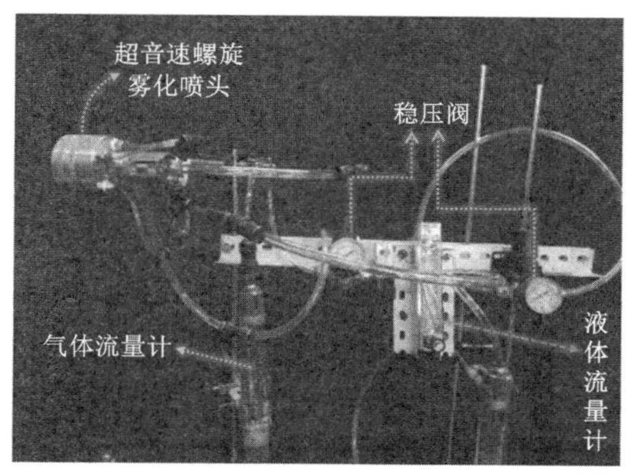

图 4-6　主、侧气路最佳压力比测定实验平台

本实验采取单一控制变量法，气压由压力罐提供，经稳压阀调控主气路压力分别为 0.3 MPa、0.4 MPa、0.5 MPa，通过调节侧面气路压力试验测量主、侧气路不同压力比下喷雾螺旋效果与雾化角变化，试验测定结果如图 4-7 所示。为更好地观察喷雾螺旋效果，特将螺旋喷头垂直置于开孔透明观察箱内，试验结果如图 4-8 所示。

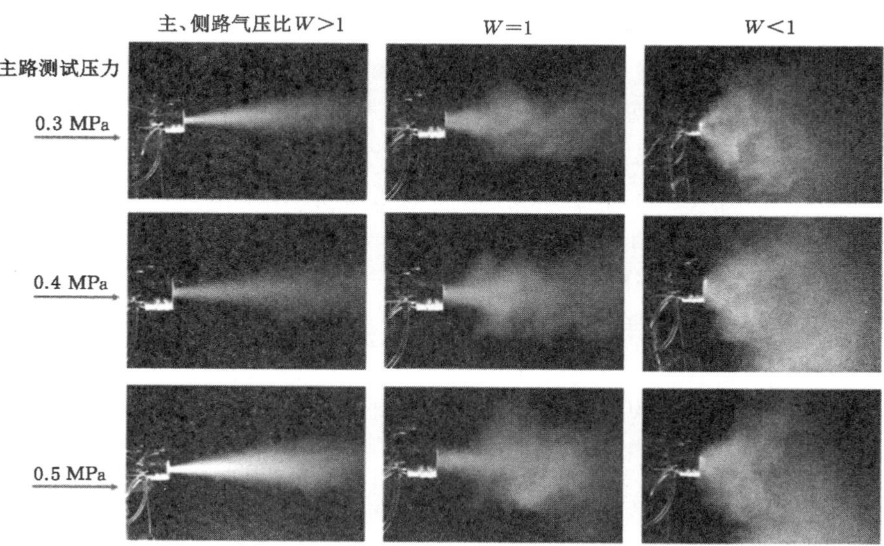

图 4-7　主、侧气路压力比喷雾效果

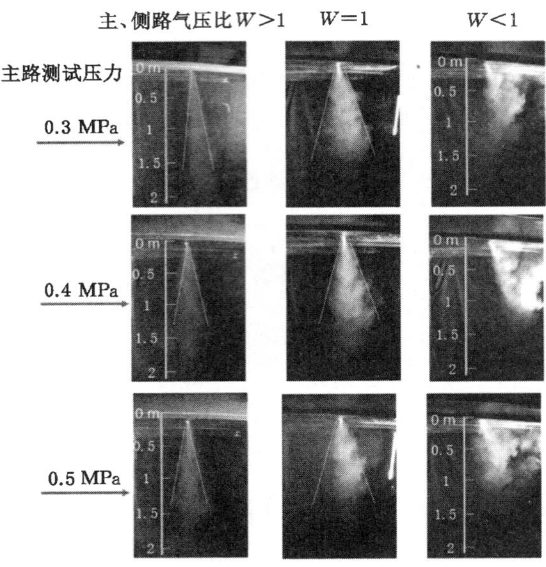

图 4-8 透明箱体内主、侧路压力比喷雾效果

由图 4-7、图 4-8 试验结果可知：

① 当 $W=1$ 时，此时明显看出螺旋气动雾化喷头喷雾由上而下螺旋喷射时，喷雾除尘覆盖范围最大。当 $W>1$ 时，随着 W 的增大，雾化角度逐渐减小。当 $W<1$ 时，随着 W 的增大，即侧路气压逐渐大于主路气压时，喷雾由喷嘴喷出时开始出现紊乱，呈不规则、无规律的散射，且由于侧路气压过高，对主气路的冲击作用，极大地削弱了喷雾的动能，喷雾射程急速缩减。

② 当 $W=1$ 时，随着主、侧气路压力的增大，雾化角及喷雾螺旋效果变化较小，可视为压力对喷雾螺旋效果的影响不大。

4.3.2 螺旋气动雾化降尘实验

(1) 实验系统

为研究螺旋气动雾化喷头降尘性能，搭建螺旋气动雾化降尘实验平台，如图 4-9 所示。实验仪器有：水箱、过滤器、水路胶管、气泵、储气罐、控制阀、气体稳压阀、压力表、气路胶管、螺旋气动雾化喷头、自制发尘器、煤粉采集器、开孔透明隔尘箱。

(2) 实验步骤

实验分为二组，每组称取一定质量的烘干煤粉，调整自制发尘器，使其持续均匀发尘。

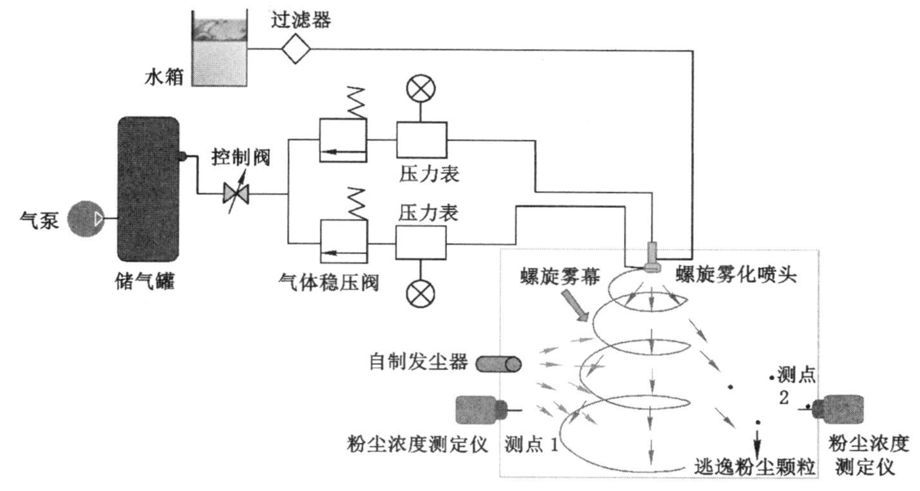

图 4-9　螺旋气动雾化降尘实验平台

第一组：由图 4-7、图 4-8 实验结果分析可知，主、侧路气压对喷雾螺旋效果影响较小，故可取中间压力值 0.4 MPa 进行隔尘实验。测量发尘过程开始3 min 内测量测点 1、2 处粉尘浓度，测量间隔为 1 min，如图 4-10 所示。测量完毕后将主、侧气路压力比调节至 $W>1$ 和 $W<1$ 继续测定。

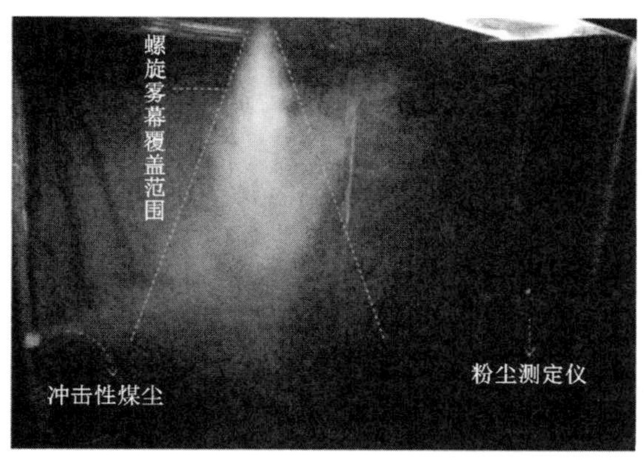

图 4-10　螺旋喷雾隔尘效率实验

第二组：将超音速螺旋喷头固定，开启喷雾。测量发尘过程开始 3 min 内测量测点 1、2 处粉尘浓度，测量间隔为 1 min。

4.3.3 降尘对比实验结果及分析

绘制多种喷头降尘不同测点粉尘浓度的变化图如图4-11所示，由图中数据对比可知：

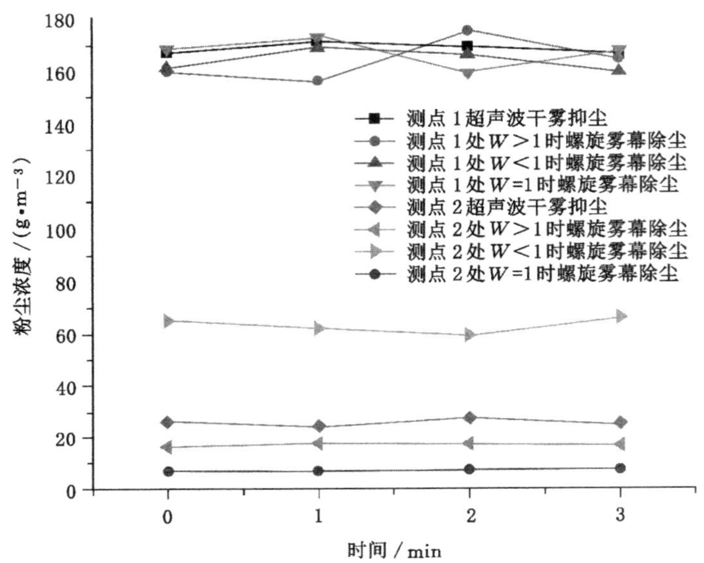

图4-11 多种喷头降尘不同测点粉尘浓度变化图

① 测点1处粉尘浓度始终保持在150 mg/m^3～170 mg/m^{3}之间，波动较小，可取平均值作为粉尘初始浓度。

② 由测点2处粉尘浓度变化可知，选择最优化螺旋喷头（螺旋槽体与锥形壁面成30°，顶面直径与高度比例为1∶1.25），当主、侧气路压力比W不同时，喷雾效果区别明显。当$W>1$时，测点2处螺旋气动雾化喷头处粉尘浓度约为17.1 mg/m^3，而超声波干雾抑尘喷头处粉尘浓度在25.9 mg/m^{3}左右，二者都能有效降低粉尘浓度，降尘能力相差不大。当$W<1$时，由于侧面压力过大，仅靠四散喷雾捕尘煤尘，测点2螺旋气动雾化喷头处粉尘浓度保持在62.8 mg/m^{3}左右，降尘能力差。当$W=1$时，螺旋喷雾的粉尘浓度曲线一直处于超声波喷雾粉尘浓度曲线下方，这说明了当$W=1$时，螺旋喷雾不论是降尘速度还是降尘能力要优于超声波喷雾。

③ 单位时间内，当$W=1$（气压为0.4 MPa）时，最优螺旋气动雾化除尘与超声波干雾抑尘粉尘逃逸浓度分别为7.3 mg/m^3、25.95 mg/m^3。计算得出二者降尘效率分别为95.64%，84.61%。这也再次验证了螺旋喷头除尘性能要远高

于传统喷头。

表 4-2　两种喷雾降尘效率实验数据表

除尘方式	测点 1 处 粉尘浓度/($mg \cdot m^{-3}$)	测点 2 处 粉尘浓度/($mg \cdot m^{-3}$)	隔尘效率/%
超声波干雾抑尘	168.595	25.95	84.61
螺旋喷雾	167.3	7.3	95.64

④ 由图 4-8、图 4-10 可以看出螺旋气流带动喷雾使之呈螺旋状自上而下喷射形成螺旋雾幕，在粉尘冲击螺旋雾幕时，能将煤尘隔绝在雾幕一侧，有效地阻止了粉尘的传播，这也与数值模拟里喷雾粒子螺旋前进相吻合，验证了数值模拟的准确性。

第三篇

螺旋气动雾化控尘技术的工业应用研究

第 5 章　应用场所粉尘运移规律扩散特性分析

5.1　采煤工作面粉尘运移规律扩散特性分析

5.1.1　采煤工作面粉尘运移规律模型建立

本节通过对综采工作面采煤机在顺风、逆风两种状态下割煤过程的数值模拟，得出一整套综采工作面顺风与逆风割煤两种状态下煤尘浓度变化规律及影响因素。旨在考察刮板机运行速度、煤尘含水率以及工作面风速对于采煤机滚筒割煤、支架移动、刮板机运输产生煤尘的影响，通过对数值模拟结果的对比分析，得出综采面割煤情况下粉尘浓度受工作面风速、煤尘含水率、刮板机运行速度、煤壁是否湿润等影响因素下煤尘的分布规律。根据第 2 章工作面测定的数据，按照 22205 工作面的结构建立综采面模型，选用动网格来解决采煤机滚动和刮板机移动对煤尘产生的影响，旨在以 22205 综采工作面为例，为其他综采工作面喷雾降尘措施的选取提供依据。

(1) 连续相流场的数学模型

① 湍流模型

在井下巷道中湍流运动状态是风流的主要存在形式，因此综采工作面的湍流运动状态对煤尘的扩散规律有重要的影响，因此这里介绍湍流运动方程。

根据实验发现当 R_e 小于临界值时，风流较稳定，通常把这种风流定义为层流，当 R_e 高于临界值时，流体规律不明显，流动较复杂，我们把这种状态叫作湍流。在三维坐标系下，用 $\boldsymbol{u}$、$\boldsymbol{v}$ 和 $\boldsymbol{w}$ 表示在 x、y、z 三个坐标轴下的速度矢量分量，方程为：

$$\begin{cases}\dfrac{\partial \boldsymbol{u}}{\partial t}+\operatorname{div}(\boldsymbol{u}\bar{\boldsymbol{u}})=-\dfrac{1}{\rho}\dfrac{\partial p}{\partial x}+V\cdot\operatorname{div}(\operatorname{grad}\boldsymbol{u})\\ \dfrac{\partial \boldsymbol{v}}{\partial t}+\operatorname{div}(\boldsymbol{v}\bar{\boldsymbol{u}})=-\dfrac{1}{\rho}\dfrac{\partial p}{\partial y}+V\cdot\operatorname{div}(\operatorname{grad}\boldsymbol{v})\\ \dfrac{\partial \boldsymbol{w}}{\partial t}+\operatorname{div}(\boldsymbol{w}\bar{\boldsymbol{u}})=-\dfrac{1}{\rho}\dfrac{\partial p}{\partial z}+V\cdot\operatorname{div}(\operatorname{grad}\boldsymbol{w})\end{cases}\tag{5-1}$$

其中：

$$\text{grad}\ \boldsymbol{a}=\frac{\partial \boldsymbol{a}}{\partial x}+\frac{\partial \boldsymbol{a}}{\partial y}+\frac{\partial \boldsymbol{a}}{\partial z} \tag{5-2}$$

式中 V——运动黏性系数，m^2/s；

p——流体微元体上的压力，Pa。

使用 Reynolds 平均法(雷诺平均方程)计算可以考虑到脉动这一因素，即变量 ϕ 的时间平均值可以表示成：

$$\overline{\phi}=\frac{1}{\Delta t}\int_{t}^{t+\Delta t}\phi(t)\mathrm{d}t \tag{5-3}$$

$$\phi=\overline{\phi}+\phi' \tag{5-4}$$

式中 ϕ——瞬时值；

$\overline{\phi}$——时均值；

ϕ'——脉动值。

如果用时均值和脉动值之和代替瞬时值，即：

$$\boldsymbol{u}=\overline{\boldsymbol{u}}+\boldsymbol{u}' \quad \boldsymbol{v}=\overline{\boldsymbol{v}}+\boldsymbol{v}' \quad \boldsymbol{w}=\overline{\boldsymbol{w}}+\boldsymbol{w}' \quad p=\overline{p}+p' \tag{5-5}$$

将式(5-5)代入式(5-1)、(5-2)中，可以得到以下两个方程。

连续方程：

$$\frac{\partial}{\partial x_i}(\rho \boldsymbol{u}_i)=0 \tag{5-6}$$

式中 ρ——气体密度，km/m^3；

$\boldsymbol{u}_i$——气体速度矢量。

动量方程(N-S 方程)：

$$\frac{\partial}{\partial x_j}(\rho \boldsymbol{u}_i \boldsymbol{u}_j)=-\frac{\partial}{\partial x_j}\left(\rho\frac{\partial \boldsymbol{u}_i}{\partial x_j}-\rho\overline{\boldsymbol{u}_i{}'\boldsymbol{u}_j{}'}\right) \tag{5-7}$$

式中 x_j——x、y、z 方向上的坐标，m；

$\boldsymbol{u}_i$——气体在 x，y，z 方向上的速度，m/s；

μ——动力黏性系数，Pa・s。

② 标准 k-ε 方程模型

在 20 世纪首次提出了标准 k-ε 方程模型，到目前为止标准 k-ε 模型的应用依然特别广泛出现在湍流数值模拟中，在计算颗粒相的过程中，可以通过动量相方程和连续相方程以及双尺度的湍流方程组表示，其中湍动能耗散率 ε 被定义为：

$$\varepsilon=\frac{\mu}{\rho}\overline{\left(\frac{\partial \boldsymbol{u}_i{}'}{\partial x_{\mathrm{k}}}\right)\left(\frac{\partial \boldsymbol{u}_i{}'}{\partial x_{\mathrm{k}}}\right)} \tag{5-8}$$

湍流动力黏度系数 μ_t 是 k 和 ε 的函数，即：

$$\mu_t = \rho C_\mu \frac{k^2}{\varepsilon} \tag{5-9}$$

式中　ρ——气体密度，kg/m^3；

C_μ——经验常数；

k——湍动能，m^2/s^2；

ε——湍动能耗散率，m^2/s^3。

标准 k-ε 模型需要知道 k 和 ε 这两个量大小，运输方程可以表示为：

$$\frac{\partial(\rho\varepsilon \boldsymbol{u}_i)}{\partial x_j} = \frac{\partial}{\partial x_j}\left[\left(\mu + \frac{\mu_t}{\sigma_k}\right)\frac{\partial k}{\partial x_j}\right] + G_k + G_b - \rho\varepsilon - Y_M + S_k \tag{5-10}$$

$$\frac{\partial(\rho\varepsilon \boldsymbol{u}_i)}{\partial x_j} = \frac{\partial}{\partial x_j}\left[\left(\mu + \frac{\mu_t}{\sigma_\varepsilon}\right)\frac{\partial \varepsilon}{\partial x_j}\right] + G_{1\varepsilon}\frac{\varepsilon}{k}(G_K + G_{3\varepsilon}G_b) - G_{2\varepsilon}\rho\frac{\varepsilon^2}{k} + S_\varepsilon \tag{5-11}$$

式中　G_k——由平均速度梯度引起的湍流动能的产生项；

G_b——由于浮力引起的湍流动能产生项；

Y_M——可压湍流中脉动扩张的贡献；

$G_{1\varepsilon}$，$G_{2\varepsilon}$，$G_{3\varepsilon}$——经验常数；

σ_k、σ_ε——湍流动能 k 和耗散率 ε 对应的 Prandtl 数；

S_k、S_ε——用户自定义的项源。

当流体为稳态不可压缩，不考虑用户自定义源项时，$G_b=0$，$G_{3\varepsilon}=0$，$Y_M=0$，$S_k=0$，$S_\varepsilon=0$。这时标准的 k-ε 模型变为：

$$\frac{\partial(\rho\varepsilon \boldsymbol{u}_i)}{\partial x_j} = \frac{\partial}{\partial x_j}\left[\left(\mu + \frac{\mu_t}{\sigma_k}\right)\frac{\partial k}{\partial x_j}\right] + G_k - \rho\varepsilon \tag{5-12}$$

$$\frac{\partial(\rho\varepsilon \boldsymbol{u}_i)}{\partial x_j} = \frac{\partial}{\partial x_j}\left[\left(\mu + \frac{\mu_t}{\sigma_\varepsilon}\right)\frac{\partial \varepsilon}{\partial x_j}\right] + G_{1\varepsilon}\frac{\varepsilon}{k}G_k - G_{2\varepsilon}\rho\frac{\varepsilon^2}{k} \tag{5-13}$$

其中：

$$G_k = \mu_t \frac{\partial \boldsymbol{u}_i}{\partial x_j}\left(\frac{\partial \boldsymbol{u}_i}{\partial x_j} + \frac{\partial \boldsymbol{u}_j}{\partial x_i}\right)$$

由实验数据及理论推导得到 $G_{1\varepsilon}=1.44$，$G_{2\varepsilon}=1.92$，$\sigma_k=1.0$，$\sigma_\varepsilon=1.3$。

③ 三大守恒方程

基于最基本的流体力学理论，运动中的流体要遵循三大定律，动量守恒定律、质量守恒定律以及能量守恒定律：

a. 动量方程

由牛顿第二定律得：

$$\frac{\partial(\rho u_x)}{\partial t} + \nabla\cdot(\rho u_x \boldsymbol{u}) = -\frac{\partial p}{\partial x} + \frac{\partial}{\partial x} + \frac{\partial \tau_{yx}}{\partial y} + \frac{\partial \tau_{zx}}{\partial z} + \rho f_x$$

$$\frac{\partial(\rho u_y)}{\partial t}+\nabla\cdot(\rho u_y\boldsymbol{u})=-\frac{\partial p}{\partial y}+\frac{\partial\tau_{xy}}{\partial x}+\frac{\partial\tau_{yy}}{\partial y}+\frac{\partial y}{\partial z}+\rho f_y$$

$$\frac{\partial(\rho u_z)}{\partial t}+\nabla\cdot(\rho u_z\boldsymbol{u})=-\frac{\partial p}{\partial x}+\frac{\partial\tau_{xz}}{\partial x}+\frac{\partial\tau_{yz}}{\partial y}+\frac{\partial\tau_{zz}}{\partial z}+\rho f_z \tag{5-14}$$

式中 p——表面压强,Pa;

u_x、u_y、u_z——速度分量,m/s;

τ_{xx}、τ_{xy}、τ_{xz}——黏性应力,N;

f_x、f_y、f_z——单位质量力,m/s^2。

b. 质量守恒方程

该方程的微分方程见式(5-15)所示:

$$\frac{\partial\rho}{\partial t}+\frac{\partial\rho(u_x)}{\partial x}+\frac{\partial\rho(u_y)}{\partial y}+\frac{\partial\rho(u_z)}{\partial z}=0 \tag{5-15}$$

式中 ρ——流体密度,kg/m^3。

c. 能量方程

由热力学第一定律得:

$$\frac{\partial(\rho E)}{\partial t}+\nabla\cdot[\boldsymbol{u}(\rho E+p)]=\nabla\cdot\left[k_{\mathrm{eff}}\nabla T-\sum_j h_j J_j+(\tau_{\mathrm{eff}}\cdot\boldsymbol{u})\right]+S_{\mathrm{h}} \tag{5-16}$$

式中 E——单位质量流体的内能、动能和势能之和总能,$E=h-p/\rho+u^2/2$,J/kg;

h_j——组分 j 的焓,J/kg;

k_{eff}——有效热传导系数,$k_{\mathrm{eff}}=k+k_{\mathrm{t}}$;

k_{t}——湍流热传导系数;

J_j——组分 j 的扩散通量;

S_{h}——体积热源项。

(2) 离散相的数学模型

① 离散相颗粒模型

离散粉尘颗粒上受到的合力,在基于拉格朗日坐标系下的运动方程可以表示为[144]:

$$\frac{\mathrm{d}u_{\mathrm{p}}}{\mathrm{d}t}=F_{\mathrm{D}}(u-u_{\mathrm{p}})+g_x(\rho_{\mathrm{p}}-\rho)/\rho_{\mathrm{p}}+F_x \tag{5-17}$$

其中:

$$F_{\mathrm{D}}=\frac{18\mu}{\rho_{\mathrm{p}}D_{\mathrm{p}}^2}\frac{C_{\mathrm{D}}Re}{24} \tag{5-18}$$

式中 u——连续相速度,m/s;

u_p——颗粒速度，m/s；

μ——流体的分子黏性系数，Pa·s；

ρ、ρ_p——流体与颗粒的密度，kg/m^3；

D_p——颗粒的直径，m。

Re 表示雷诺数，定义为：

$$Re = \frac{\rho D_p \mid u_p - u \mid}{\mu} \tag{5-19}$$

根据实验可以得出光滑的球形粉尘颗粒的阻力系数 C_D 的确定方法：

$$C_D = \frac{24}{Re}(1 + b_1 Re^{b_2}) + \frac{b_3 Re}{b_4 + Re} \tag{5-20}$$

形状因子用 $\varphi = s/S$ 表示，其中，S：粉尘颗粒的表面积，m^2；s：粉尘颗粒的等效表面积（与粉尘颗粒同体积小球的表面积），m^2。

式子（5-20）中的四个参数表示为：

$$b_1 = 2.328\,8 - 6.458\,1\varphi + 2.448\,6\varphi^2 \tag{5-21}$$

$$b_2 = 0.096\,4 + 0.556\,5\varphi \tag{5-22}$$

$$b_3 = 4.905 - 13.894\,4\varphi + 18.422\,2\varphi^2 - 10.259\,9\varphi^3 \tag{5-23}$$

$$b_4 = 1.468\,1 + 12.258\,4\varphi - 20.730\,0\varphi^2 + 15.885\,5\varphi^3 \tag{5-24}$$

② 曳力系数

在本节数值模拟的过程中用到了 Syamlal 和 O'brien 曳力模型[145]、Wen 曳力模型及 Hill-Koch-Ladd 曳力模型。下边将分别介绍这几个模型：

Syamlal 和 O'brien 曳力模型：

Syamlal 和 O'brien 的曳力模型来自速度空隙率和单颗粒曳力模型的推导，其两相流动量交换表达式为：

$$K_{sf} = \frac{3\alpha_s \alpha_f \rho_f}{4 v_{r,s}^2 d_s} C_D\left(\frac{Re_s}{v_{r,s}}\right) \mid \boldsymbol{v}_{\mathbf{p}} - \boldsymbol{v}_{\mathbf{s}} \mid \tag{5-25}$$

其中单颗粒曳力系数为：

$$C_D = \left(0.63 + \frac{4.8}{\sqrt{\dfrac{Re_s}{v_{r,s}}}}\right)^2 \tag{5-26}$$

$$Re_s = \frac{\rho_f d_s \mu \mid \boldsymbol{v}_{\mathbf{s}} - \boldsymbol{v}_{\mathbf{f}} \mid}{\mu_f} \tag{5-27}$$

末速度 $v_{r,s}$ 根据速度空隙率提出。

$$v_{r,s} = 0.5(A - 0.06 Re_s - \sqrt{0.003\,6 Re_s^2 + 0.12 Re_s(2B - A) + A^2}) \tag{5-28}$$

$$A = \alpha_f^{4.14} \tag{5-29}$$

$$B = C_1 \alpha_f^{1.28} \tag{5-30}$$

$$B = \alpha_f^{C_2} \tag{5-31}$$

Wen 曳力模型适用于稀薄的两相流，方程为：

$$K_{sf} = \frac{3\alpha_s \alpha_f \rho_f}{4d_s} C_D \mid \boldsymbol{v}_s - \boldsymbol{v}_f \mid \alpha_f^{-2.65} \tag{5-32}$$

C_D 根据 L.Schiller 和 A.Naumann 的单球体曳力模型得来：

$$C_D = \frac{24}{\alpha_f Re_s}[1 + 0.15(\alpha_f Re_s)^{0.687}] \tag{5-33}$$

当 $\alpha_f > 0.8$ 时，Wen 曳力模型适用于稀薄的两相流；当 $\alpha_f \leqslant 0.8$ 时，Wen 曳力模型适用于稠密两相流，其方程为：

$$K_{sf} = 150 \frac{\alpha_s(1-\alpha_f)\mu_f}{\alpha_f d_s^2} + 1.75 \frac{\rho_f \alpha_s \mid \boldsymbol{v}_s - \boldsymbol{v}_f \mid}{d_s} \tag{5-34}$$

在粉尘不受阻力的影响下，提出曳力系数方程：

$$K_{sf} = \frac{3\alpha_s \rho_f}{4d_s} C_D \mid \boldsymbol{v}_s - \boldsymbol{v}_f \mid f(\alpha_f) \tag{5-35}$$

$$f(\alpha_f) = \alpha_f^{-\beta} \tag{5-36}$$

$$\beta = C_1 - C_2 \exp[-\frac{(1.5 - \log_{10}(Re_s))^2}{2}] \tag{5-37}$$

$$C_1 = 3.7 \text{ 和 } C_2 = 0.65 \tag{5-38}$$

③ Hill-Koch-Ladd 曳力模型：

Hill 为了更加精确得到气固两相流的数值模拟结果，依据玻尔兹曼构建曳力模型，它的方程为：

$$K_{sf} = 18\mu_f(1-\alpha_s)^2 \alpha_s \frac{F}{d_s} \tag{5-39}$$

$$Re_s = \frac{\rho_f \alpha_f d_s \mid \boldsymbol{v}_s - \boldsymbol{v}_f \mid}{2\mu_f} \tag{5-40}$$

$$F = 1 + \frac{3}{8} Re_s \tag{5-41}$$

$$F = F_0 + F_1 Re_s^2 \tag{5-42}$$

$$F = F_2 + F_3 Re_s \begin{cases} \alpha_s \leqslant 0.01 & Re_s \leqslant \dfrac{F_2 - 1}{\dfrac{3}{8} - F_3} \\ \alpha_s > 0.01 & Re_s \leqslant \dfrac{F_3 + \sqrt{F_3^2 - 4F_1(F_0 - F_2)}}{2F_1} \end{cases} \tag{5-43}$$

$$F_0=\begin{cases}(1-\omega)\left[\dfrac{1+3\sqrt{\alpha_s/2}+\dfrac{135}{64}\alpha_s\ln(\alpha_s)+17.14\alpha_s}{1+0.681\alpha_s-8.48\alpha_s^2+8.16\alpha_s^3}\right] & \\ +\omega\left[10\dfrac{\alpha_s}{(1-\alpha_s)^3}\right] & 0.01<\alpha_s<0.4 \\ 10\dfrac{\alpha_s}{(1-\alpha_s)^3} & \alpha_s\geqslant 0.4\end{cases} \tag{5-44}$$

$$F_1=\begin{cases}\dfrac{\sqrt{\dfrac{2}{\alpha_s}}}{40} & 0.01<\alpha_s\leqslant 0.1 \\ 0.11+0.000\,54\exp(11.6\alpha_s) & \alpha_s>0.1\end{cases} \tag{5-45}$$

$$F_2=\begin{cases}\left[\dfrac{1+3\sqrt{\alpha_s/2}+\dfrac{135}{64}\alpha_s\ln(\alpha_s)+17.14\alpha_s}{1+0.681\alpha_s-8.48\alpha_s^2+8.16\alpha_s^3}\right] & \\ +\omega\left[10\dfrac{\alpha_s}{(1-\alpha_s)^3}\right] & 0.01<\alpha_s<0.4 \\ 10\dfrac{\alpha_s}{(1-\alpha_s)^3} & \alpha_s\geqslant 0.4\end{cases} \tag{5-46}$$

$$F_3=\begin{cases}0.935\,1\alpha_s+0.036\,67 & \alpha_s<0.095\,3 \\ 0.067\,3+0.212\,1\alpha_s+\dfrac{0.023\,2}{(1-\alpha_s)^5} & \alpha_s\geqslant 0.095\,3\end{cases} \tag{5-47}$$

$$\omega=\exp\left(-10\frac{0.4-\alpha_s}{\alpha_s}\right) \tag{5-48}$$

模型中把粉尘的形状看作球体并且忽略了粉尘的粒度分布。可以把 Syamlal 和 O'Brien 曳力系数做如下的简化：

计算 Archimedes 数(阿基米德数)：

$$Ar=\frac{d_s^3\rho_f(\rho_s-\rho_f)g}{\mu_f^2} \tag{5-49}$$

计算单颗粒临界沉降速度的 Reynolds 数：

$$Re_{ts}=\left[\frac{\sqrt{4.8^2+5.52\dfrac{\sqrt{4Ar}}{3}}-4.8}{1.26}\right]^2 \tag{5-50}$$

临界沉降速率可以通过单颗粒运动与多颗粒耦合计算得出：

$$v_r=\left[\frac{A+0.6BRe_{ts}}{1+0.06BRe_{ts}}\right] \tag{5-51}$$

式中，$A=\alpha_f^{4.14}$；$B=C_1\alpha_f^{1.28}$；$B=\alpha_f^{C_2}$ 。

粉尘流动启动临界条件的 Reynolds 数可以通过(5-52)计算得出：

$$Re_t = Re_{ts} v_r \tag{5-52}$$

(3) 近壁处理

当颗粒碰撞壁面时，阻尼力和弹性力同时作用在颗粒运动的法向上，分别为方程(5-53)右边第二项和第一项，利用如下公式计算法向上受力：

$$F_{nw,ij} = -(k_{nw,i}\delta_{n,ij})n_i - \eta_{nw,i}(U_{ij} \cdot n_i)n_i \tag{5-53}$$

式中 $\delta_{n,ij}$——法向相对位移，m；

$k_{nw,i}$——颗粒-壁面法向弹性系数；

$\eta_{nw,i}$——阻尼系数；

n_i——颗粒 i 法向的单位矢量；

U_{ij}——颗粒 j 和 i 的相对速度矢量。

当尘粒与壁面碰撞时，假设壁面静止不动，此时，尘粒相对速度为：

$$U_{ij} = U_i \tag{5-54}$$

法向相对位移 δ_n 为：

$$\delta_n = R_i - |(xyz_i - xyz_w) \cdot n| \tag{5-55}$$

与法向力的计算过程相似，颗粒-壁面碰撞的切向力 $F_{tw,ij}$ 的计算公式为：

$$F_{tw,ij} = -k_{tw,i}\delta_{t,ij} - \eta_{t,i}U_{tw,ij} \tag{5-56}$$

粉尘与壁面碰撞点处尘粒的滑移速度计算公式为：

$$v_{tw,ij} = U_{ij} - (U_{ij} \cdot n)n + L_i\omega_i \times n \tag{5-57}$$

颗粒与壁面碰撞的法向弹性系数为：

$$k_n = \frac{4\sqrt{2R_i}}{\sqrt{\dfrac{1-\sigma_s^2}{E_s} + \dfrac{1-\sigma_w^2}{E_w}}} \tag{5-58}$$

切向弹性系数为：

$$k_1 = \frac{8\sqrt{R_i}E_s}{2(2-\sigma_s)(1+\sigma_s)}\delta_n^{1/2} \tag{5-59}$$

阻尼系数为：

$$\eta = a_n(mk_n)^{1/2}\delta_n^{1/4} \tag{5-60}$$

(4) 几何模型的建立及网格的生成

① 模型建立概述

为了对实际问题进行模拟分析，需要建立一个相近模型来近似代替实际工程问题，因此我们不需要完全按照工程实际情况建立模型，而是保证实际问题的主要特征，一些对计算结果影响不大的细微特征我们可以忽略，这样做既可以保证模拟结果达到实际工程所需要的精度，又可以大大降低计算时间。

② 几何模型的建立

22205 工作面为两巷布置，22205 运输顺槽兼进风巷，22205 回风顺槽兼轨道运料巷，工作面走向长度平均 878.3 m，切眼长 150 m，工作面推进方式为后退式。

工作面布置液压支架 102 架，其中机头端头支架 1 架，机头布置过渡支架 3 架，机尾布置过渡支架 3 架，中间架 95 架。

由于采煤机为型号 MG300/700-WD，最大截深为 630 mm，考虑到放顶煤步距，确定循环进度为 600 mm，采煤机参数如表 5-1 所示。采煤机达到正常截割深度(0.6 m)后，从机尾向机头方向正规割煤滞后煤机 3～4.5 m，移架滞后煤机 15～20 m，按从机尾向机头方向推移前部刮板输送机至煤壁，推成一条直线后，采煤机从机尾向机头的方向割透运输顺槽处煤壁，返刀割透三角煤，完成第一刀。采煤机从头部端头斜切进刀，到距运输顺槽 30 m 处，采煤机达到正常截割深度(0.6 m)，采煤机向机尾方向割煤滞后煤机 3～4.5 m，移架滞后煤机 15～20 m，推前部刮板输送机，推成一条直线后，采煤机从机尾向机头方向割透回风顺槽处煤壁，返刀割透三角煤，完成第二刀。

表 5-1　采煤机参数

型号	MG300/700-WD
采高	1.8～3.7 m
滚筒直径	ϕ1 800 mm
截深	0.63 m
牵引速度	7.28～12 m/min
牵引力	300～500 kN
电压	1 140 V
装机功率	截割电动机功率：2×300 kW 牵引电动机功率：2×40 kW 油泵电动机功率：18.5 kW

在充分解了采煤工作面的布置情况以后，如果按照原有布置情况建立物理模型，会带来巨大的计算量，影响计算速度，在充分考虑各个设备几何模型对于数值模拟的影响大小的情况下，以保持计算结果几乎不受影响为前提，同时又兼顾模型观赏性，对综采工作面做了一些简化。首先将工作面的形状简化为多边形，对其他设备的简化如下文所示：

a. 综采工作面整体简化

由于液压支架后方空间较小而且对粉尘流动的影响很小，因此液压支架后方空间不予考虑，将综采工作面空间视为在长方体（长×宽×高：150.0 m×3.0 m×7.0 m）的基础上扣掉液压支架后方空间的一个体积模型，电缆槽将巷道分为人行道空间和溜子道空间。

b. 采煤机简化

在满足采煤机外表对于工作面风流及煤尘规律不产生影响的情况下，把采煤机外部结构以及采煤机的摇臂近似看作是长方体，采煤机的滚筒用直径1 800 mm、高 630 mm 的圆柱体代替。在本文要求的精度范围内，采煤机机体表面情况对风流、粉尘的分布规律影响不大，并且采煤机机体外形结构复杂，采取将其简化为长方体的方案。

c. 液压支架简化

支架顶梁和底座、刮板机、煤壁等简化为平面边界，液压支柱简化为有一定倾斜角度的长方体。液压之间的支柱用两根圆柱代替。

根据以上简化规则对 22205 工作面的布置情况做一些简化，可以设定工作面割煤用电牵引采煤机的长度为 13 m、液压支架间距为 2 m、采煤工作面高度为 3 m 左右、综采面底板距顶板距离 3 m 左右。煤尘的产生主要是由于采煤机割煤、支架的移动及刮板机运煤这三个尘源点产生。右侧巷道为工作面入风口，距离工作面入口 50 m 处是采煤机的简化模型。采煤机沿着风流方向的第二筒为后滚筒，主要采底煤，在一个滚筒右侧三个支架的距离开始移动液压支架，支架移动的煤尘主要由这部分发出，第二个滚筒为前滚筒，采高处煤。前滚筒的最左侧边缘为坐标 $x=50$ m 处，此模型为顺风采煤时煤尘的逸散模型。为了让模拟更加真实，工作面入口的风流中含有微量煤尘和岩尘混合物，靠近煤壁的方向有刮板机，刮板机的表面设置为动态网格，用来模拟刮板机运煤时对于工作面风流以及煤尘运移的影响。综采面的模型如图 5-1 所示。

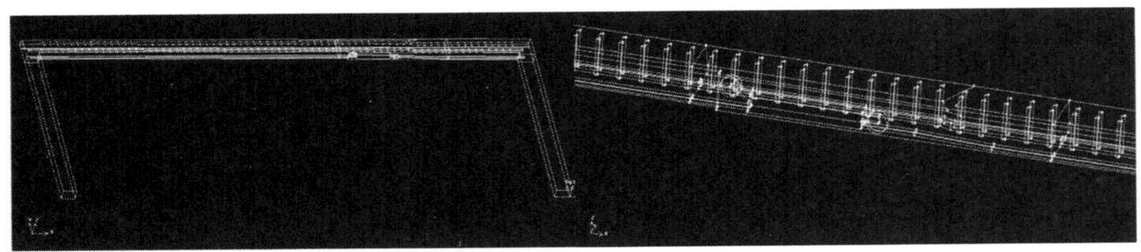

图 5-1　综采工作面模型

③ 网格的划分

计算流体力学中的网格，一般被认为是流场区域内所有点的集合。在相互连通但不叠加的区域内进行流体的模拟计算，网格设置的好坏（网格的质量）就显得尤为重要。因此，想要模拟出高效真实的结果就必须设置出与所求算法相匹配的网格[146]。一般情况下把网格分为两大类，即非结构化与结构化网格。结构化网格即网格所属的区域内存在相互毗邻的节点，通过某个已知节点的信息就可以很快推算出相邻节点的信息。因此，在计算过程中，依据简单的算法，用一部分储存起来的节点信息，就可以推算出其他节点的信息，这样很大程度上节约了存储空间和时间，因此，结构化网格结构简单，制作快，质量高。利用样条函数进行插值拟合，易得光滑的计算区域，这比较符合工程实际的要求。由于结构化网格的使用范围受到限制，只能计算简单的区域，所以其主要被应用于解决结构简单的工程问题。非结构化网格即网格所在范围存在相互不毗邻的网格。流场中包含不规则的节点，通过某个已知节点的信息去推算附近节点的信息很难，所以，非结构化网格比结构化网格复杂得多，其需要存储更多的信息[147]，需要更长的计算时间，因此非结构化网格会降低求解的精度及黏性导体边界层流动的精确性[148]，然而其自适应性又很强。图 5-2 表示常用 2D 网格和 3D 网络单元。

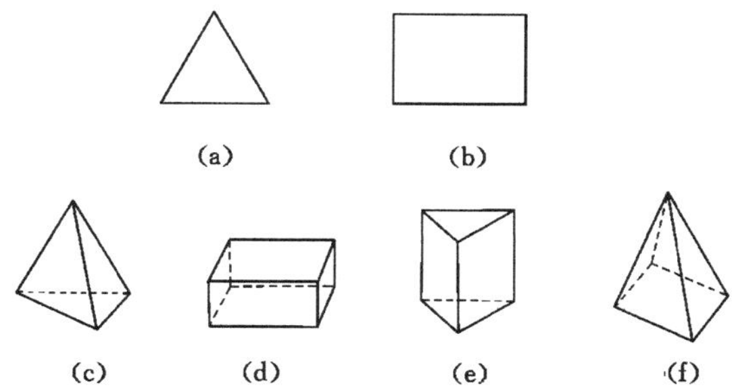

图 5-2　常用 2D 网格和 3D 网格单元

(a) 三角形；(b) 四边形；(c) 四面体；(d) 六面体；(e) 五面体(棱柱)；(f) 五面体(金字塔)

常用 2D 网格和 3D 网格单元对工程实际问题进行研究，首先需要设定一个简化的计算区域，设计出的网格与这个计算区域相适应，这样既能够节约计算机资源，又能够缩短计算时间，同时还需要确保通过这样的网格模拟出的结果达到工程实际问题的精度要求，于是设计网格时，应该遵从以下三点原则[148]：

a. 网格的设计要简单，越简单的网格计算速度越快，而太复杂的网络会导致计算结果的不稳定。

b. 网格中的节点布局要合理，网格节点布置的稠密，可以提高模拟结果的真实性，但是又会使计算变得更加复杂，增加等待模拟结果的时间。网格节点布置的稀疏，可以降低计算的复杂程度，减少等待模拟结果的时间，但是会大大降低模拟结果真实性，与实际结果相差很大。

c. 网格节点之间连接的越平滑，计算结果越真实，因此我们布置的网格节点要使网格形状变化不大。

结合各个计算域对于计算精度和计算量的不同，本文将综采工作面网格分为五个编号为 1～5 号，如图 5-3 所示，其中 1 号和 5 号区域由于计算域比较规整，因此设置为结构六面体网格，网格尺寸设定为 300，2 号、3 号、4 号计算区域由于液压支柱、刮板机、采煤机滚筒和液压支架等复杂结构，计算较为复杂，因此设定为非结构四面体网格，网格尺寸分别为 200、200 和 300。三维网格示意图如图 5-4 所示。

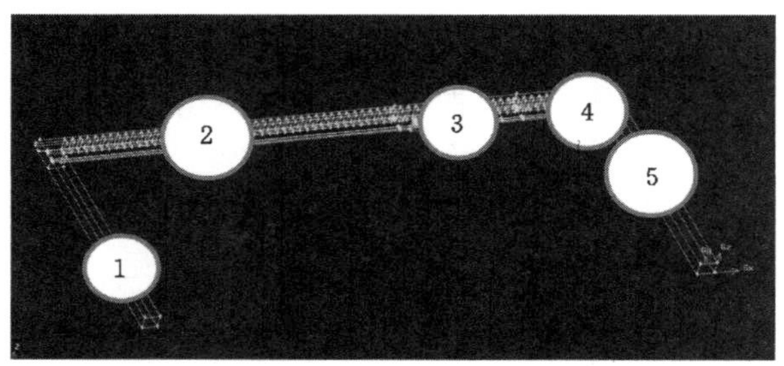

图 5-3　综采面模型计算区域网格划分

通过上述对于各个空间网格的设置，总网格数分别为 1 943 578 个，其中最小单元 $1.305\ 733\times10^{-10}$，最大单元 0.931 039，网格分布稳定，计算较为准确。测定结果如图 5-5 所示。

图 5-4　三维网格示意图

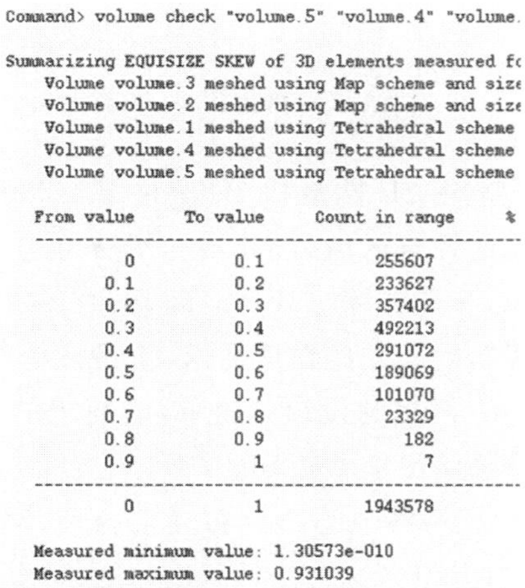

```
Command> volume check "volume.5" "volume.4" "volume.

Summarizing EQUISIZE SKEW of 3D elements measured fc
    Volume volume.3 meshed using Map scheme and size
    Volume volume.2 meshed using Map scheme and size
    Volume volume.1 meshed using Tetrahedral scheme
    Volume volume.4 meshed using Tetrahedral scheme
    Volume volume.5 meshed using Tetrahedral scheme

  From value     To value     Count in range     %
  ------------------------------------------------
        0           0.1          255607
      0.1           0.2          233627
      0.2           0.3          357402
      0.3           0.4          492213
      0.4           0.5          291072
      0.5           0.6          189069
      0.6           0.7          101070
      0.7           0.8           23329
      0.8           0.9             182
      0.9             1               7
  ------------------------------------------------
        0             1         1943578

  Measured minimum value: 1.30573e-010
  Measured maximum value: 0.931039
```

图 5-5　网格测定结果

(5) 边界条件的设定

① 连续相边界条件的设定

根据上一节对于综采工作面相关参数的测定情况，本文模拟所涉及到的边界条件，操作条件，以及模型设定的设置如表 5-2 至表 5-4 所示。

表 5-2　边界条件设定表

边界条件	设定
入口类型	速度入口
入口速度大小/($m \cdot s^{-1}$)	1.0～3.0
水力直径/m	3.75
出口边界	自由出口

表 5-3　操作条件设定表

操作条件	设定
操作压力/MPa	0.101 325
重力加速度/($m \cdot s^{-2}$)	x　0 y　0 z　−9.8
空气密度/($kg \cdot m^{-3}$)	1.225
空气黏度/($Pa \cdot s$)	0.000 018
粉尘密度/($kg \cdot m^{-3}$)	2 133
速压格式	SIMPLEC
压力离散化格式	标准
离散化格式	二阶迎风

表 5-4　模型设定表

模型	设定
求解器	离散求解器 隐式
湍流模型	非稳态 k-ε 方程模型
能量方程	开启
离散相模型	开启

这里的水力直径可以通过以下公式给出：

$$d_{H}=4\frac{A}{S} \tag{5-61}$$

式中 A——流体断面面积，m^2；

S——接触周长，m；

湍流强度可以通过以下的公式给出：

$$I=\frac{v'}{\bar{v}}=0.16(Re_{H})^{-\frac{1}{8}} \tag{5-62}$$

式中 v'——湍流脉动速度，m/s；

$\bar{v}$——湍流平均速度，m/s；

Re_{H}——Reynolds 数。

② 离散相边界条件的设定

面对复杂的粉尘颗粒，需要了解粉尘的主要特征，一些对计算结果影响不大的细微特征我们可以忽略，这样既可以简化计算，又可以正确的展现出粉尘的运移规律。我们做出如下假设：

a. 视粉尘颗粒为球形

粉尘颗粒并不是我们通常所想象的球状颗粒，他们是一些无规则体，还有一些为锁链状，目前对一些不规则粉尘颗粒的研究较少，再加上我们这里主要研究的是粉尘的扩散和沉降规律，所以这里把粉尘颗粒近似的看作是球体，并且可以用一个等效直径来描述粉尘的大小。

b. 粉尘喷射的初速度

割煤开始的时刻，转动产生的破坏力是煤体破碎的主要原因，在破碎的过程中会产生大量的粉尘，同时在滚筒割煤的作用下，工作面表面的粉尘也会由于震动的作用被激起，这是一个相当复杂的过程，这里我们不考虑滚筒割煤激起的粉尘相互之间的作用力，只是假设粉尘喷出的速度和方向按照经验公式给出的函数来设定，已经通过 UDF 编程并且嵌入到 FLUENT 中。

c. 忽略粉尘颗粒之间的部分作用力

滚筒割煤激起的粉尘，相互之间会发生一些作用力，例如碰撞后的凝聚，破碎，相互之间的摩擦产生的电荷，以及带电粉尘之间的作用，还有煤尘的一些吸附作用，这些作用力微乎其微，在这里可以我们将其忽略不计。

d. 滚筒割煤时煤尘稳定喷出

由于滚筒转动破坏煤体的过程瞬间完成，滚筒的转动速度变化很小，对于煤体的破坏过程中，近似看作是连续性的产尘，这里假设从采煤机滚筒发生转动的时刻开始，粉尘是在一定时间内稳定的喷出，喷出的粉尘向周围的空气扩散污染，表 5-5 和表 5-6 所列出的主要参数对粉尘的扩散影响较大。

表 5-5　粉尘源参数设置表

喷射源参数	参数设定
喷射源类型	面源/组源
材质	自定义材料
粒径分布	R-R 分布
最小粒径/m	1.0×10^{-6}
最大粒径/m	3.02×10^{-5}
特征径/m	$1.255\ 3\times10^{-4}$
分布指数	1.546 6
质量流率/($kg\cdot s^{-1}$)	120
湍流扩散模型	随机轨道模型
跟踪次数	500 000
积分尺度	0.16

表 5-6　影响粉尘粒子运移的主要因素

粒子参数	参数描述
ρ_p	等效体积密度/($kg\cdot m^{-3}$)
D_p	颗粒的等效直径/m
M_p	单个粒子的质量/kg
v_p	粒子运动速度/($m\cdot s^{-1}$)

综采工作面采煤机工作的过程中，由于需要各个机械之间的配合，发尘情况也较为复杂，主要包括采煤机在运行过程中前后滚筒割煤动作产生煤尘，液压支架在移动过程中产生大量的煤尘以及刮板机在运煤时产生煤尘，本模型根据各个工序的产尘量，结合各个尘源点的发尘规律设置了不同类型的尘源产生。

③ 动网格的使用

采煤机器的滚筒是综采工作面煤尘的主要来源，由于模型采高不大，滚筒的转动问题不能轻易忽略掉，本书在建立数学模型的时候，为了更真实地模拟出滚筒割煤过程的煤尘发尘过程，滚筒模型用动网格模型代替以往的静态模型，对于滚筒采用弹性光顺与局部重构相结合的非结构化动网格技术，把滚筒周围的计算域一分为二：一部分网格在随滚筒一起转动的时候不会发生形变；另一部分是可变形网格，这种网格虽然建立网格时会更加耗费时间，同时也会大大增加计算的复杂程度，但是可以很好地模拟出滚筒割煤的产尘过程。

④ 面尘源

对于滚轮表面和刮板机使用的面尘源点，发尘量与尘源的角度结合测试情况，通过函数拟合的方式采用 UDF 函数控制。

⑤ 组尘源

在液压支架移动过程中，模拟支架下落、移动、抬起等动作所产生煤尘，整个过程在 30 s 左右完成，依据各个时间节点，分别布置不同的组尘源点。

在分布指数及特征径的计算方面，粉尘颗粒分布的拟合一般可以利用线性插值方法确定每组射流喷射尘粒的大小，但是在社会高速发展的今天，大型采场（如大型工作面）采取更加有效的拟合方法，即应用 R-R 分布对粉尘粒径进行拟合[149]。此种拟合方法是把粉尘粒子的粒径区间分成若干离散的组，单个粒子射流表示单个分组。这里我们将全尘颗粒直径分组与各分组直径累计概率的数据整理如表 5-7 所示。

表 5-7　全尘粒径分布质量分数表

粒径/μm	体积概率	累计概率	粒径/μm	体积概率	累计概率
0.43	0.5	0.50%	37.79	7.14	41.74%
1.52	0.22	0.22%	45.10	7.01	48.75%
2.64	0.51	0.51%	52.41	7.85	56.60%
3.71	0.31	0.31%	59.72	7.19	63.79%
5.10	0.8	0.80%	67.03	6.51	70.30%
6.41	3.01	3.01%	74.34	5.21	75.51%
6.38	4.2	4.20%	81.66	4.42	79.93%
8.28	1.95	1.95%	88.97	4.74	84.67%
9.57	1.8	1.80%	96.28	3.86	88.53%
13.64	4.57	4.57%	103.59	3.13	91.66%
16.09	4.23	4.23%	110.90	3.67	95.33%
23.53	5.34	5.34%	118.21	2.19	97.52%
30.47	7.16	7.16%	125.53	2.48	100.00%

根据 R-R 分布可以通过如下公式表示：

$$Y_d = e^{-(d/\bar{d})^n} \tag{5-63}$$

式中　d——粉尘颗粒的粒径，μm；

Y_d——粒径大于 d 的粉尘颗粒的质量分数，%。

通过拟合直线估计出本组测试煤尘的特征径 $D=30.2\ \mu m$，煤尘均匀性指数 $n=1.546\ 6$。

图 5-6 为全尘颗粒频率累计图，由图可以得出 $\overline{d}$ 的数值就是当 $Y_d=36.8\%$ 时候所对应的煤尘颗粒的直径，即 $\overline{d}=30.2\ \mu m$。

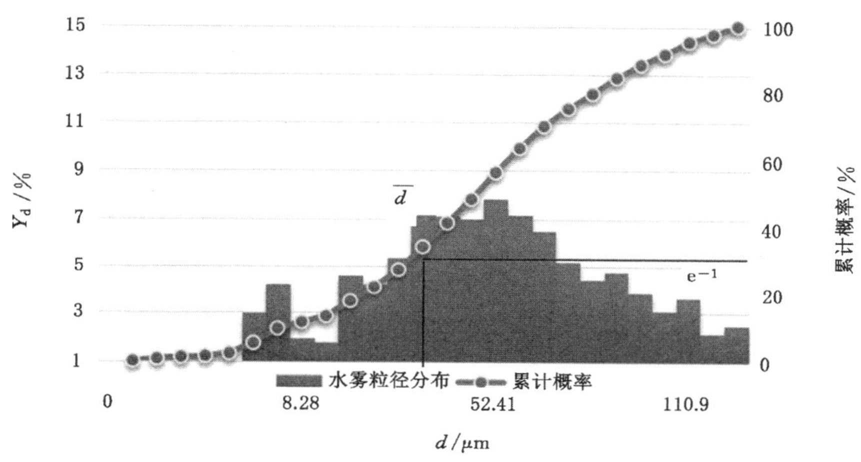

图 5-6　全尘颗粒频率累计图

(6) 迭代计算

根据上文对于综采工作面数学模型及几何模型的建立，结合实际情况测定的参数和预设的边界条件，通过 FLUENT 软件进行数值模拟计算，为了得到更为精确的计算结果，收敛精度设置为 0.001，经过反复的调试松弛因子，计算结果会在 50 000 步以内达到收敛，可见模型和计算方式具有良好的收敛性，部分残差曲线如图 5-7 所示。

5.1.2　综采工作面风流场分布特征

根据 22205 工作面的实际情况，按照上节设定的参数，对 22205 工作面风流场模拟结果如图 5-8 所示，当工作面入口风速为 1.37 m/s 时，对采区风流场进行模拟，在采煤机中心处尽管受到采煤空间断面变小的影响，总体风速有所提高，但风流变化仍不是十分明显，大部分区域处于稳定状态。

从图 5-8 可以看出，采煤工作面空间断面的突然改变是影响风流变化的最直接原因，在采煤机器处，由于断面的骤然改变，影响了风流的变化，在液压支架的移动过程中，也对风流产生了一定的影响，在刮板运输机工作时候和滚筒的转动都对风流场的改变起到一定的作用。

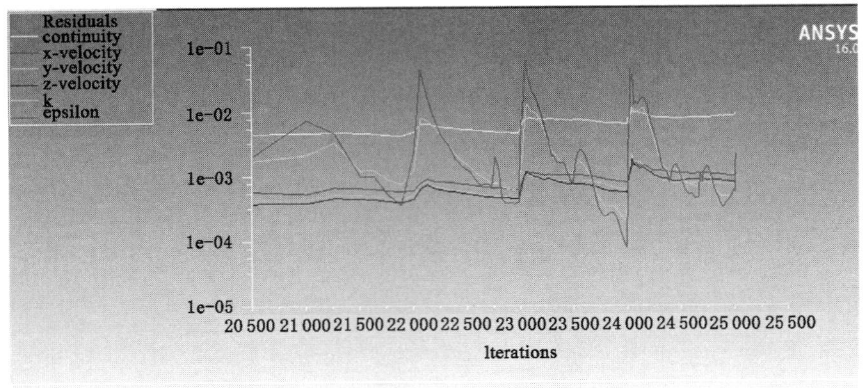

图 5-7 残差监视图

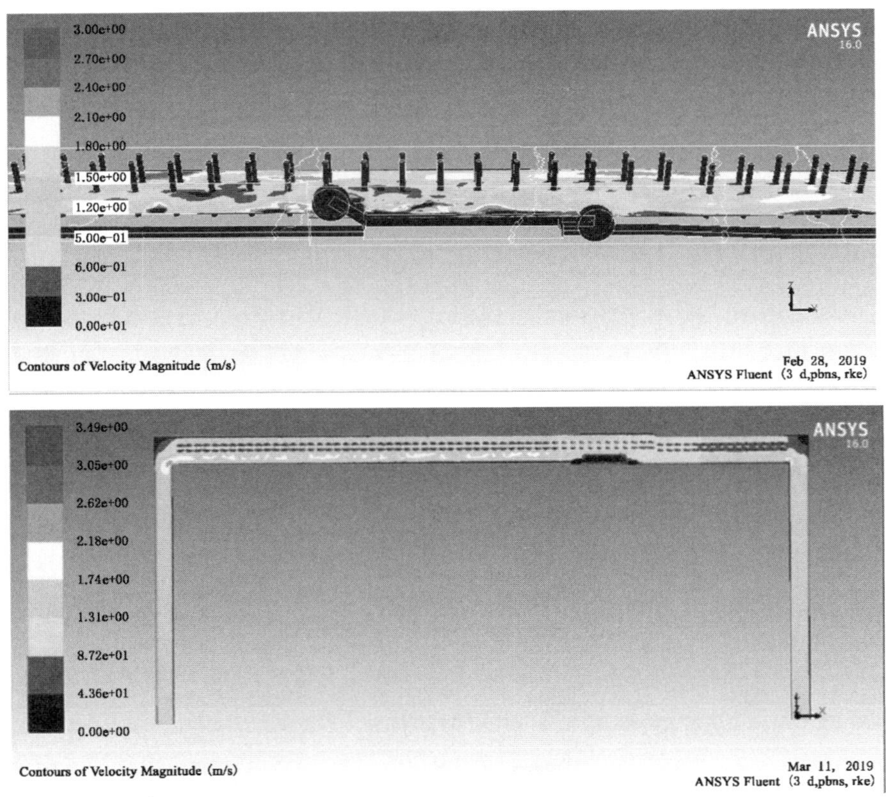

图 5-8 22205 工作面风流场模拟结果

采煤机前滚筒位于 50 m 的坐标处，可以看出在采煤机附近风速下降，在采煤机之前，风流扰动加大，这是由于支架移动和采煤机的机身和滚筒使得工作面的截面面积突然发生改变，使得本来稳定的风流发生了改变，如图 5-9 和图 5-10 所示。

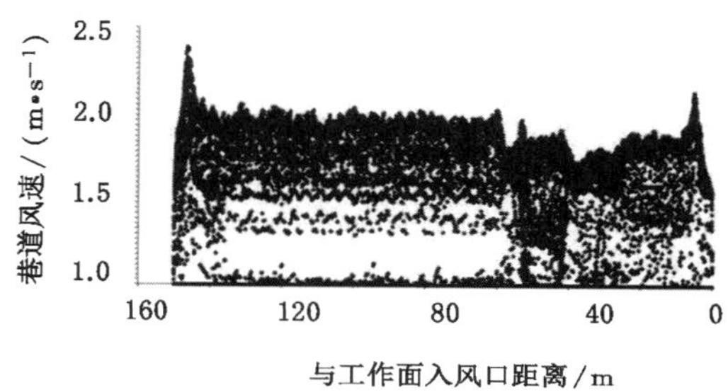

图 5-9　刮板机截面风速

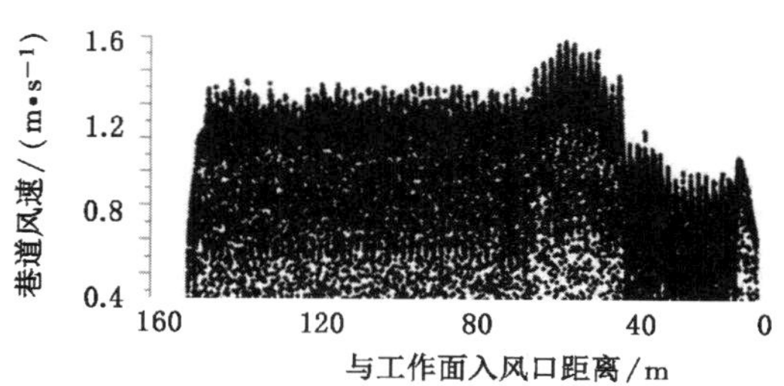

图 5-10　人行道截面风速

人行道上的风流速度，由于两侧支架的保护，风流比较稳定，在移动液压支架以后，风速降低，当风流遇到采煤机阻挡的情况下，风流被迫流向人行道之间，这就使得人行道垂直断面的风速在采煤机附近增加，等风速在到达采煤机前滚筒下风向 5 m 左右恢复平稳。

5.1.3　综采工作面多煤尘源质量浓度分布特征

根据所调研的 22205 工作面的实际情况，分析工作面在风速为 1.37 m/s，采高为 3.0 m，综采工作面在顺风割煤的条件下，工作面各空间浓度分布情况，各空间浓度分布情况如图 5-11 至图 5-15 所示。

顺风割煤的情况下，综采工作面的粉尘主要是由于滚筒割煤和液压支架的移动造成的，浓度最高地点为靠近工作面正在被割裂的煤壁，司机处的煤尘主要来自于液压支架的移动，以及滚筒割煤时粉尘逸散而来。

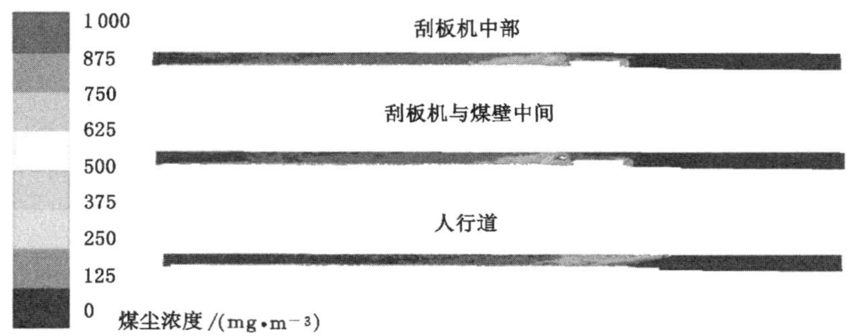

图 5-11 xz 面浓度分布云图

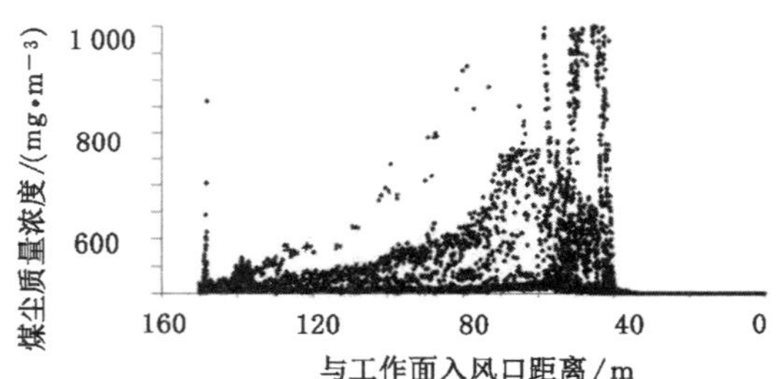

图 5-12 1.37 m/s 风速刮板机截面浓度分布散点图

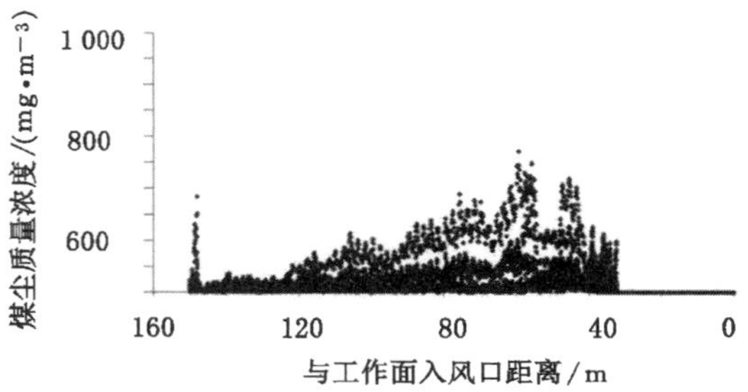

图 5-13 1.37 m/s 风速人行道截面浓度分布散点图

采煤机风流方向 10～15 m，由于大颗粒粉尘的快速沉降，粉尘浓度迅速下降，降低到 300 mg/m^3 以下，且由于风流的扰动以及刮板机器的运动带来的影响，同一截面的粉尘浓度在靠近煤壁的附近达到最高。

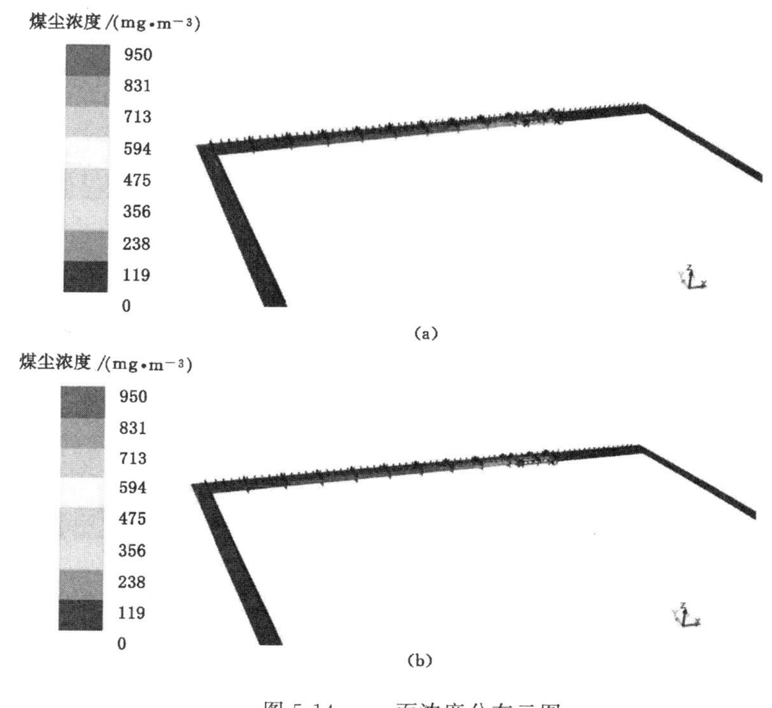

图 5-14　xy 面浓度分布云图

(a) 距离底板 0.5 m；(b) 距离底板 1.0 m

总体来看，滚筒割煤产尘逸散比较活跃，移动支架和刮板机工作所产生的煤尘较为平稳。

(1) 垂直截面(xz 面)

从垂直空间来看，刮板机附近的浓度在前滚筒边缘下风向 5 m 左右的距离达到最高。

① 前滚筒在割煤时产生的煤尘，一部分随着滚筒向顶板方向运动，如图 5-15(a)所示，其他部分随风流移动和向底板方向移动。由图 5-15(b)可知，靠近煤壁的截面 xz 平面的浓度略大于底板粉尘浓度，说明前滚筒割煤产生的煤尘在向顶板运移的过程中，也随着风流向靠近煤壁的方向移动，前滚筒的底部煤尘浓度也急速增高，说明一部分大颗粒煤尘开始沉降，还有一些煤尘是沿着滚筒向底板方向运动。

② 在采煤机附近的人行道，靠近顶板的顶部区域浓度最高，这部分煤尘浓度向中间部分扩散，浓度第二高的部分是中部偏下区域，在采煤机下风向，随着大颗粒粉尘的下降，底部区域的浓度达到最大，要想控制这里的煤尘浓度，需要

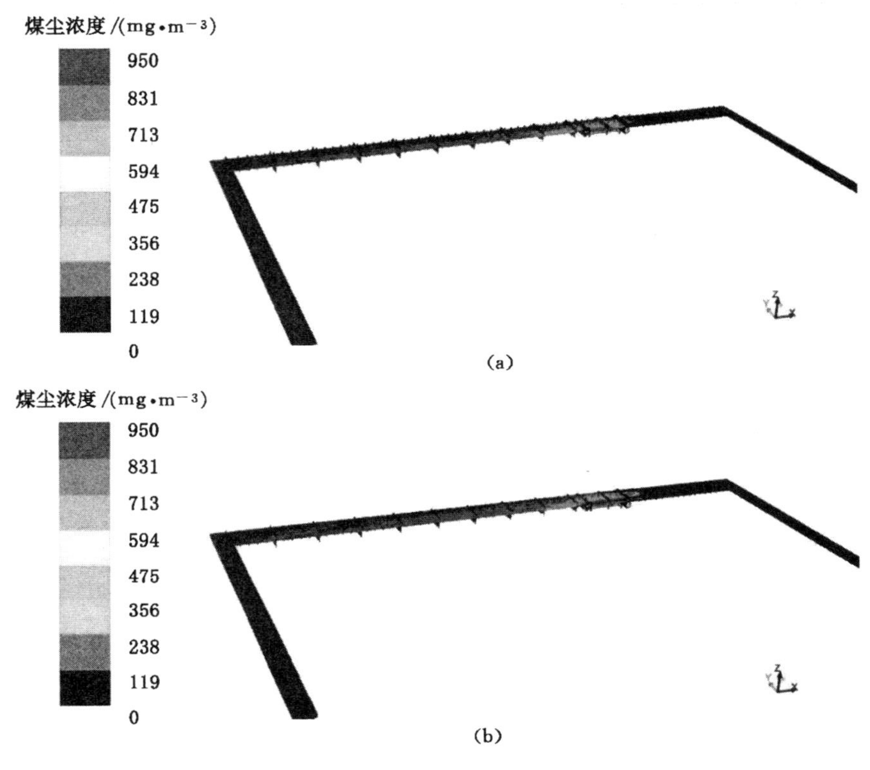

图 5-15　人行道浓度分布云图
(a) 1.5 m 呼吸带高度；(b) 2.0 m 高度

在液压支架之间设置合理的除尘装置。

(2) xy 面

xy 面浓度分布云图如图 5-14 所示，人行道上方由于移动支架产生的煤尘，在两侧液压支柱的阻挡下，在 y 方向扩散速度很慢，主要是随着风流沿着 x 方向运动。大颗粒的煤尘随着风流方向逐渐下降，高浓度煤尘团也由顶板逐渐下降到中部呼吸带高度，最后落到人行道上。支架移动产生的煤尘与滚筒割煤产生的煤尘在前滚筒的下风向 5 m 左右的距离叠加，形成了煤尘浓度最高区域。

根据调研所在矿井的情况，工作面平均风速为 1.37 m/s，滚筒转速为 0.65 rad/s，刮板机速度为 1.4 m/s。由于司机和工作人员经常在人行道上走动，所以这里考察在顺风割煤情况下，人行道上呼吸带高度粉尘的质量浓度分布。在采煤机正常运转、刮板运输机和液压支架正在移动的情况下，人行道上呼吸带高度粉尘质量浓度分布，人行行道浓度分布云图如图 5-15 所示。

由图 5-15 可以看出：在采煤机顺风割煤的情况下，人行道粉尘质量浓度在采煤机中部附近（相当于后滚筒下风向 8～10 m）产生第一个峰值，在采煤机前滚筒边缘下风向 5 m 处出现一个较大峰值。主要是由于前滚筒在高处割煤，滚筒前半部分几乎同时与煤体发生破坏性碰撞，产尘量大，另外由于前滚筒较高，煤尘下落距离长，撞击地面发生二次扬尘，所以发尘量高于后滚筒。

将呼吸带高度的人行道和刮板机附近的数值模拟浓度与前文测试采样数据进行对比，绘制出图 5-16 的图形。

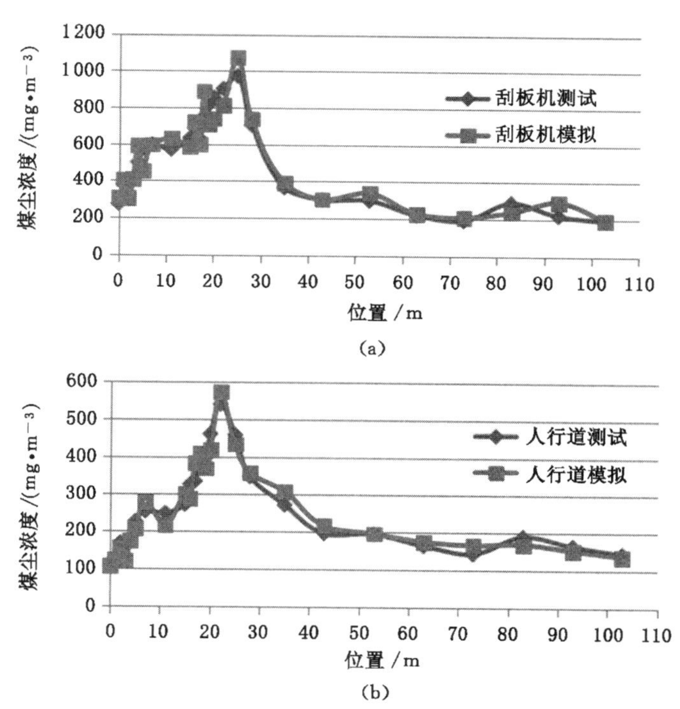

图 5-16　呼吸带高度煤尘浓度实测与模拟对比

(a) 全尘刮板机呼吸带粉尘与模拟数值对比图；(b) 人行道呼吸带粉尘和模拟数值对比图

由图 5-16 可以发现，数值模拟数据与前文的实测数据基本吻合，证明了数值模拟的有效性。

5.1.4　刮板机运动对于粉尘浓度的影响

(1) 刮板机垂直截面浓度分布

以顺风割煤为例，在工作面平均风速为 1.37 m/s 的时候，将刮板机的运转速度设置为 0.7 m/s、1.1 m/s、1.6 m/s 、2.0 m/s，做垂直于刮板机的截面，盘区会自动记录通过截面的浓度值，通过整理绘制成图 5-17。

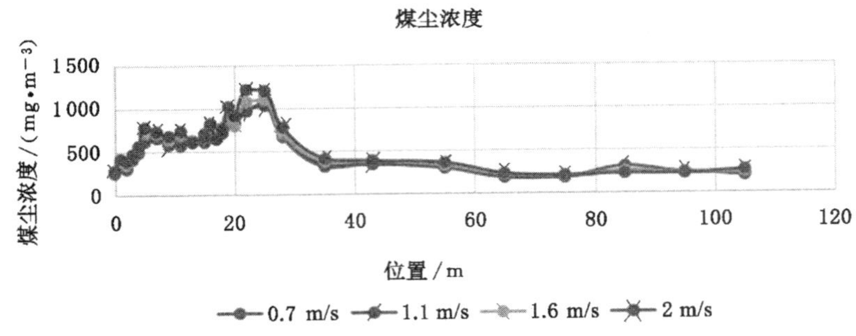

图 5-17　刮板机垂直截面浓度分布

从图 5-17 中可以看出，刮板机的速度对于整个工作面煤尘影响不是很大，当刮板机的速度为 2.0 m/s 时，刮板附近的煤尘浓度略有提高，这说明在刮板速度过高的时候要考虑刮板速度对于周围煤尘的影响，提前做好控尘准备。

图 5-18 为刮板机附近风速，从图中可以看出刮板机附近的空气速度增加，这是由于刮板机在移动中对工作面风流场产生的影响，当刮板机的速度方向与工作面风流方向一致的时候，由于相对速度较小，所以对风流的影响比较小，当刮板速度与工作面风流速度方向相反的时候相对速度较大，对风流的影响也相应地增加。

图 5-18　刮板机附近风速

图 5-19 为刮板机移动的速度矢量图，可以看出刮板机的运动对风流产生的影响。在刮板运输机的移动速度低于风速的情况下，刮板机的运动对于周围风流影响只限于刮板机附近距离，当移动速度继续增加到工作面风速的 2 倍以上

时，扰动加大，粉尘浓度增加，所以在没有其他因素的影响下，为了控制煤尘浓度，尽量避免让刮板机以较快的速度运行。

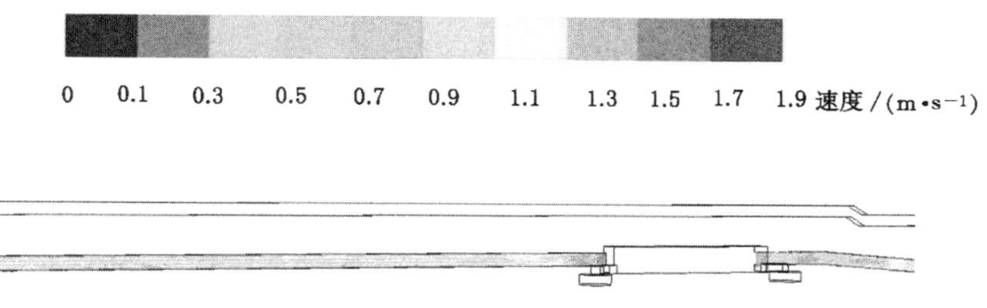

图5-19　刮板机移动速度矢量图

（2）顺、逆风割煤粉尘浓度分布对比

根据所调研的22205工作面的实际情况，模拟工作面风速为1.37 m/s、采高为3.0 m、刮板机速度为1.4 m/s、采煤机滚筒速度0.65 rad/s条件下顺、逆风割煤综采面煤尘浓度在空间分布情况如图5-20所示。

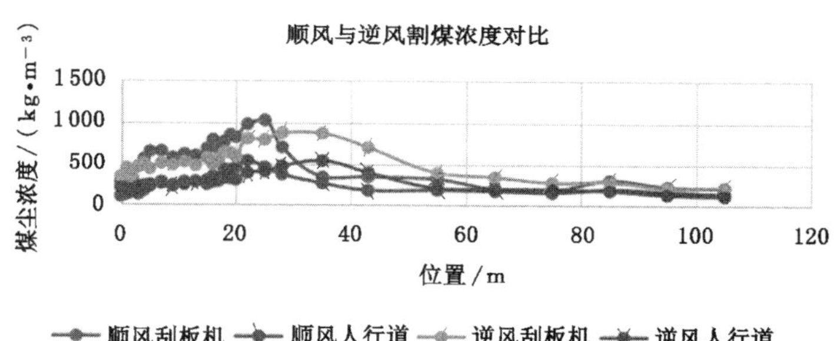

图5-20　综采面各空间浓度分布

逆风割煤时，人行道粉尘质量浓度在采煤机中部出现一个峰值，随后在采煤机下风向15 m左右达到最大值。这主要是由于前滚筒割顶煤产生较大煤尘与在15 m附近的后滚筒产生的煤尘叠加所致，故煤尘质量浓度迅速增大。无论顺风还是逆风割煤，煤尘质量浓度在上升到最大值后，在之后20 m范围内又逐渐降低到200 mg/m^{3}以下，之后便维持在稳定状态。这主要是因为大颗粒粉尘在重力作用下迅速沉降，而粒径较小的煤尘受风流扰动影响明显，故沉降困难。

5.1.5 不同工作面影响因素对粉尘分布的影响

（1）不同工作面入口风速对粉尘分布的影响

以顺风割煤为例进行数值模拟，模拟滚筒速度为 0.65 rad/s，刮板机运行速度为 1.4 m/s，工作面入口风速分别为 0.8 m/s、1.0 m/s、1.2 m/s、1.4 m/s、1.6 m/s、1.8 m/s、2.0 m/s 和 3.0 m/s 的情况下，煤尘在综采工作面的空间分布情况。

xy 平面为离地面垂直高度 1 m 的煤尘浓度分布情况，如图 5-21 所示。

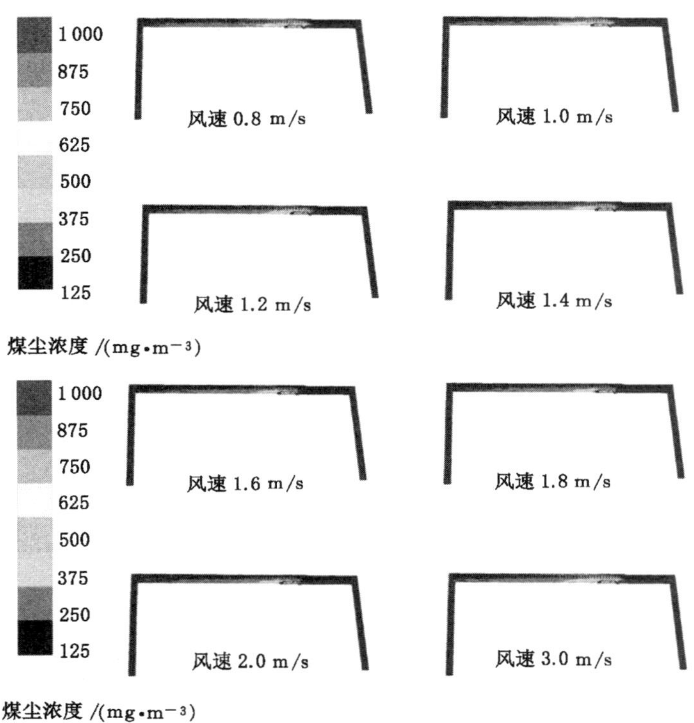

图 5-21 *xy* 平面距地面 1 m 高度煤尘浓度分布云图

采煤机滚筒转动速度与刮板机速度不变的情况下，随着采煤工作面风速的增加，采煤机附近的煤尘浓度会逐渐上升，同时排尘速度也会提高。随着风速的提高，全尘在工作面空间的质量浓度呈现出下降的趋势，风速在 1.2 m/s～1.6 m/s之间煤尘的浓度较稳定，过小的风速不利于煤尘的排放，当风速过大时能激起更多的煤尘，所以在工作条件允许的情况下，工作面风速选在 1.2 m/s～1.6 m/s 之间更有利于煤尘的排除。

xy 平面人行道呼吸带高度（距离底板 2 m）煤尘质量浓度沿程分布如

图 5-22 所示。

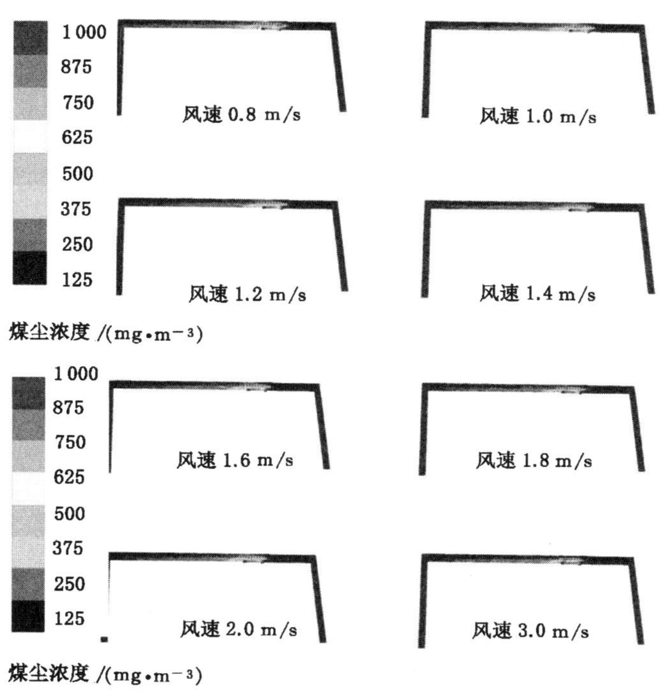

图 5-22　*xy* 平面呼吸带高度粉尘浓度分布

由图 5-22 可以看出,工作面风速从 0.8 m/s 开始增加到 1.4 m/s 和 1.6 m/s 的时候,随着速度的增加,煤尘的浓度逐渐降低,可见工作面风速在 0.8 m/s～1.6 m/s区间,通风可以有效地降低煤尘的浓度,煤尘浓度在 1.2 m/s～1.6 m/s 之间较为稳定,当风速逐渐到 2.0 m/s 以上,由 2.0 m/s 增加到 3.0 m/s,煤尘浓度反而有所增加,这是由于过高的风速干扰了煤尘下降的同时又激起部分煤尘二次扬起,进而增加煤尘浓度。所以在满足对瓦斯等有毒有害气体排放、高温度以及高湿度的情况下,工作面风速可以尽量保持在 1.2 m/s～1.6 m/s 之间,这样更有利于煤尘的排除。

(2) 不同含水率条件下粉尘浓度分布

根据前面章节对于取样煤尘含水率的测定,通过喷洒自来水和晒干、烘干等方法,调节样尘的含水率,使含水率达到 3.5%、2.5 %、1.5%、0.5%,并对这四种含水率的煤尘进行参数测定,结合煤尘 R-R 分布函数,设置出 3.5%、2.5 %、1.5%、0.5%四种不同煤尘的含水率所对应的参数,研究煤尘的浓度空间分布在不同含水率条件下所呈现的运移规律,不同含水率煤尘浓度分布如图 5-23 所示。

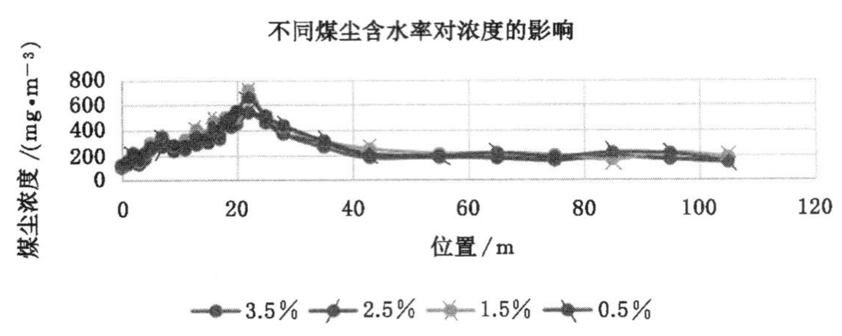

图 5-23 不同含水率煤尘浓度分布

图 5-23 的结果表明,随着煤尘含水率的增加,煤尘各个区域内的质量浓度都出现了不同程度的降低,由此可见,提高煤尘含水率(煤层提前注水等增加煤尘含水量的工作)可以有效降低煤尘的浓度。

(3) 不同壁面条件下的粉尘浓度分布

以顺风割煤为例,刮板机速度 1.1 m/s,在 UDF 中设置滚筒周围的壁面条件为吸收壁面,吸收概率在 60%,也就是说一旦煤尘与湿润的煤壁发生碰撞,有 60%机会被煤壁吸收,在保持与滚筒割煤产生的煤尘不变的情况下,保持工作面的入口风速在 1.37 m/s,煤尘的浓度分布情况如图 5-24 所示。

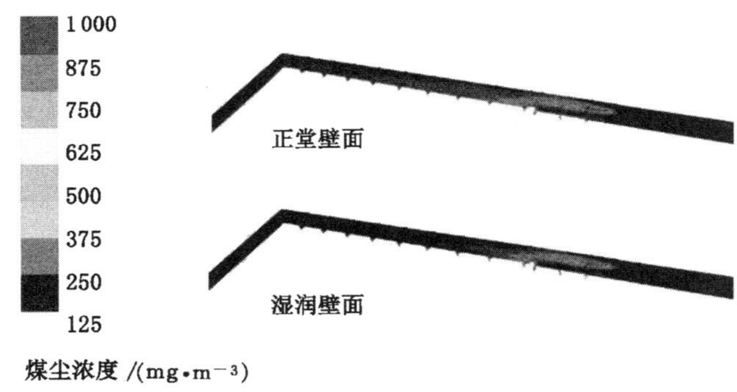

图 5-24 不同壁面条件下煤尘的浓度分布

可以看出,在煤尘逸散的过程中,滚筒附近刮板上方的煤尘浓度降低,人行道上的煤尘浓度变化很小,这说明在滚筒割煤的情况下,部分煤尘在与湿润煤壁以及湿润地面发生碰撞时,不再继续扩散,进而降低了滚筒周围煤尘的浓度,但是由于支架移动所产生的煤尘碰到工作面的机会很少,所以对于移动支架产生的煤尘浓度在滚筒附近壁面湿润的情况下几乎没有降低，因此在滚筒切割煤壁的时候，如果保持煤壁和落煤的湿润性，可以有效提高滚筒附近煤尘扩散的机会，有效控制煤尘的扩散，所以在设计滚筒喷雾时候，要兼顾滚筒周围工作面煤壁的湿润，最好是能将滚筒附近的煤壁及落煤一起覆盖。

5.1.6 采煤机滚筒及支架移动产尘运动机理与煤尘特征测定

综采工作面煤尘的扩散所形成的规律，是煤尘颗粒与工作面空气流相互影响的结果，综采工作面的煤尘产生的情况具有多样性。煤尘的各种特征（形状、大小、结构等）复杂多变，以及工作面的空气流动复杂多样，所以要想对工作面湍流中的煤尘进行受力分析是很难实现的。为了给综采工作面煤尘的防治提供有力的理论依据，本节系统地对采煤工作面工作空间煤尘颗粒的受力情况与扩散机理进行了研究，并通过现场实测来考察综采工作面的煤尘扩散情况。

（1）煤尘颗粒受力分析及运移模型

① 煤尘颗粒的静止空间受力情况分析

矿井煤尘在巷道内的运动复杂源于粉尘颗粒复杂的受力情况，巷道中的风流属于层流和湍流，巷道中粉尘颗粒在复杂的气流中，煤尘所受的力有重力、浮力、流体的拖拽力、Basset（巴塞特）力、Saffman（萨夫曼）力、附加质量力、压力梯度力、Magnus（马格努斯）力和布朗力。

② 煤尘颗粒在受限空间运动情况分析

a. 煤尘颗粒悬浮

煤尘颗粒在垂直方向上的运动比较单一，当向上运动的速度等于沉降速度时，煤尘处于悬浮状态[150]，将粉尘颗粒近似看作球形，当满足平衡条件时粉尘处于悬浮状态，悬浮速度的表达式为：

$$u_{g0}=\sqrt{\frac{4gd_s(\rho_s-\rho_g)}{C_d\rho_g}} \tag{5-64}$$

式中 u_{g0}——粉尘自由悬浮速度，m/s；

d_s——粉尘粒径，m；

ρ_s——粉尘颗粒的密度，kg/m^3；

C_d——阻力系数；

g——重力加速度，9.81 m/s^2。

可以看出，粉尘的粒径与密度跟悬浮所需要速度的关系，根据雷诺数大小的不同，大致可分为三种情况[151]：

(a) 当 $Re\leqslant 1$ 和 $C_s=24/Re$ 时，气流中的颗粒所受力为黏性摩擦阻力，附面层不分离，称为黏性摩擦阻力区，也称 Stokes（斯托克斯）区；

(b) 当 $1\leqslant Re\leqslant 500$ 和 $C_s=10/\sqrt{Re}$，大颗粒表面气流极少发生绕流，附面

层较早地发生分离，颗粒背向形成存在明显的涡流压差区，称为 Allen（阿伦）区；

(c) 当 $500 \leqslant Re \leqslant 2 \times 10^5$ 和 $C_s = 0.44$ 时，黏性阻力与压差阻力相近，颗粒运动方向后面开始出现附面层分离迹象，被称为过渡区或者 Newton（牛顿）区。

为了更准确地描述悬浮速度，分别在 Stokes 区、Allen 区、Newton 区三个区间下来描述悬浮所需速度。

b. 煤尘的沉降运动

煤尘匀速沉降速度

将粉尘看作球形，在只考虑浮力、曳力和重力的情况下，煤尘的运动方程可以简化为：

$$\frac{\pi}{6} d_s^3 \rho_s \frac{du_s}{dt} = C_s \frac{1}{2} \rho_g (u_g - u_s) \mid u_g - u_s \mid \cdot \frac{1}{4} \pi d_s^2 + \frac{1}{6} \pi d_s^3 (\rho_s - \rho_g) g \tag{5-65}$$

当流体速度近似于静止状态的情况下，可以将式(5-65)简化为式(5-66)

$$\frac{du_s}{dt} = (\frac{\rho_s - \rho_g}{\rho_s}) g - \frac{3}{4} C_s \frac{\rho_g}{\rho_s} \cdot \frac{1}{d_s} u_s^2 \tag{5-66}$$

随着煤尘在下落的过程中速度逐渐增加，煤尘所收到的阻力也越来越大，当煤尘所受的垂直方向的合力为零时，即 $du_s/dt = 0$ 时，在不受外力干扰的情况下，煤尘将保持此速度继续下沉，则得沉降速度 u_{st} 的表示式：

$$u_{st} = \sqrt{\frac{4(\rho_s - \rho_g) g d_s}{3 C_s \rho_g}} \tag{5-67}$$

在 Stokes 区、Allen 区、Newton 区三个不同风流状况下，粉尘的沉降速度与粒径成正比，与粉尘密度也成正比，由于井下风流中的粉尘大多数属于 Stokes 区，粉尘粒径不同的情况下，沉降速度与粒径的平方成线性关系。因此粒径的大小是影响粉尘沉降速度的关键因素。因此，呼吸性粉尘自然沉降很困难，需要采取相应的降尘措施。

c. 粉尘的加速沉降过程

把粉尘看成球形颗粒的情况下，粉尘在下落过程中速度逐渐增加，只考虑粉尘颗粒垂直方向上的受力情况，假设它们在静止气流中自由沉降，随着下降速度的增加，粉尘所受到的阻力也越来越大，在垂直方向的力达到平衡之前，粉尘颗粒做变加速运动，满足 Stokes 区阻力理论。

可以计算出，密度为 2.6 g/cm^3，粒径为 0.05 mm 的粉尘颗粒，加速降落只有短短的 0.1 s，加速距离 $L = 14.24$ mm，当保持粉尘密度不变的情况下，粒径减小到 0.01 mm 时，加速沉降时间减小到 0.003 4 s，加速距离 $L = 0.023$ mm，说明在粉尘颗粒密度不变的情况下，粉尘粒径大小是影响沉降速度的主要因素。以呼吸带高度 1 500 mm 为例，直径 0.01 mm 的粉尘颗粒在下落过程中，仅仅有 0.023 mm是加速下落距离，其余 99%的距离都是处于匀速下降阶段。

（2）煤尘随机扩散模型

① 煤尘扩散基本模型

根据煤尘扩散理论，忽略煤尘在巷道中风流运动对于巷道风流的改变。认为巷道风流质点影响粉尘粒子的扩散，在三维直角坐标系下，认为粉尘的扩散符合菲克第一定律：

$$F = -D\frac{\partial C}{\partial x} \tag{5-68}$$

式中　F——单位时间内通过单位截面的粉尘数量，个；

C——粉尘颗粒的体积浓度，个/m^3；

D——扩散系数，m^2/s；

负号表示粉尘向浓度增加的反方向扩散。

② 粉尘在层流中扩散

粉尘的扩散通常包括静止风流扩散、层流扩散和湍流扩散。由于本书研究的背景为综采工作面，所以不存在风流静止情况下的扩散，因此这里我们仅讨论后两种情况下粉尘的扩散情况。首先讨论层流中的扩散，假设尘源强度为 M，气流以速度 u 沿 x 方向运动。

a. 二维扩散

扩散方程为：

$$\frac{\partial C}{\partial t} + u\frac{\partial C}{\partial x} = D_x\frac{\partial^2 C}{\partial x^2} + D_y\frac{\partial^2 C}{\partial y^2} \tag{5-69}$$

b. 三维扩散

扩散方程为：

$$\frac{\partial C}{\partial t} + u\frac{\partial C}{\partial x} = D_x\frac{\partial^2 C}{\partial x^2} + D_y\frac{\partial^2 C}{\partial y^2} + D_z\frac{\partial^2 C}{\partial z^2} \tag{5-70}$$

③ 粉尘在湍流中扩散

巷道中的风流大多情况下以湍流形式存在，由于湍流的较复杂性使得湍流中粉尘运动情况也更为复杂。这里讨论一维情况下的扩散过程。

a. 瞬时点尘源的扩散

x 轴正方向为风流的方向，用常数 K_x、K_y、K_z 分别表示 x 轴、y 轴和 z 轴方向上的扩散系数，湍流扩散方程在三维坐标系如图 5-25 所示，可以表示成[152]：

$$\frac{\partial C}{\partial t} + u\frac{\partial C}{\partial x} = K_x\frac{\partial^2 C}{\partial x^2} + K_y\frac{\partial^2 C}{\partial y^2} + K_z\frac{\partial^2 C}{\partial z^2} \tag{5-71}$$

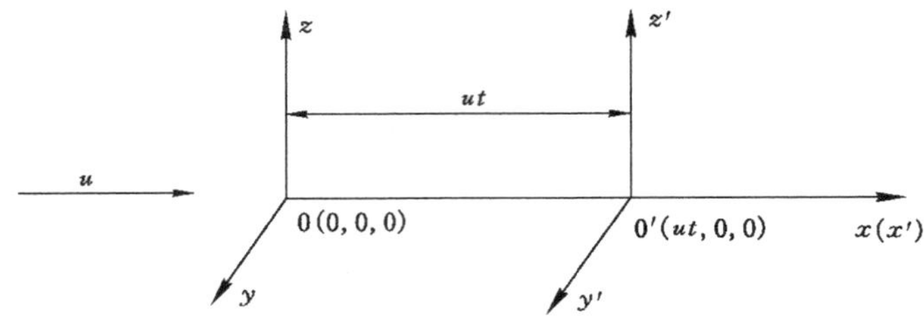

图 5-25 移动坐标系下尘源团的运动过程

从 0 时刻开始，处于坐标原点的粉尘随着风流开始扩散，在经过 t 秒以后，粉尘的坐标位子为(ut,0,0)，瞬时点尘源的质量浓度分布可以用(5-69)方程表示：

$$C(x,y,z,t)=\frac{M}{(2\pi^{3/2})\sigma_x\sigma_y\sigma_z}\exp\left(-\frac{(x-ut)^2}{2\sigma_x^2}-\frac{y^2}{2\sigma_y^2}-\frac{z^2}{2\sigma_z^2}\right) \quad (5\text{-}72)$$

式中，$\sigma_x=2D_x(x/u)$，x 方向上浓度分布标准差；$\sigma_y=2D_y(y/u)$，y 方向上浓度分布标准差；$\sigma_z=2D_x(z/u)$，z 方向上浓度分布标准差。

b. 连续点尘源的扩散

假设连续尘源在固定三维坐标点的浓度是稳定的常量，浓度的大小与位置有关系，由于风流与 x 轴通向，则在尘源点下风向上，沿着 y 和 z 轴方向粉尘的扩散符合正态分布，x 方向上的风流对于粉尘的影响要远高于扩散作用，即：

$$C=\begin{cases}\infty & x=y=z=0\\ 0 & x,y,x\to\infty\end{cases} \quad (5\text{-}73)$$

根据质量守恒定律，坐标系中总粉尘的质量应该等于尘源总强度 M：

$$M=\int_{-\infty}^{+\infty}\int_{-\infty}^{+\infty}uC\,\mathrm{d}y\,\mathrm{d}z \quad (5\text{-}74)$$

因此连续尘源湍流扩散粉尘浓度可以通过方程(5-72)来表示：

$$C(x,y,z)=\frac{M}{2\pi\sigma_y\sigma_z u}\exp\left(-\frac{y^2}{2\sigma_y^2}-\frac{z^2}{2\sigma_z^2}\right) \quad (5\text{-}75)$$

(3) 采煤机割煤产尘物理性质介绍及测定

以 22205 采区采煤过程为研究对象，通过对综采工作面工作状态下煤尘质量浓度、分散度及粒径分布情况进行现场测定与采集，通过对实测数据的分析整理，初步了解综采工作面煤尘发尘机理以及煤尘浓度分布规律，为后续章节的数值模拟以及煤尘控制方案的提出提供实践依据，从而提高降尘效率，并降低煤尘对煤矿工人身体的危害、机械设备的损坏以及经济效益的影响。

① 煤尘浓度的测定

把单位空间内包含煤尘质量的总和定义为煤尘浓度，它是直观描述综采工作面作业环境的重要参数，按照煤矿粉尘浓度测定的规定，本书统一使用 mg/m^3 为煤尘浓度计量单位。

在 22205 综采工作面粉尘采样的测点布置，测试点主要布置到呼吸带高度，在人行道和刮板机与内壁之间的呼吸带高度上也设有一系列测试点 1，在两个液压之间的人行道上也设置测试点 2。

在实际生产过程中，考虑到在综采工作面的工人大部分时间是在支架中间的人行道停留，所以本书选取了人行道呼吸带高度的煤尘浓度作为测试地点，另外在煤壁与刮板运输机之间是煤尘浓度最高的地带，考虑到这部分地区严重影响工作环境，是治理煤尘的重要区域，本书选取这里为主要测试点。各个测试点的布局如图 5-26 所示。

a. 顺风割煤

如图 5-27 所示，在顺风割煤的情况下，通过对综采工作面全尘浓度的测试，可以看出，在采煤机工作的情况下，支架移动的时候，粉尘浓度明显高于空间地区，全尘浓度在后滚筒（0 m）处的浓度为 273 mg/m^3，随着采煤机的后滚筒向前，粉尘浓度一直再增加，到采煤机器中部（12 m）附近，全尘浓度达到第一个高峰点，随后粉尘浓度稍微稳定一段距离，到第二个滚筒位置（25 m）处，到达了整个工作面的最大值点，这是由于前后两个滚筒割煤产尘与支架移动产生的粉尘叠加的原因，在顺着风流方向粉尘浓度会急剧下降，距离第二个滚筒的 20 m 之内（坐标 40 m），粉尘浓度基本稳定，稳定在 300 mg/m^3～180 mg/m^3之间。

b. 逆风割煤

如图 5-28 和图 5-29 所示，煤尘逆风割煤时，人行道呼吸带高度的煤尘质量浓度在采煤机中部附近出现一个峰值，这是由于前滚筒割高处煤层，割煤产生煤尘要大于后滚筒，煤尘随工作面风流逸散到采煤机中部，第二个高峰值出现在采煤机后滚筒边缘下风向 15 m 处，此处是采煤机割煤情况下整个工作面煤尘浓度的最大值。此处的高浓度是由于支架移动产生煤尘与前后滚筒产生煤尘共同叠加造成的，刮板机上部的煤尘浓度分布情况与人行道的规律类似，但是刮板机上部的煤尘浓度要大于人行道呼吸带高度的煤尘浓度。

与顺风割煤类似，在煤尘浓度最高峰值的下风向 20 m 左右，煤尘浓度趋于稳定，降低到 300 mg/m^3 以下，在下风向 40 m～100 m 之间一直稳定下降保持在 180 mg/m^3～260 mg/m^3 之间。这主要是由于大颗粒煤尘自身重力占合力比重大，因此大颗粒煤尘加速沉降，小颗粒煤尘由于工作面风流的扰动占主要因素，沉降缓慢，因此需要借助除尘设备加速小颗粒煤尘的沉降。

② 分散度的测定

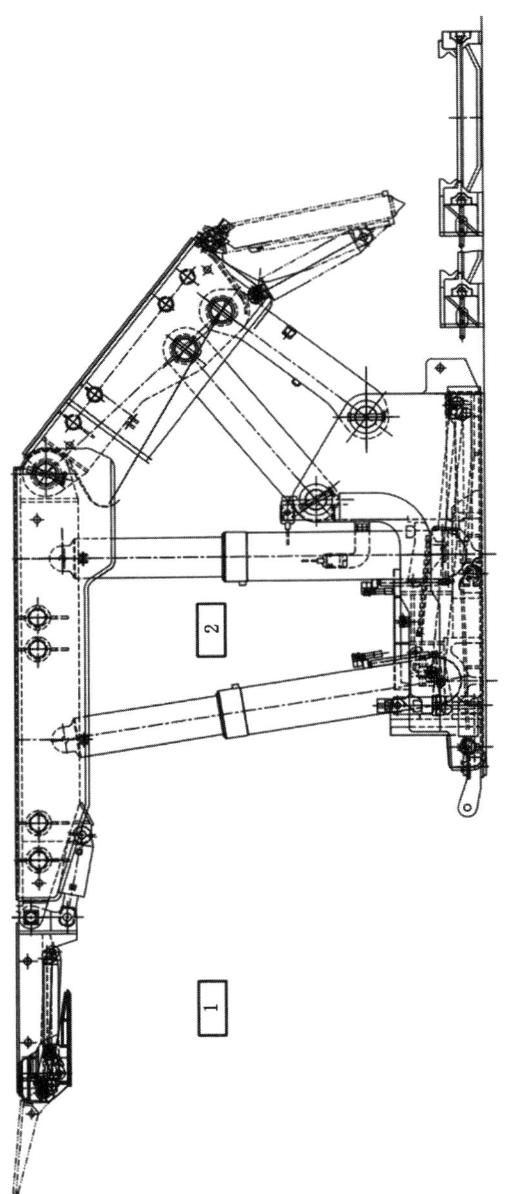

图 5-26　综采工作面顺风割煤测试点布置

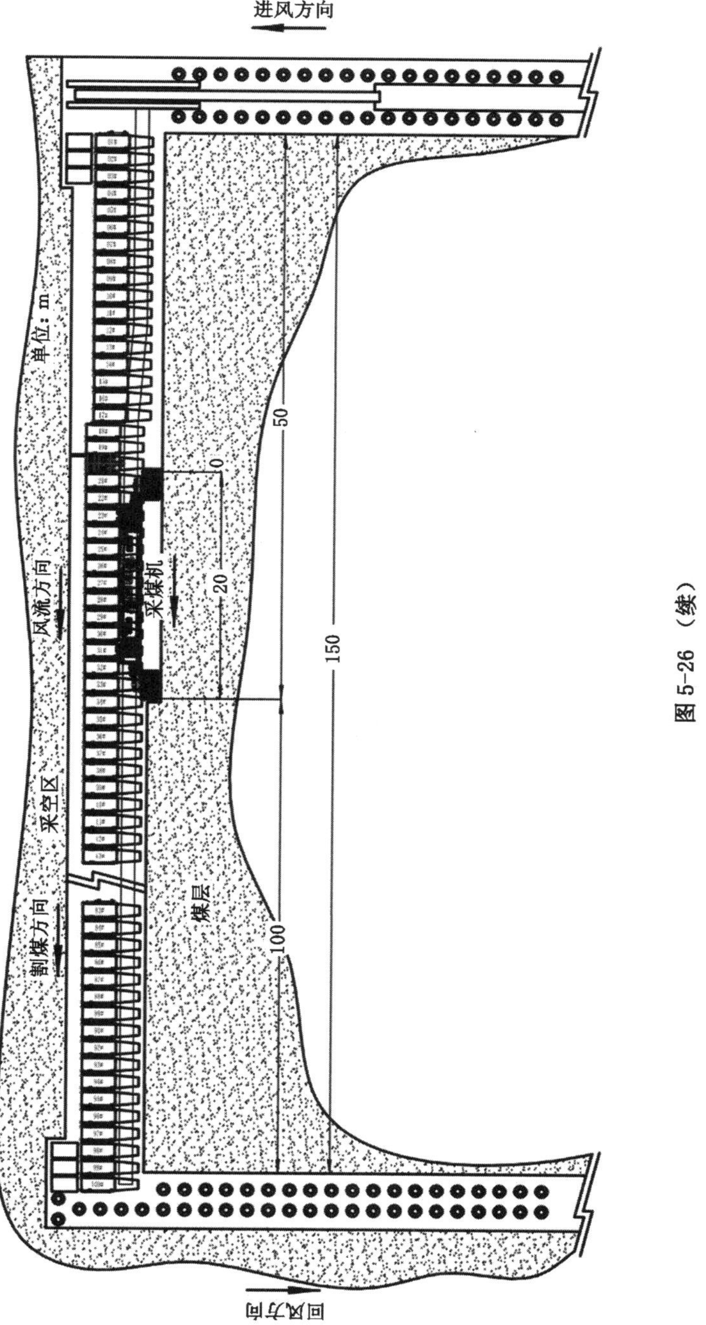

图 5-26（续）

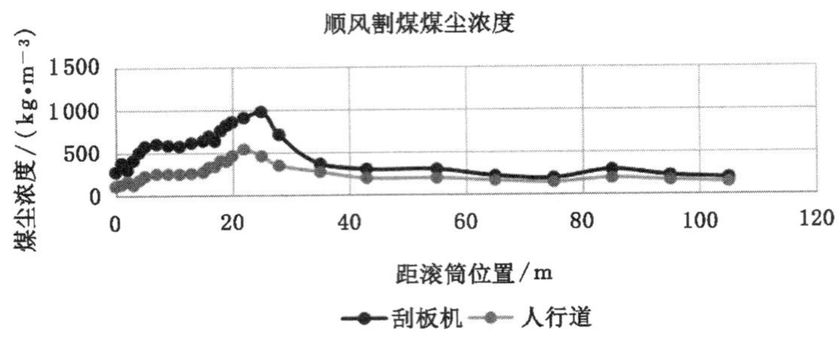

图 5-27　顺风割煤煤尘浓度散点图

分散度就是各粒径区间含有的粉尘占全部粉尘的百分比，分别为测试数量分散度和质量分散度，数量分散度是指各粒径区间的粉尘个数之和占总粉尘数目的百分比，质量分散度指在各粒径区间的粉尘质量之和占总粉尘质量的百分比。粉尘对人体造成的危害，对设备造成的影响都是巨大的，因此，我们需要设计出更加简单有效的除尘方案，这首先需要对粉尘进行分散度测试。

测试粉尘的分散度主要通过数量和质量分散度两种方法，数量分散度常用显微镜观察法。将粉尘样品制作成标片，放在显微镜下检测，并计算含量，最后应用以下公式计算煤尘的分散度：

$$P_{ni} = \left(n_i / \sum n_i\right) \times 100\% \tag{5-76}$$

式中　P_{ni}——粒径分散度；

n_i——指定粒径粉尘颗粒数之和，个；

$\sum n_i$——各粒径粉尘总数，个。

质量分散度，用以下公式计算：

$$P_{wi} = \frac{w_i}{\sum w_i \times 100\%} \tag{5-77}$$

式中　w_i——某一粒径范围内粉尘颗粒的质量之和；

P_{wi}——某一粒径范围内粉尘颗粒质量的百分数，%。

a. 主要测试仪器

测定过程中的主要测量试仪器如图 5-30 所示。

b. 测试结果

实验测试结果如表 5-8 所示。

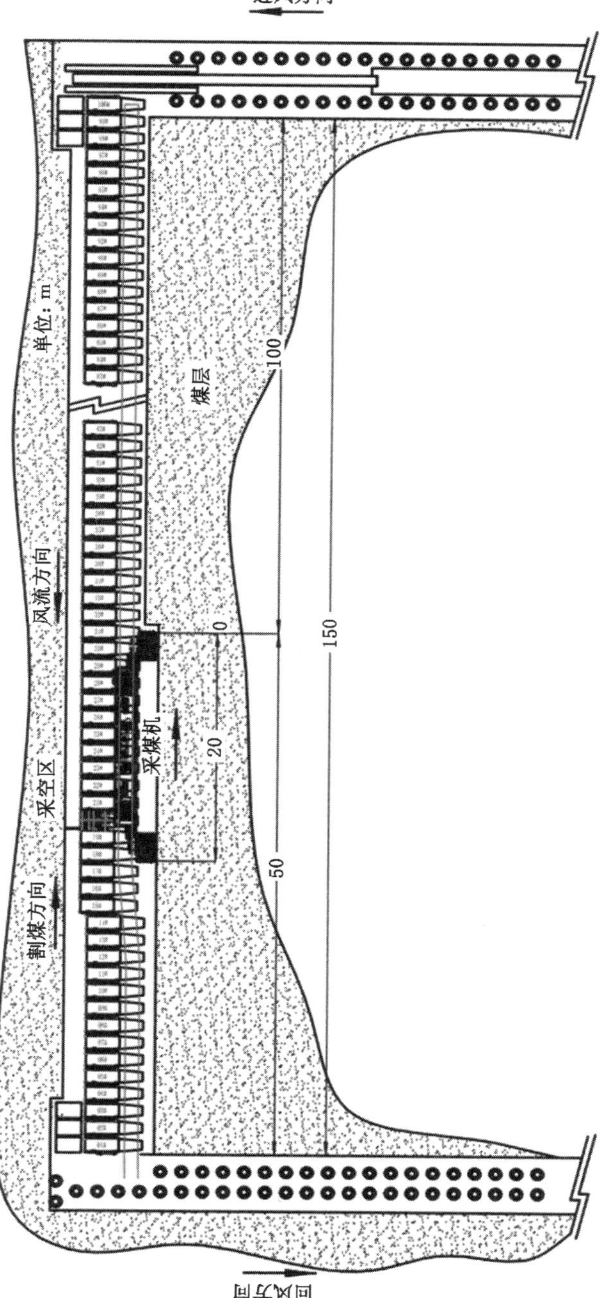

图 5-28　综采工作面逆风割煤测试点布置

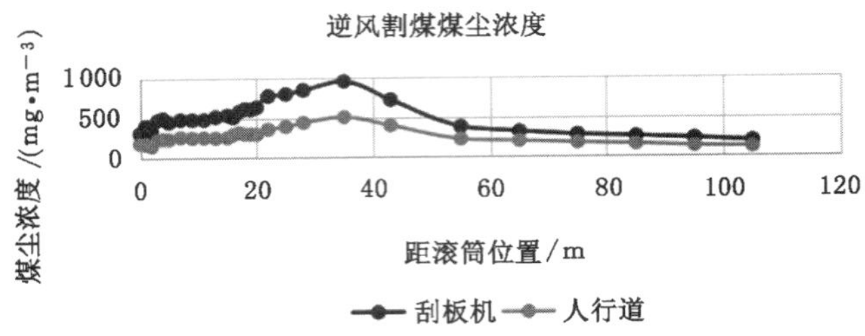

图 5-29　逆风割煤煤尘浓度散点图

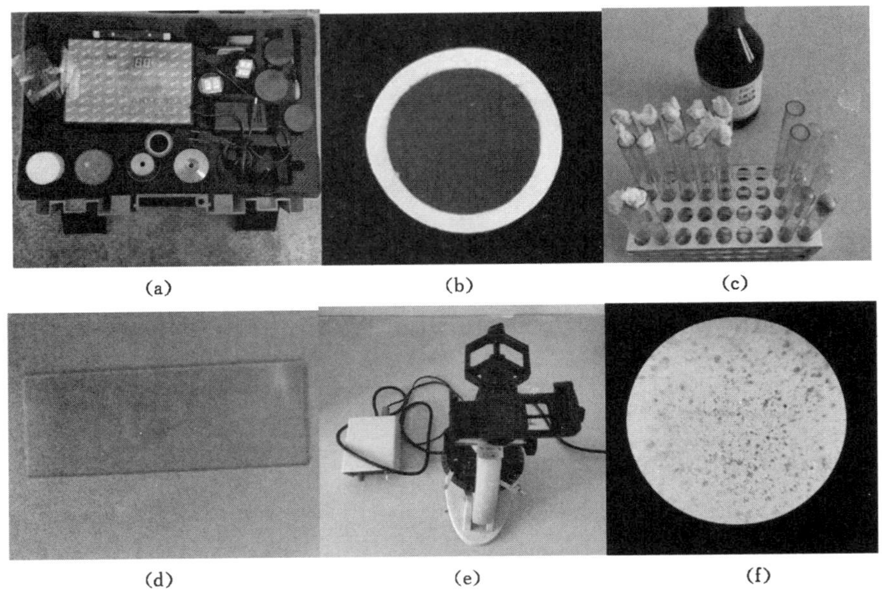

图 5-30　主要测试仪器

(a) 采样器;(b) 过氯乙烯纤维滤膜;(c) 乙酸丁酯溶剂;(d) 载玻片;(e) 显微镜;(f) 图像处理系统

表 5-8　煤尘粒径分布

粒径/μm	体积浓度/%	累计概率/%	筛余累计	粒径/μm	体积浓度/%	累计概率/%	筛余累计
3.13	0.5	0.50	1.00	37.79	7.14	41.74	0.58
3.52	0.22	0.22	0.99	45.10	7.01	48.75	0.51
2.64	0.51	0.51	0.99	52.41	7.85	56.60	0.43

表 5-8(续)

粒径/μm	体积浓度/%	累计概率/%	筛余累计	粒径/μm	体积浓度/%	累计概率/%	筛余累计
3.71	0.31	0.31	0.98	59.72	7.19	63.79	0.36
5.10	0.8	0.80	0.98	67.03	6.51	70.30	0.30
6.41	3.01	3.01	0.95	74.34	5.21	75.51	0.24
7.38	4.2	4.20	0.90	81.66	4.42	79.93	0.20
8.28	1.95	1.95	0.89	88.97	4.74	84.67	0.15
9.57	1.8	1.80	0.87	96.28	3.86	88.53	0.11
13.64	4.57	4.57	0.82	103.59	3.13	91.66	0.08
16.09	4.23	4.23	0.78	110.90	3.67	95.33	0.05
23.53	5.34	5.34	0.73	118.21	2.19	97.52	0.02
30.47	7.16	7.16	0.65	125.53	2.48	100.00	0.00

表 5-8 为 22205 工作面粉尘进行采样整理结果，由于粒径大于 130 μm 的煤尘沉降速度非常快，所以在对煤样采集以后，用筛子筛去粒径大于 130 μm 的大颗粒煤尘。为了更直观地显示煤尘在各个粒径曲线的分布概率情况，将上述表格制作成柱状图，x 轴上的坐标对应各个煤尘粒径大小，y 轴上坐标表示此粒径区间内煤尘占采样总煤尘百分比。通过柱状图 5-31 可以看出 D_{50} 为 45.9 μm，并且此曲线呈现出中间高两边低的特点。

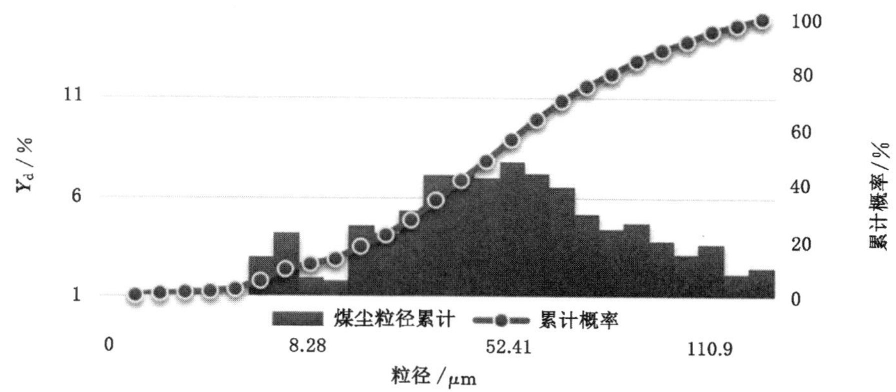

图 5-31　煤尘粒径分布

③ 煤尘粒径的测定及分布规律

由于煤尘的不规则性,需要统一的方法来描述煤尘的大小。煤尘颗粒形状、粒径大小、比表面积等尺寸是颗粒最重要的几何特征参数表征,颗粒尺寸的主要参数为粒径、粒度、粒度分布值。粉尘颗粒是不规则的形状,我们通常使用分层的等效直径来描述粉尘颗粒的大小。因此,粉尘的粒径大小是粉尘的重要参数之一,等效直径可以用表 5-9 来表示。

表 5-9　常见不规则粒子的当量径表示方法

等效直径	定义	计算式
长度径	在一给定方向上测量的直径	$d_p=l$
周长径	有与粒子同样周长 P 的圆的直径	$d_p=P/\pi$
表面积径	有与粒子同样表面积 A_s 的球的直径	$d_p=\sqrt{A_s/\pi}$
体积径	有与粒子同样体积 V_p 的球的直径	$d_p=\sqrt[3]{6V_p/\pi}$
斯托克斯径	沉降速度与密度相同的球形颗粒的直径	$d_p=\sqrt{18\mu v/(\rho_p-\rho_a)g}$

不同粒径粉尘在无风条件下从呼吸带高度(1～5 m)降落到地面所需要的时间如表 5-10 所示。

表 5-10　不同粒径煤尘沉降时间

粒径/μm	100	10	1	0.5
沉降时间/s	3.87	360	37 800	496 800

在 22205 综采工作面取出的煤尘样品,经过筛选去掉粒径大于 130 μm 的粉尘,在经过滤膜的方法测试出粉尘的分散度,如表 5-11 所示。

表 5-11　筛选后煤尘分散度

粒径/μm	频率分布/%	累计概率/%	筛余累计	粒径/μm	频率分布	累计概率/%	筛余累计
0.43	0.5	0.50	1.00	37.79	7.14	41.74	0.58
1.52	0.22	0.22	0.99	45.10	7.01	48.75	0.51
2.64	0.51	0.51	0.99	52.41	7.85	56.60	0.43
3.71	0.31	0.31	0.98	59.72	7.19	63.79	0.36
5.10	0.8	0.80	0.98	67.03	6.51	70.30	0.30
6.41	3.01	3.01	0.95	74.34	5.21	75.51	0.24

表 5-11(续)

粒径/μm	频率分布/%	累计概率/%	筛余累计	粒径/μm	频率分布	累计概率/%	筛余累计
7.38	4.2	4.20	0.90	81.66	4.42	79.93	0.20
8.28	1.95	1.95	0.89	88.97	4.74	84.67	0.15
9.57	1.8	1.80	0.87	96.28	3.86	88.53	0.11
13.64	4.57	4.57	0.82	103.59	3.13	91.66	0.08
16.09	4.23	4.23	0.78	110.90	3.67	95.33	0.05
23.53	5.34	5.34	0.73	118.21	2.19	97.52	0.02
30.47	7.16	7.16	0.65	125.53	2.48	100.00	0.00

④ 煤尘粒度分布函数

由于煤尘的粒度分布不是连续的函数，用数学模型表示煤尘粒度分布方程可以更方便地帮助我们了解煤尘分布规律，现阶段对于煤尘粒度特性分析方程没有标准函数，均为经验方程，如果煤尘粒度分布规律方程类型选择或拟合不当，会引起较大的分析误差，因此在使用经验方程描述煤尘粒度分布时，要充分验证经验方程的有效性。

a. 正态分布函数

一条橄榄球型的具有中心对称轴曲线，气溶胶和沉淀法制备的粉体一般情况下用到正态分布：

$$f(D)=\frac{1}{\sigma\sqrt{2\pi}}\exp\left[-\frac{(D-\overline{D})^2}{2\sigma^2}\right] \tag{5-78}$$

$$U(D)=\int_{D_{\min}}^{D}\frac{1}{\sigma\sqrt{2\pi}}\exp\left[-\frac{(D-\overline{D})^2}{2\sigma^2}\right]\mathrm{d}D \tag{5-79}$$

b. 对数正态分布

在工业通风中所处理的粉尘实际上很少符合于正态分布，往往小直径的尘粒偏多，分布曲线不对称。在这种情况下，采用对数分布函数比较适宜。也就是正态分布函数可以表示成：

$$f(\ln D)=\frac{1}{\ln\sigma_g\sqrt{2\pi}}\exp\left[-\frac{(D-\overline{D})^2}{2\ln^2\sigma_g}\right] \tag{5-80}$$

$$U(\ln D)=\int_{D_{\min}}^{D}\frac{1}{\ln\sigma_g\sqrt{2\pi}}\exp\left[-\frac{(D-\overline{D})^2}{2\ln^2\sigma_g}\right]\mathrm{d}(\ln D) \tag{5-81}$$

c. 罗森-拉姆勒分布

有一部分煤尘是由磨碎的固体煤尘产生，虽然磨碎产生的煤尘粒各不相同，但也有一定的规律可循，经过多年的实验分析，粉尘粒度符合罗森-拉姆勒分布，设置合理的相关系数就会大大简化计算。

$$R(D_p)=100\exp\left[-\left(\frac{D_p}{D_e}\right)^n\right] \tag{5-82}$$

对公式进行化简：

$$\left[\frac{R(D_p)}{100}\right]=\exp\left[-\left(\frac{D_p}{D_e}\right)^n\right]\Rightarrow\left[\frac{100}{R(D_p)}\right]=\exp\left[\left(\frac{D_p}{D_e}\right)^n\right]\Rightarrow\ln\left[\frac{100}{R(D_p)}\right]=\left(\frac{D_p}{D_e}\right)^n$$

$$\ln[\ln(100)-\ln R(D_p)]=n\,[\ln(D_p)-\ln(D_e)] \tag{5-83}$$

式中　$R(D_p)$——筛余累计，%；

D_P——煤尘粒径，mm；

D_e——煤尘分布特征径，μm；

n——均匀性指数。

如果当 $D_p=D_e$ 的时候，也就是 $R(D_p)=100\exp(-1)$，即 $R(D_p)=36.8\%$ 时，通常认为煤尘分布特征径是累加概率达到 36.8%所对的粉尘粒径。

对于上边的函数关系，作自然对数映射，$\ln\{\ln(100)-\ln[R(D_p)]\}$就是映射后的新变量，这里用 Y_D 表示，作自然对数映射后的自变量为 $n(\ln D_p)$，这里用 X_D 表示，$-\ln(D_e)$是一个常数我们这里用 M 表示，得出一个一次函数表达式：

$$\ln\{\ln(100)-\ln[R(D_p)]\}=n\,[\ln(D_p)-\ln(D_e)]\Leftrightarrow Y_D=X_D+nM \tag{5-84}$$

如果对应一条直线，则此粒径分布符合 R-R 分布，由以上关系式可以看出，n 为一次函数自变量系数，n 大于零的情况是一条单调递增的直线，当随着 n 值的增加，函数斜率增加，$\Delta_D=(D_{max}-D_{min})$越小，粒度分布范围越紧凑，当 n 值减小时，$\Delta_D=(D_{max}-D_{min})$越大，粒度分布的范围也就越广。

根据在 22205 工作面对煤尘的采样测试，将测试结果经过计算，整理数据为表 5-12：

表 5-12　粒径双对数函数分布

粒径/μm	X_D	累计频率	Y_D	粒径/μm	X_D	累计频率	Y_D
0.43	−0.844	1.00	−8.778	37.79	3.632	0.58	−0.616
1.52	0.419	0.99	−4.930	45.10	3.809	0.51	−0.403
2.64	0.971	0.99	−4.392	52.41	3.959	0.43	−0.181
3.71	1.311	0.98	−4.166	59.72	4.090	0.36	0.016
5.10	1.629	0.98	−3.743	67.03	4.205	0.30	0.194

表 5-12(续)

粒径/μm	X_D	累计频率	Y_D	粒径/μm	X_D	累计频率	Y_D
6.41	1.858	0.95	−2.901	74.34	4.309	0.24	0.341
7.38	1.853	0.90	−2.299	81.66	4.403	0.20	0.474
8.28	2.114	0.89	−2.102	88.97	4.488	0.15	0.629
9.57	2.259	0.87	−1.947	96.28	4.567	0.11	0.773
13.64	2.613	0.82	−1.625	103.59	4.640	0.08	0.910
16.09	2.778	0.78	−1.387	110.90	4.709	0.05	1.120
23.53	3.158	0.73	−1.137	118.21	4.772	0.02	1.307
30.47	3.417	0.65	−0.856	125.53	4.833	0.00	2.220

将经过计算得出数据表格，以 $\ln\ln R(D_p)$ 为 y 坐标轴，$\ln(D_p)$ 为 x 轴绘制出散点图，如图 5-32 所示，通过最小二乘法拟合出一条直线：$y=1.546\,6x-6.043\,6$，拟合直线的 $R^2=0.962\,3$ 说明拟合数据比较合理，这说明综采面取样的煤尘，用 120 目的筛网将粒径大于 130 μm 的煤尘颗粒筛掉，剩余煤尘仍然符合 R-R 分布。

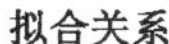

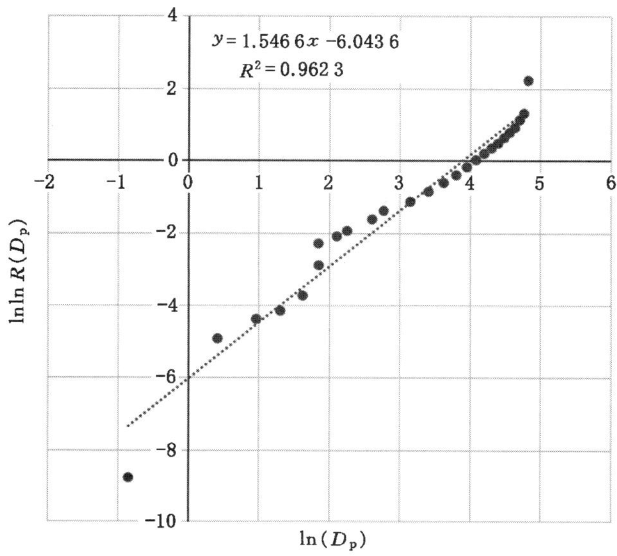

图 5-32　拟合结果

通过拟合直线：$y=1.5466x-6.0436$，得出本组取样煤尘的特征径为30.2 μm，煤尘均匀性指数 $n=1.5466$。

5.2 掘进工作面粉尘运移规律扩散特性分析

5.2.1 掘进工作面粉尘运移规律模型建立

在现代化机械地下矿井的开采过程中，特别是在煤巷综掘工作面，当掘进机进行截割破煤作业过程中，大量煤尘瞬间充满整个空间，因除尘效果较差，粉尘集聚，粉尘浓度急剧增加，整个掘进工作面空间内遍布高浓度粉尘。介于煤的疏水特性，而喷雾降尘等传统技术手段的降尘效率较低，导致粉尘随风流场进行迁移扩散，布满整个工作面，严重威胁着井下采矿工人的职业安全与健康。因此，需要针对粉尘的运移规律和污染现状的研究显得尤为重要。

粉尘颗粒的受力分析，受环境风流场影响，因粉尘颗粒受复合作用力作用，为了能准确获得粉尘颗粒在气相流场计算域中的运动规律，必须针对粉尘颗粒在气相流场中所受外力的影响进行系统研究。因此，本节采用气-固两相流模型相关理论，对气相风速流场中粉尘颗粒受力情况进行分析，建立受限空间内粉尘颗粒动力学数学模型开展模拟研究[153]。

5.2.2 综掘面粉尘污染通风条件风流分布模拟结果

（1）综掘面粉尘污染概述

在地下矿井掘进工作系统的掘进机截割破煤工作过程中，大块煤料受掘进头截割破碎成小块煤料，煤料从较高处跌落到地面时，煤料受重力作用发生冲击和挤压，进而破碎产生粒径更为微小的颗粒。小粒径煤尘在通风系统的裹挟夹带下四处扩散，主要分为以下两个方面：

① 煤料下落时，破碎和碰撞冲击产生的煤料悬浮在空气中，在掘进巷道受限空间内四处扩散；

② 受通风环境条件的风流场裹挟，悬浮在空气中的粉尘颗粒运动方向发生改变，风流携带粉尘颗粒向出口后方扩散，由于地下矿井环境及设备布置复杂，粉尘流集聚风流旋涡处。在每个产尘过程，地下矿井的风流都占据着主要的诱导作用，因此，有必要对地下矿井掘进工作系统粉尘扩散影响因素进行系统地研究[154]。

为了准确地模拟出掘进工作面粉尘运动的分布状况，本书中根据山西霍州煤电木瓜煤矿地下矿井掘进工作面实际尺寸测量结果，掘进巷断面尺寸为：长为20 m、宽为4.5 m、高为3.5 m的长方体计算域。采用COMSOL数值模拟软件建立几何模型，为充分实现粉尘污染现场情况模拟，同时为了降低计算成本，建立的物理几何模型由掘进巷、掘进机、风管组成，综掘面物理模型如图 5-33 所示。

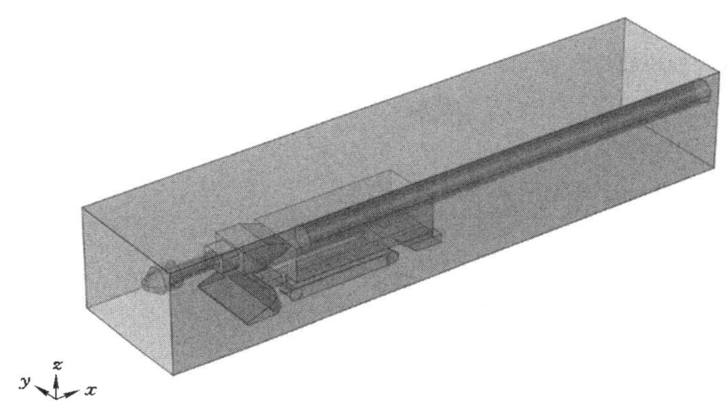

图 5-33　综掘面物理模型

（2）通风条件风流分布模拟结果

综掘面物理模型流场运移规律基本边界条件设置如下：入口边界为速度场入口，出口为采用充分发展的掘进巷风流出口，巷道断面积为 15.75 m^2，压风风管直径为 0.8 m，出风口距离掘进面为 5 m，压风风量设置为该掘进巷道断面积常用的压风风量 300 m^3/min。以此为数值设置基础，采用 COMSOL 数值模拟软件对受限空间内风流场运移进行模拟，模拟结果为如图 5-34。

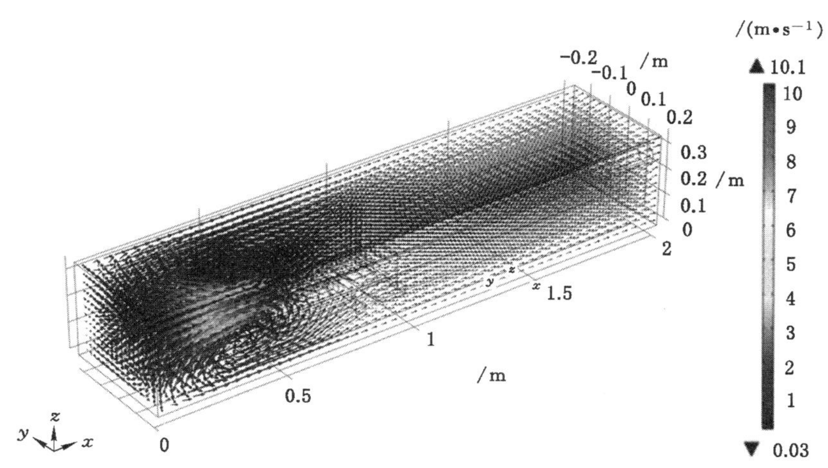

图 5-34　气流速度矢量图

① 掘进巷风流速度矢量图

图 5-34 为流体计算域内气流速度矢量图，从图中可以看出：

a. 在压风管进风口处最大风速为 10.1 m/s，压风风流冲击掘进面后的运动方向被迫发生变化，方向指向出口处；

b. 跌落的煤块、煤尘受气流冲击改变运动轨迹，掘进头处所受风流冲击较大。

② x 轴方向上不同断面的气流场

为了直观显示掘进工作面作业空间的气流分布情况，沿着计算模型 x 轴方向分别选取 $x=1$ m、$x=2$ m、$x=3$ m、$x=4$ m 和 $x=5$ m 等 5 个截面显示气流数值模拟结果，其变化趋势如下图 5-35 所示。其中，各个截面的气流具体模拟结果如图 5-36 所示。

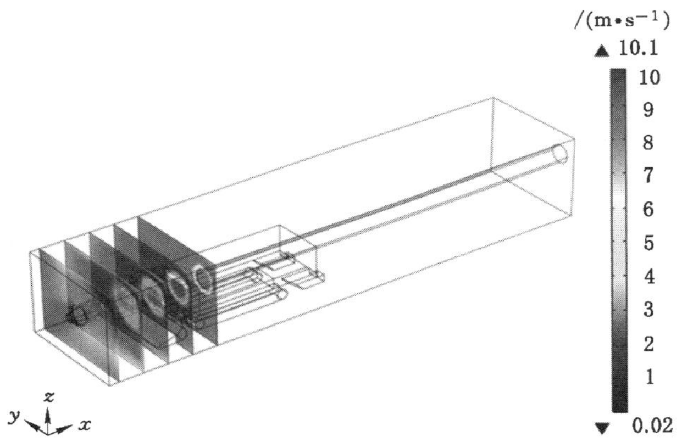

图 5-35　气流沿 x 轴方向总体变化模拟结果

从图 5-35 和图 5-36 可以看出：

a. $x=5$ m 处为压风风筒进风口处，其压风风量设为 300 m^3/min；

b. 在 $x=1\sim5$ m 风流扩散过程中，风流运动方向发生扩散，其气流风速由最大 10 m/s，降低到 $x=5$ m 位置处最大 1.93 m/s；

c. 压风风流在运动过程中，其垂直方向静压减小和自生湍流作用压力梯度条件下，气流在空间内能量逐渐减小，截面内风流风速减小，风流能量逐渐减小。

(3) 颗粒源参数

综掘工作面粉尘设置为煤尘，颗粒源的主要参数如表 5-13 所示。

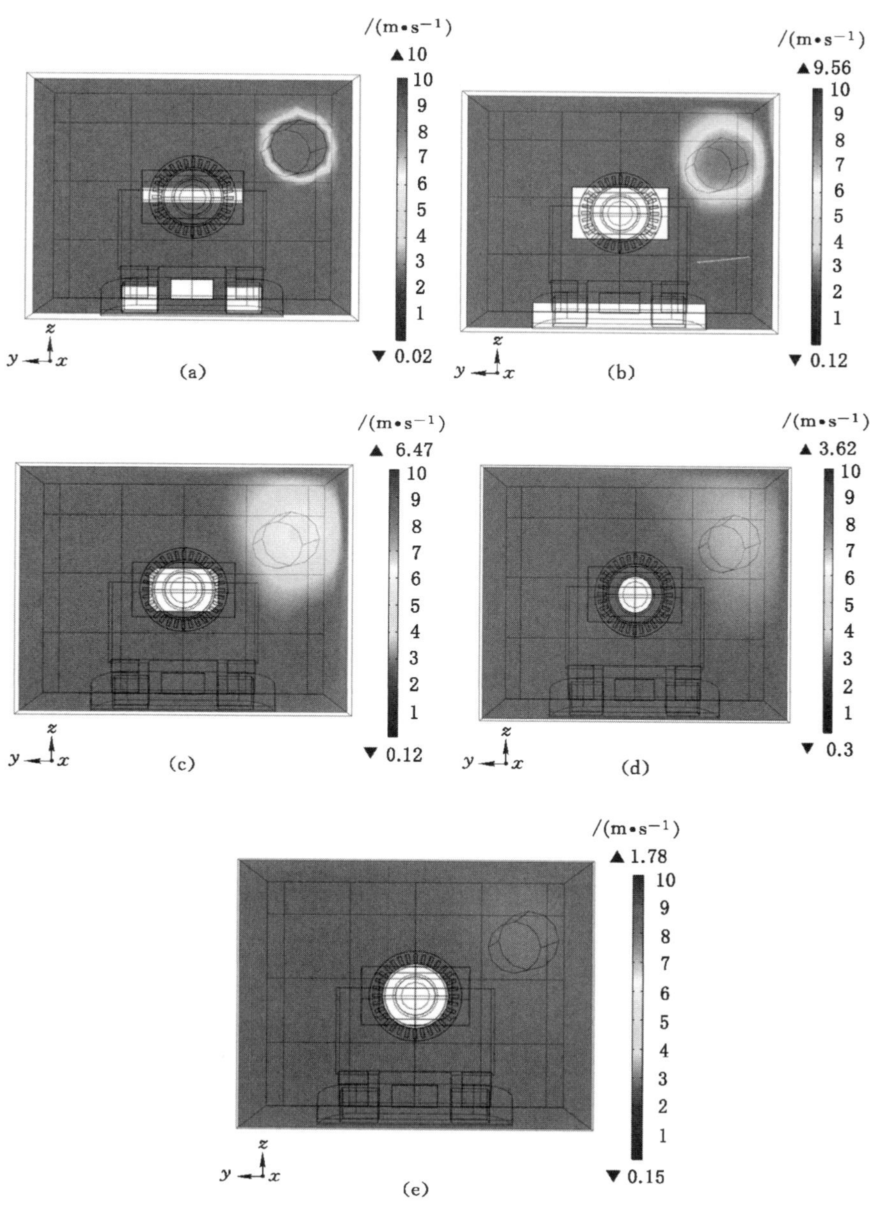

图 5-36　不同位置截面处风流模拟结果

(a) $x=5$ m;(b) $x=4$ m;(c) $x=3$ m;(d) $x=2$ m;(e) $x=1$ m

表 5-13　颗粒源参数设置表

项目	名称	参数设置
粉尘源参数设置	边界类型	平面、法向速度入口
	材料	固体粒子
	粒子密度	1 650 kg/m^3
	粒径分布	Rosin-Rammler
	中位径	3.55×10^{-5} m
	质量流率	0.003 kg/s
	湍流弥散模型	离散随机游走
	壁面边界设置	滑移
	颗粒出口边界	冻结

5.2.3　综掘工作面粉尘浓度扩散模拟结果

该掘进巷道断面积常用的压风风量为 300 m^3/min。以此为数值设置基础，采用 COMSOL 数值模拟软件对受限空间内风流场运移进行模拟，模拟结果如下。

(1) 不同时刻粉尘的运动规律

通过模拟结果如图 5-37 所示，图中粒子轨迹，直观显示综掘工作面作业空间的粉尘颗粒在不同时刻的分布情况，分别研究 $t=2$ s、$t=4$ s、$t=6$ s、$t=8$ s 和 $t=10$ s 等 4 个时刻粉尘颗粒的扩散情况。

从图 5-37 中可以看出：① 由掘进机截割破煤产生的粉尘颗粒主要集中在掘进头附近，粉尘颗粒受到的重力影响，在掘进头下方附近大量沉降；② 粉尘颗粒在巷道内的整个运移过程中，受到压风风流冲击及裹挟，螺旋向出口运移；③ 粉尘颗粒自截割头处受压风气流冲击作用下向后方作业空间的扩散速度非常快，快速布满整个掘进区域空间，粉尘颗粒相对较多。

(2) x 方向上不同断面的粉尘浓度场

为了直观显示综掘工作面作业空间的粉尘浓度分布情况，沿着计算模型 x 轴方向分别选取 $x=0$ m、$x=2.5$ m、$x=5$ m、$x=7.5$ m、$x=10$ m、$x=12.5$ m、$x=15$ m、$x=17.5$ m 等 8 个横截面显示粉尘浓度的数值模拟结果，其粉尘浓度总体变化趋势如图 5-38 所示。其中，各个横截面的粉尘浓度模拟结果如图 5-39 所示。

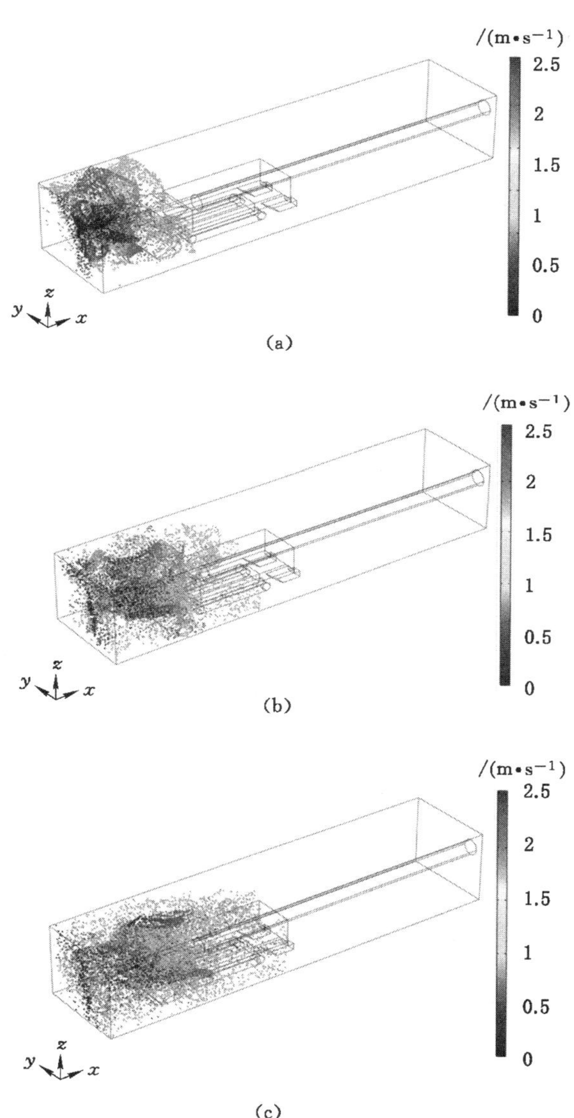

图 5-37　粉尘颗粒运动轨迹

(a) $t=2$ s;(b) $t=4$ s;(c) $t=6$ s;(d) $t=8$ s;(e) $t=10$ s

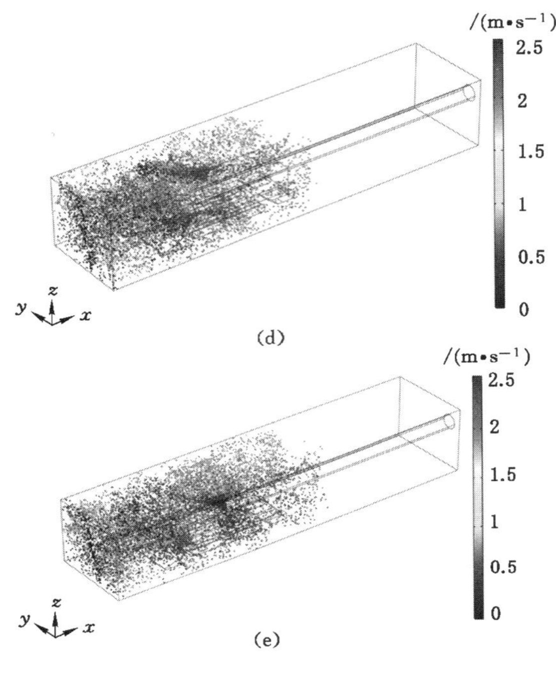

图 5-37 （续）

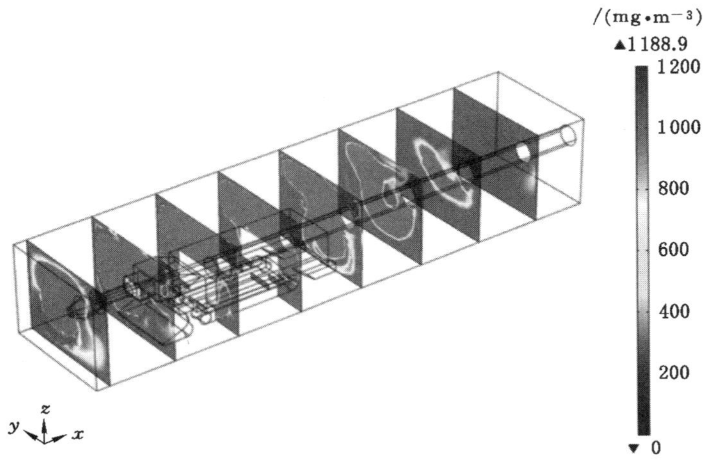

图 5-38 粉尘浓度沿 x 轴方向总体变化模拟结果

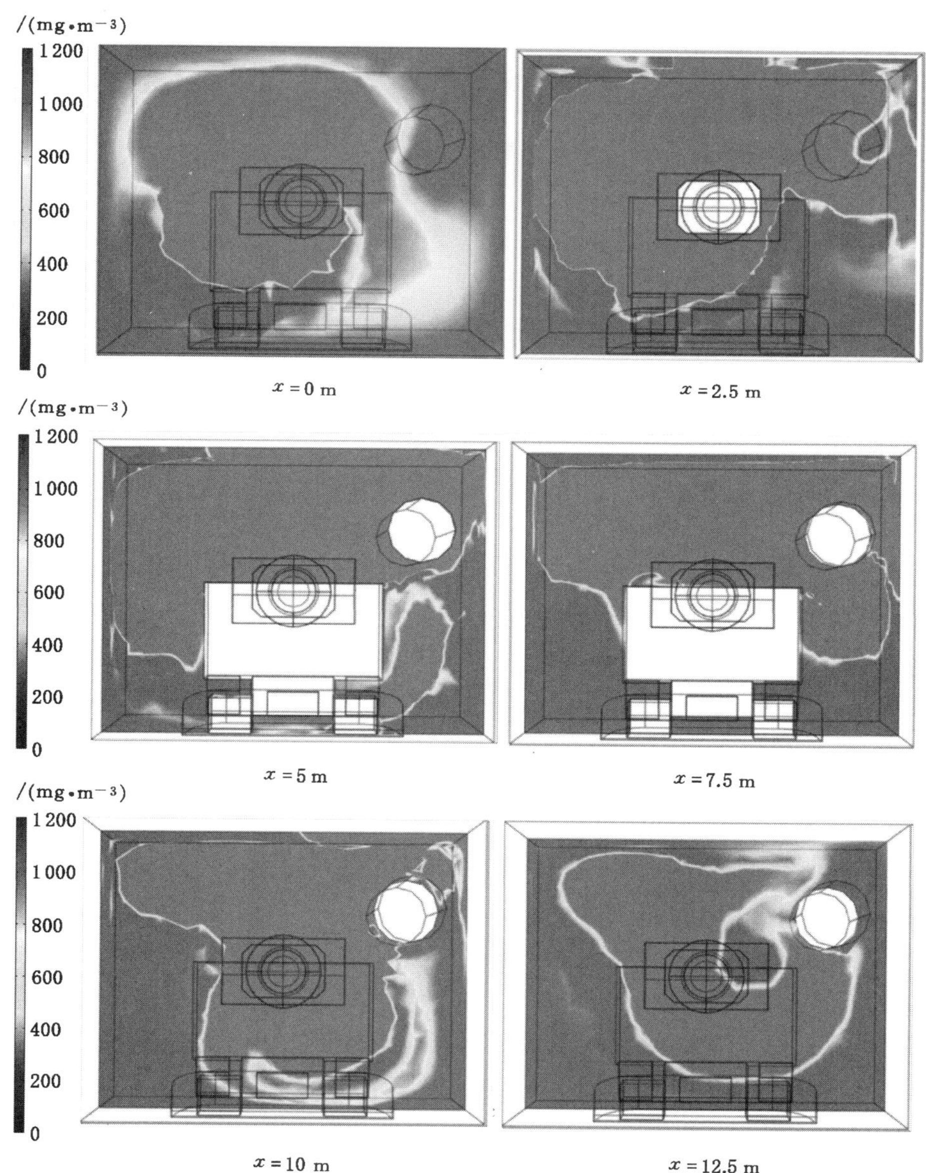

图 5-39　x 轴方向不同横断面的粉尘浓度场模拟结果

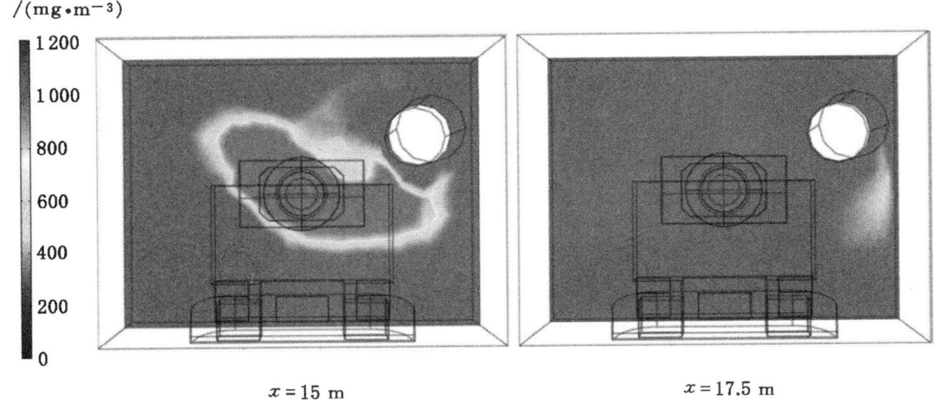

图 5-39 （续）

从图 5-38 和图 5-39 中可以看出：① 在 $x=0$ m 和 $x=2.5$ m 处，粉尘颗粒在受限空间内自掘进点下落，进入掘进工作面气相流场区域，可以获得粉尘浓度分布规律，模拟结果显示最高粉尘浓度可达到 1 188.9 mg/m^3；② 在 $x=5\sim10$ m的区间段内，由于压风风流的裹挟作用，粉尘颗粒随压风风流沿着掘进巷向运输方向扩散，由于在掘进机尾有涡流存在，导致机尾处粉尘发生集聚，粉尘浓度上升，$x=10$ m 处，作业空间的粉尘浓度最大为 167 mg/m^3；③ 在空气动力作用下，掘进巷受限空间内的粉尘颗粒受风流场影响向四周做无规则运动扩散，同时，粒径较大的粉尘颗粒在重力和阻力的共同作用下慢慢沉降，而粒径较小的粉尘颗粒继续向前扩散，粉尘浓度持续降低。

5.2.4 综掘工作面粉尘浓度分析

为了分析压风风流对粉尘颗粒扬尘污染的影响规律，以上述 5.2.3 中研究结果分别调取三种不同高度对作业空间粉尘浓度的影响，xy 散点数据分别导出，绘成曲线图 5-40，从图中可以直观地看出不同高度作业空间不同位置粉尘浓度。

从图 5-40 可以看出，随着测尘点高度的增加，受压风风流冲击影响，造成前端粉尘浓度增大。高浓度粉尘团集中距壁面 0.25 m 处，产生的粉尘对运移到此处时已经弥散到整个作业空间，获得高度在 1.5 m 时，粉尘浓度最大值为 1 188.9 mg/m^3；随着作业空间扩散速度减小，粉尘浓度沿着 x 轴方向逐渐降低。当压风风量分别为 150 m^3/min、400 m^3/min、500 m^3/min 时，提取高度 z

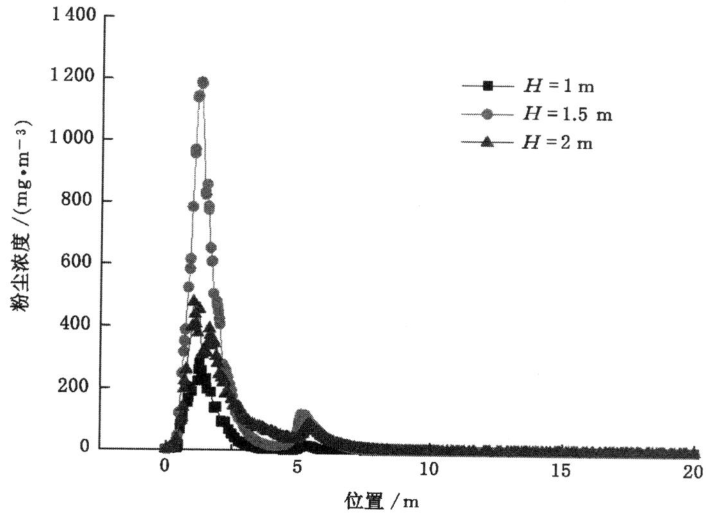

图 5-40　不同高度对作业空间粉尘浓度的影响

分别为 1、1.5、2 m 处，y 为 1.2 m 处，x 由 0～20 m 截线处粉尘浓度数据，将获得的粉尘浓度分布如图 5-41 所示。

从图 5-41 可以看出，随着压风风量的增大，产生的粉尘获得动能上升，粉尘浓度随风速的增加而增大，超过 10 m/s 之后趋于稳定。风速为 5 m/s 时，在 $H=1.5$ m 位置处获得最大值，而随着风速增大，粉尘颗粒动能增大，在风速为 10 m/s时，在 $H=2$ m 处获得最大浓度分布。

根据上文中综掘面各通风条件下的粉尘流场流动规律的模拟结果，获得高度 z 分别为 1、1.5、2 m 处，y 为 1.2 m 处，x 为 0～20 m 处浓度粉尘，将高浓度粉尘扩散距离 L(m)采用商业数学软件 Origin9.0 拟合了 50 mg/m^3 以上粉尘浓度分布，如图 5-42 所示。

数值模拟了综掘面各通风条件下的粉尘流场流动规律，通风条件参数的设置与 5.2.2 小节一致，并采用 MATLAB 软件拟合了 50 mg/m^3 以上高浓度粉尘扩散距离 L，不同高度粉尘扩散浓度分别为：

$$\begin{cases} y=-1.5\times 10^{-7}x^3+0.000\ 1x^2-0.026\ 8x+5.277\ 1, H=1\ m \\ y=-2.8\times 10^{-7}x^3+0.000\ 4x^2-0.102\ 1x+13.546, H=1.5\ m \\ y=-1.8\times 10^{-7}x^3+0.000\ 2x^2-0.05x+10.677, H=2\ m \end{cases} \tag{5-85}$$

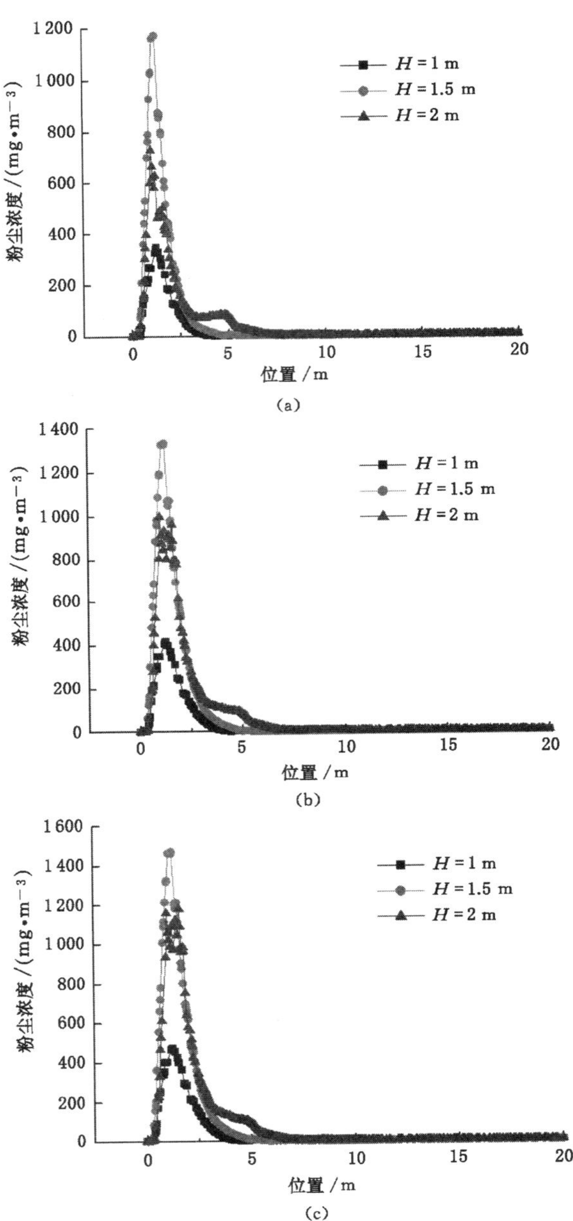

图 5-41　作业空间粉尘浓度的影响

(a) v=150 m^3/min;(b) v=400 m^3/min;(c) 500 m^3/min

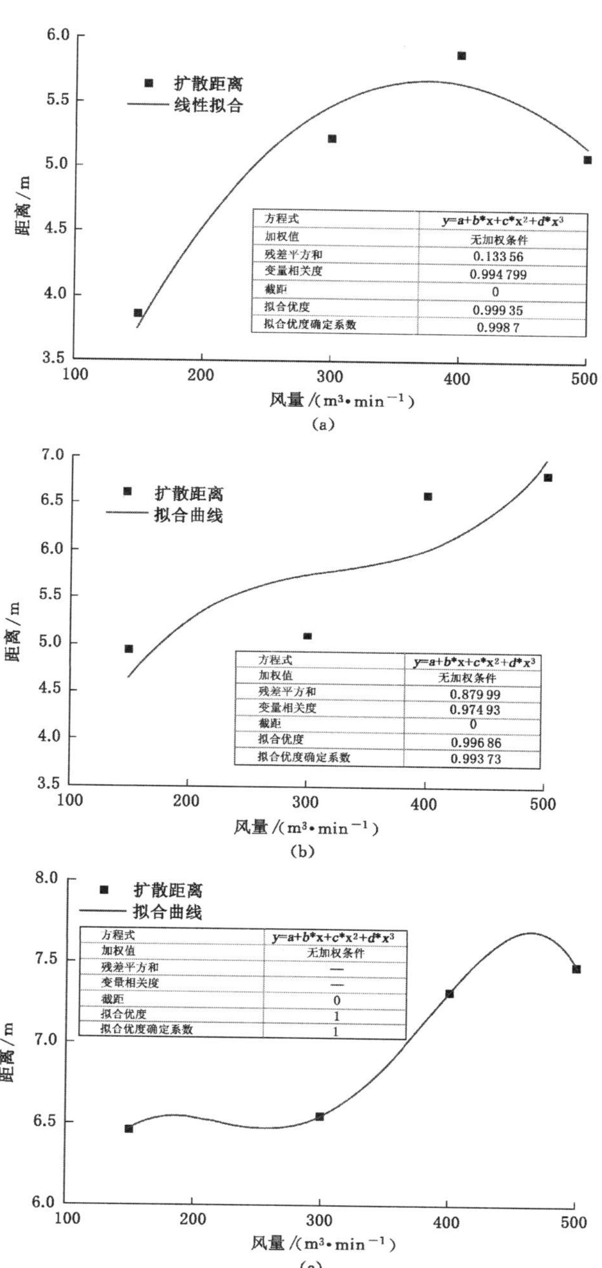

图 5-42　不同高度对作业空间粉尘浓度扩散距离的影响

(a) $H=1$ m;(b) $H=1.5$ m;(c) $H=2$ m

式中　x——压风风量；

　　　y——扩散距离。

在 L 随各通风条件的变化中，测点位置设置 $H=1$ m 时，粉尘扩散距离 L 随压风风量的增大先上升后下降，由 150 m^3/min 时的 3.5 m 上升至 400 m^3/min 时的 6 m，之后粉尘扩散距离 L 有所下降，这是因为粉尘颗粒受压风风流冲击增大，高浓度粉尘扩散距离增大后继续向上方迁移而导致 1 m 高度处粉尘浓度出现下降。而当测点位置设置 $H=1.5$ m、$H=2$ m 时，粉尘扩散距离 L 随压风风量的增大而逐步扩大，粉尘扩散最远离条件为压风风量 500 m^3/min，测点位置设置 $H=2$ m 时，粉尘扩散距离 L 为 7.5 m。这说明由压风风筒形成的压风风幕冲击粉尘扩散到整个巷道，导致在工程施工过程中粉尘飘散到各个位置，因此，亟待选择新型控尘系统达到较佳控尘效果来解决掘进面粉尘污染现状。

第 6 章　螺旋气动雾化控尘系统工程应用

6.1　煤矿井下工程现场粉尘特性的测试与分析

6.1.1　粉尘游离二氧化硅含量测定的实验研究

粉尘的化学成分基本上与物料的成分相同，只是在扬尘过程中由于重力、吸附、挥发等作用，使某些成分可能发生变化。所以，粉尘中各化学成分的含量与原物料又有所不同，应通过分析确定。

从工业卫生角度来看，各种粉尘对人体都是有害的。粉尘的化学成分及在空气中的浓度，直接决定了对人体的危害程度，粉尘中游离二氧化硅的含量越高，对人体的危害越严重。医学研究已经证明，生产性粉尘中的游离二氧化硅是导致尘肺病的主要矿物成分。因此，当今世界各国煤矿相关的安全规程中，对作业环境空气中粉尘浓度（mg/m^3）容许值的规定，都是以粉尘中的游离二氧化硅含量值为依据。我国 2022 年修订的《煤矿安全规程》中第六百四十条规定：作业场所空气中粉尘（总粉尘、呼吸性粉尘）浓度应符合表 6-1 的要求。

表 6-1　作业场所空气中粉尘浓度要求

粉尘种类	游离 SiO_2 含量/%	时间加权平均容许浓度/（$mg \cdot m^{-3}$）	
		总粉尘	呼吸性粉尘
煤尘	＜10	4	2.5
矽尘	10～50	1	0.7
	50～80	0.7	0.3
	≥80	0.5	0.2
水泥尘	＜10	4	1.5

注：时间加权平均容许浓度是以时间加权数规定的 8 h 工作日、40 h 工作周的平均容许接触浓度。

粉尘中游离二氧化硅指没有与金属或金属氧化物结合的二氧化硅，常以结晶的形态存在。测定粉尘中游离二氧化硅含量的目的是了解粉尘的化学性质、评价各种粉尘对人体健康的危害及确定粉尘治理方案的下限浓度标准。因此，在项目研究过程中根据国家标准《工作场所空气中粉尘测定》(GBZ/T 192.4—2007)第4部分:游离二氧化硅含量,焦磷酸法对所采集的粉尘样品进行了游离二氧化硅含量的测定。

(1) 测试方法

① 粉尘游离二氧化硅含量测试内容:主要大巷和辅助运输巷各产尘环节原煤或产品煤粉尘游离二氧化硅含量。

② 采样地点与要求:采集工人经常工作地点呼吸带附近的悬浮粉尘。按滤膜直径为75 mm的采样方法,以最大流量采集0.2 g左右的粉尘,或用其他合适的采样方法进行采样;当受采样条件限制时,可在其呼吸带高度采集沉降尘。游离二氧化硅含量测定主要是测定粉尘对人的危害程度,所以采样地点确定在工人经常工作地点呼吸带(1～5 m)附近的悬浮粉尘。

③ 测试标准与原理:采用国家标准《工作场所空气中粉尘测定》进行测定，测试原理为:粉尘中的硅酸盐及金属氧化物溶于加热到245～250 ℃的焦磷酸中,游离二氧化硅几乎不溶,以质量法测定粉尘中游离二氧化硅的含量。

④ 测试的主要仪器设备:锥形烧瓶(50 mL);量筒(25 mL);烧杯(200～400 mL);玻璃漏斗和漏斗架;温度计(0～360 ℃);电炉(可调);高温电炉(附温度控制器);瓷坩埚或铂坩埚(25 mL,带盖);坩埚钳或铂尖坩埚钳;干燥器(内盛变色硅胶);分析天平(感量为0.000 1 g);玛瑙研钵;定量滤纸(慢速);pH试纸。

(2) 测试结果

测试结果见表6-2。

表6-2 内蒙古某矿粉尘游离二氧化硅含量测试结果

粉尘取样地点	主井	副井	掘进工作面	东翼上仓带式输送机斜巷	胶带运输联络巷	掘进工作面回风顺槽	掘进工作面运输顺槽	2号转载胶带
游离二氧化硅含量/%	5.04	5.24	6.34	5.32	5.58	5.52	5.42	5.87

测试结果表明:内蒙古某矿井下粉尘中游离二氧化硅的含量介于5.04%～6.34%之间,在所有测试样品中,主井处的粉尘样品的游离二氧化硅的含量最

低，其含量为 5.04%；掘进工作面处粉尘样品的游离二氧化硅含量最高，其含量为 6.34%。分析其原因，主要是因为在主井和转载点中其粉尘主要成分为煤尘，所以其游离二氧化硅含量总体较稳定且含量较低；而副井由于受物料运输车辆的影响，在运输过程中可能有水泥等物料的散落，受车辆行驶的扰动会产生二次扬尘，所以在工作面中粉尘的游离二氧化硅含量相对较高。总体来说，内蒙古某煤矿井下粉尘中游离二氧化硅的含量都低于 10%，因此，在确定井下粉尘治理方案时，根据《煤矿安全规程》(2022 版)的有关规定，应尽量将煤矿井下的总粉尘浓度控制在 4 mg/m^3 以下，呼吸性粉尘浓度控制在 2.5 mg/m^3 以下。

6.1.2　粉尘有效密度和堆积密度的实验研究

粉尘密度是粉尘的重要物性参数之一，一般情况粉尘的密度与组成粉尘的物质成分密度相同。但在实际情况下，由于粉尘颗粒内部或粉尘颗粒之间总存在大量的空隙，导致粉尘颗粒密度与粉尘组成物质的密度存在一定的差异。根据不同的研究目的，粉尘的密度分为有效密度和堆积密度。

粉尘的有效密度在通风除尘中的用途广泛。许多除尘设备的选择不仅要考虑粉尘的粒度大小，而且还要考虑粉尘的有效密度。如对粗颗粒，有效密度大的粉尘可以选用沉降室或旋风除尘器；对于有效密度小的粉尘，即使是粗颗粒也不宜采用这种类型的除尘器。

粉尘的堆积密度同样对通风除尘有重要的意义，如灰斗容积的设计，所依据的主要参数不是粉尘的有效密度或物质密度，而是粉尘的堆积密度。在粉尘的气力输送中也要考虑粉尘的堆积密度。

鉴于上述原因，为了更好地了解内蒙古矿井下粉尘的基本特性，获得其在风流中的运移规律及除尘方案的基本参数，依据《工作场所空气中有害物质监测的采样规范》(GBZ 159—2004)，按《粉尘物性试验方法》(GB/T 16913—2008)中的比重瓶法和自然堆积法分别对内蒙古某矿的粉尘样品进行了有效密度和堆积密度的测定。

粉尘的有效密度是指单位体积粉尘的质量，其中粉尘的体积不包括粉尘之间的空隙，因而称之为有效密度 ρ_p(kg/m^3)。在一般情况下，粉尘的有效密度与组成此种粉尘的物质密度是不相同的，因为在粉尘的形成过程中，其表面甚至其内部可能形成某些孔隙，只有表面光滑又密实的粉尘的有效密度才与其物质密度相同。通常粉尘的物质密度比其有效密度大 20%～50%。粉尘的有效密度可表示为：

$$\rho_p = \frac{\text{粉尘质量}}{\text{粉尘所占容积}} \tag{6-1}$$

粉尘呈自然扩散状态时，单位容积中的粉尘的质量称为粉尘的堆积密度或表观密度 ρ_b(kg/m^3)。由于尘粒之间存在空隙，因此堆积密度要比粉尘的有效密度小。粉尘堆积密度可表示为：

$$\rho_b = \frac{\text{粉尘质量}}{\text{粉尘体积}} \tag{6-2}$$

测试结果见表 6-3。

表 6-3　内蒙古某矿粉尘有效密度和堆积密度的测试结果

粉尘取样地点	有效密度/(kg·m^{-3})	堆积密度/(kg·m^{-3})
主井	1 665	932
副井	1 893	1 127
转载胶带	1 570	876
辅助运输巷	1 711	1 046
东翼上仓带式输送机斜巷	1 800	1 080
掘进工作面	1 756	1 120
掘进工作面回风顺槽	1 720	1 008
掘进工作面运输顺槽	1 820	1 134
东翼带式输送机大巷	1 862	1 100
回风联络巷	1 705	924

上述测试结果表明：内蒙古某矿粉尘的有效密度在 1 570～1 893 kg/m^3 范围内，堆积密度在 876～1 134 kg/m^3 范围内。有效密度和堆积密度大小与粉尘的组成成分和空隙分布等因素有关。总体情况是：主井和转载胶带粉尘的有效密度和堆积密度较小，这与巷道粉尘主要为煤尘有关；副井和辅助运输巷的有效密度和堆积密度较高，这与巷道粉尘中含有岩尘有关。

6.1.3　粉尘湿润性的实验研究

粉尘的湿润性是指不同性质粉尘对同一性质液体的不同亲和程度，湿润性好的粉尘容易被水湿润，与水接触后会发生凝并、增重，有利于粉尘从气流中分离，这种粉尘称为亲水性粉尘。粉尘的湿润性是选用除尘设备的主要依据之一，对于湿润性好的亲水性粉尘，可选用湿式除尘器；对湿润性差的粉尘，往往需在液体中加入湿润剂或选用干式除尘器。

液体对固体表面的湿润程度取决于液体分子对固体表面作用力的大小，而对同一尘粒来说，液体分子对尘粒表面的作用力又与液体的力学性质即表面张力有关。表面张力越小的液体，对尘粒越容易湿润。不同性质的粉尘对同一性质的液体的亲和程度是不同的，这种不同的亲和程度称为粉尘的湿润性。

（1）测试方法

湿润现象是分子力作用的一种表现，是液体（水）分子与固体分子间的相互吸引力造成的。根据国家标准《粉尘物性试验方法》（GB/T 16913—2008）中的浸润性测定方法，粉尘的湿润性可以用湿润接触角（θ）的大小来表示，也可用液体对试管中粉尘的浸润速度来表征。浸润速度法测试过程时，通常取浸润时间为 20 min，测出此时的浸润高度为 L_{20}（mm），于是浸润速度 u_{20}（mm/min）为：

$$u_{20}=\frac{L_{20}}{20} \tag{6-3}$$

以 u_{20} 作为评价粉尘湿润性的指标可将粉尘分为四类，如表 6-4 所示。

表 6-4　粉尘对水的湿润性

粉尘类型	Ⅰ	Ⅱ	Ⅲ	Ⅳ
湿润性	绝对憎水	憎水	中等亲水	强亲水
$u_{20}/(\mathrm{mm\cdot min^{-1}})$	<0.5	$0.5\sim<2.5$	$2.5\sim6.0$	>6.0
粉尘举例	石蜡、沥青	石墨、煤	石英	锅炉飞灰

此外，粉尘的湿润性还与粉尘的形状和大小有关，如球形粒子的湿润性比不规则形状的粒子要小；粉尘越细，亲水能力越差，湿润性越差。

（2）测试结果分析

对采集于内蒙古某矿各典型区域的粉尘样品进行湿润性的实验室测试，每个取样地点测试 3 个平行样，测试结果见表 6-5。

表 6-5　内蒙古某矿粉尘湿润性检测结果

粉尘取样地点	主井	副井	工作面	东翼上仓带式输送机斜巷	胶带运输联络巷	掘进工作面回风顺槽	掘进工作面运输顺槽	2 号转载胶带
$u_{20}/(\mathrm{mm\cdot min^{-1}})$	3.73	3.59	3.62	3.66	3.60	3.62	3.46	3.67

经检测分析，采集的内蒙古某矿的 4 类巷道尘样浸润速度 u_{20} 在 3.59～3.73 mm/min 范围内，介于中等亲水性粉尘指标（u_{20} =2.5～6.0 mm/min）之间，因此属中等亲水性粉尘，故在制定粉尘防治措施时可以考虑采用湿式除尘方法，添加润湿剂时降尘效果将更加明显。

粉尘测定结果显示如表6-6所示，该矿总粉尘浓度和呼吸性粉尘浓度均远超出国家标准的要求浓度值。因此，需要在各尘源位置制定、实施粉尘综合治理，同时，考虑该矿除尘现状、特点、粉尘运移规律等，对湿式除尘用水进行测量检验。

表6-6 内蒙古某矿粉尘浓度检测

样品编号	采样/检测地点	检测结果/(mg·m^{-3})	备注
1	2号转载胶带机头的呼吸带高度	50.53	全尘
2	2号转载胶带机头的呼吸带高度	20.87	呼吸性粉尘
3	距2号转载胶带机头下方25 m的呼吸带高度	40.57	全尘
4	距2号转载胶带机头下方25 m的呼吸带高度	16.87	呼吸性粉尘
5	距2号转载胶带机头下方50 m的呼吸带高度	35.45	全尘
6	距2号转载胶带机头下方50 m的呼吸带高度	14.56	呼吸性粉尘
7	距2号转载胶带机头下方100 m的呼吸带高度	20.31	全尘
8	距2号转载胶带机头下方100 m的呼吸带高度	8.76	呼吸性粉尘
9	距2号转载胶带机头上方25 m的呼吸带高度	45.20	全尘
10	距2号转载胶带机头上方25 m的呼吸带高度	20.20	呼吸性粉尘
11	距2号转载胶带机头上方50 m的呼吸带高度	38.52	全尘
12	距2号转载胶带机头上方50 m的呼吸带高度	18.80	呼吸性粉尘
13	距2号转载胶带机头上方100 m的呼吸带高度	15.20	全尘
14	距2号转载胶带机头上方100 m的呼吸带高度	7.66	呼吸性粉尘
15	掘进工作面回风顺槽的呼吸带高度	57.83	全尘
16	掘进工作面回风顺槽的呼吸带高度	26.60	呼吸性粉尘
17	掘进工作面运输顺槽的呼吸带高度	40.33	全尘
18	掘进工作面运输顺槽的呼吸带高度	20.89	呼吸性粉尘
19	掘进工作面联络巷的呼吸带高度	20.10	全尘
20	掘进工作面联络巷的呼吸带高度	7.78	呼吸性粉尘
21	东胶立眼的呼吸带高度	33.44	全尘
22	东胶立眼的呼吸带高度	12.33	呼吸性粉尘
23	硐室联络斜巷带式输送机机头的呼吸带高度	50.57	全尘

表 6-6(续)

样品编号	采样/检测地点	检测结果/($mg \cdot m^{-3}$)	备注
24	硐室联络斜巷带式输送机机头的呼吸带高度	18.27	呼吸性粉尘
25	距硐室联络斜巷带式输送机机头 20 m	30.45	全尘
26	距硐室联络斜巷带式输送机机头 20 m	10.2	呼吸性粉尘
27	硐室东翼上仓带式输送机机头	56.3	全尘
28	硐室东翼上仓带式输送机机头	16.26	呼吸性粉尘
29	距东翼上仓带式输送机机头 20 m	40.62	全尘
30	距东翼上仓带式输送机机头 20 m	20.5	呼吸性粉尘

6.1.4　内蒙古某矿除尘用水的水质测验

① pH 值检测。

② 导电率检测。导电率是以数字表示的溶液传导电流的能力。

③ 色度检测。色度即水的颜色,是指水中的溶解性物质或胶体状物质所呈现的类黄色乃至黄褐色的程度。

④ 浊度检测。浊度色度于水中含有悬浮及胶体状态的微粒,使得原来无色透明的水产生浑浊现象,其浑浊的程度称为浊度。

⑤ 余氯检测。余氯色度当有效氯与水经一定时间接触后,除了与水中细菌、微生物、有机物、无机物等作用消耗一部分氯量外,还剩下了一部分氯量,这部分氯量就叫作余氯。

测量结果见表 6-7～表 6-9。

表 6-7　采掘工作面水质测量表

序号	检测类别	检测结果	自来水标准值
1	pH 值	5.68	4.5～6.5
2	导电率	0.046 5 S/m	$0.5\times10^{-2}\sim5.0\times10^{-2}$ S/m
3	色度	54.9 度	<15 度
4	浊度	10.2 度	<3 度
5	余氯	0.09 mg/L	≥0.05 mg/L

表 6-8　胶带运输联络巷水质测量表

序号	检测类别	检测结果	自来水标准值
1	pH 值	5.44	4.5～6.5
2	导电率	0.058 7 S/m	0.5×10^{-2}～5.0×10^{-2} S/m
3	色度	49.9 度	<15 度
4	浊度	9.8 度	<3 度
5	余氯	0.06 mg/L	≥0.05 mg/L

表 6-9　回风巷水质测量表

序号	检测类别	检测结果	自来水标准值
1	pH 值	5.68	4.5～6.5
2	导电率	0.046 5 S/m	0.5×10^{-2}～5.0×10^{-2} S/m
3	色度	53.9 度	<15 度
4	浊度	7.5 度	<3 度
5	余氯	0.06 mg/L	≥0.05 mg/L

从检测结果可以看出，水质色度、浊度均远高于自来水标准，因此，考虑到防止喷头堵塞的情况，同时增强喷雾稳定性、可靠性，用水进行预处理，拟采用多级过滤、软化、磁化的水处理方法。并设计沉淀箱，利用磁雾系统进一步增强系统稳定性。

6.1.5　分散度的测定

（1）分散度的测定方法

分散度就是各粒径区间含有的粉尘占全部粉尘的百分比，分为测试数量分散度和质量分散度，数量分散度是指各粒径区间的粉尘个数之和占总粉尘数目的百分比，质量分散度指在各粒径区间的粉尘质量之和占总粉尘质量的百分比。我们需要设计出更加简单有效的除尘方案，这首先需要对粉尘进行分散度测试。

测试粉尘的分散度主要通过数量分散度和质量分散度两种方法。数量分散度常用显微镜观察法，将粉尘样品制作成标片，放在显微镜下检测，并计算含量，最后应用以下公式计算煤尘的分散度：

$$P_{ni}=\left(n_i/\sum n_i\right)\times100\% \tag{6-4}$$

式中　P_{ni}——粒径分散度；

n_i——指定粒径粉尘颗粒数之和，个；

$\sum n_i$——各粒径粉尘总数，个。

质量分散度 P_{wi}，用以下公式计算：

$$P_{wi}=\frac{w_i}{\sum w_i \times 100\%} \tag{6-5}$$

式中　$\sum w_i$——某一粒径范围内粉尘颗粒的质量之和，%；

w_i——某一粒径范围内粉尘颗粒质量的百分数，%。

(2) 主要测试仪器

测定过程中主要的测试仪器如图 6-1 所示。

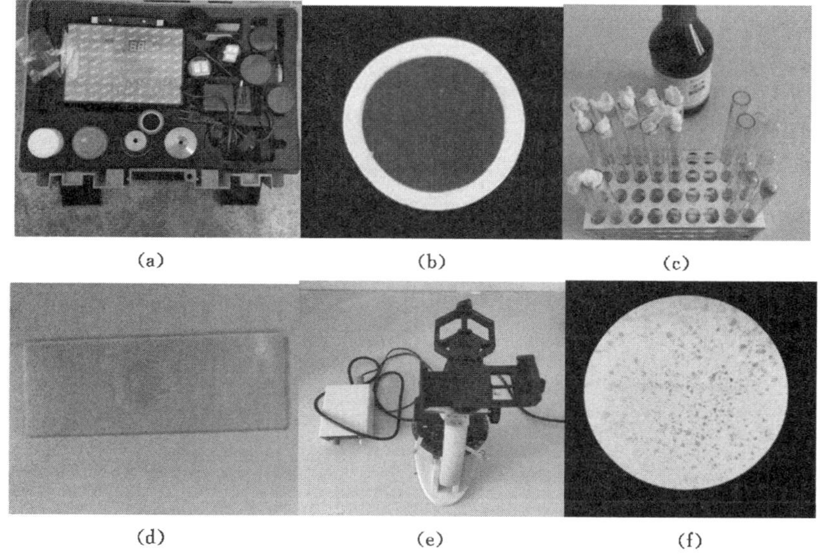

(a)　(b)　(c)

(d)　(e)　(f)

图 6-1　主要测试仪器

(a) 采样器；(b) 过氯乙烯纤维滤膜；(c) 乙酸丁酯溶剂；(d) 载玻片；(e) 显微镜；(f) 图像处理系统

(3) 煤尘分散度的测定结果

根据前文讲述的粉尘的不规则性，以及粉尘的粒径大小是粉尘的重要参数之一，所以用分层的等效直径来描述粉尘颗粒的大小。等效直径可用表 5-9 来表示。

通过对内蒙古某矿各工作面采样测定，得到内蒙古某矿各工作面煤尘分散度测定数据，如表 6-10、表 6-11 所示。

表 6-10　内蒙古某矿掘进工作面煤尘分散度测定数据

单位:%

粒径/μm	≤1	≤2.5	≤5	≤10	≤20	≤50	≤100
采煤机落煤处	4.27	13.56	25.65	50.12	70.23	95.62	100
采煤机司机处	10.20	16.20	30.34	70.45	88.60	98.02	100
移架工序处	5.42	15.62	26.78	55.42	73.88	96.31	100
多工序处	6.80	24.86	34.12	57.98	77.02	94.30	100
转载机司机处	10.88	31.45	60.45	88.24	93.70	99.20	100
回风顺槽测点	12.03	28.60	52.05	80.75	98.66	100	100

表 6-11　内蒙古某矿掘进工作面煤尘分散度测定数据

单位:%

粒径/μm	≤1	≤2.5	≤5	≤10	≤20	≤50	≤100
距工作面 100 m	15.20	35.69	50.10	88.85	95.20	100	100
距工作面 50 m	12.03	28.92	45.64	85.36	90.52	98.02	100
距工作面 20 m	10.36	20.87	30.64	82.44	89.88	96.31	100
距工作面 10 m	10.8	24.86	34.12	80.30	90.46	95.30	100
距工作面 5 m	10.88	31.45	30.20	80.20	95.8	94.30	100

不同粒径粉尘在无风条件下从呼吸带高度(1.5 m)降落到地面所需要的时间如表 6-12 所示。

表 6-12　不同粒径煤尘的沉降时间

粒径/μm	100	10	1	0.5
沉降时间/s	6.87	360	37 800	496 800

6.2　掘进工作面现场工程应用研究

针对地下矿井掘进过程复杂化条件,掘进工作面粉尘治理难度大,高浓度粉尘危害大,严重威胁着在地下矿井工作工人的身体健康等问题,部分矿井需要布置辅助通风系统来保证生产环境符合《煤矿安全规程》的要求。而针对目前在煤尘防治工作的研究、实践过程中,特别是针对湿法除尘,本书首次提出气动螺旋雾幕控尘原理、方法及控尘系统,并已经对本书所提出的设备进行了理论探讨、数值模拟及单独降尘实验研究，但针对目前综合降尘实验并没有进行研究。因此，基于掘进工作面采煤系统产尘特点及前文的研究成果，利用气动螺旋雾幕控尘系统配合辅助通风系统，构建了掘进工作面综合控尘系统的相似实验平台，本节主要对掘进工作面综合控尘系统进行降尘实验研究，以期对课题研究成果的正确性和可靠性进行验证。

6.2.1　气动螺旋雾幕综合控尘系统

气动螺旋雾幕控尘技术在地下矿井的应用与研究工作在国内尚无先例可循。这一控尘技术是最近由辽宁工程技术大学职业健康研究院新提出的一种控尘措施。目前我国大多数地下煤矿主要采用掘进机进行截割采煤作业，大多数矿井安装有辅助压风风路，该新型设备的研发过程中需要针对不同辅助通风系统工况下的雾化性能进行研究，了解工况环境的扰动特性对设备控尘效果的影响，解决实际问题。

(1) 综合控尘系统的布置

根据山西霍州煤电木瓜煤矿地下矿井掘进工作面实际尺寸测量结果，使用 SolidWorks 三维建模软件建立了宽度为 4.5 m、高度为 3.5 m、长度为 20 m 的三维全尺寸隧道物理模型。所建立的三维隧道物理模型主要包括：隧道本体、EBZ160A 型掘进机、气动螺旋雾幕控尘系统、通风风筒和带式输送系统。具体而言，该隧道模型内掘进机长×宽×高尺寸为 9.2 m×2.9 m×1.8 m，通风风筒均采用直径为 800 mm 的阻燃风筒，图 6-2 显示了所建立的三维掘进工作面全尺寸物理模型。

本节研究考虑到现场实际通风工况，主要设置两种研究方案：方案一在掘进巷道内部设置压入式通风风筒；方案二在同规格掘进巷道实验域内增设抽风风筒，设置为长压短抽联合除尘系统。为了在不同条件下进行气流偏移和气动螺旋雾幕扩散规则的数值模拟，设置压风风筒出口为轴向进风口、抽风风筒为出风口。进气口和除尘风扇的排气口分配不同的气流速度。

(2) 实验系统介绍

根据 6.1 中综合控尘系统布置所述的实验设备结构组成，所设计的气动螺旋雾幕综合控尘实验系统三维设备整体示意图如图 6-3 所示，气动螺旋雾幕综合控尘系统半封闭相似实验平台如图 6-4 所示。该实验系统中的仪器及测量仪表主要包括涡轮流量计、热敏式风速仪，控制器主要使用矢量变频器。系统中设置气动螺旋雾幕发生装置和通风系统，依据模拟所确定的关键参数对气动螺旋雾幕控尘系统降尘性能进行实验测定。

实验时实验室内大气条件为 $p_{amb}=0.1$ MPa，$t_{amb}=298$ K。实验时在半封闭实验箱壁面设置自制发尘器作为发尘源，实验用粉尘选用阜新电厂原煤经破

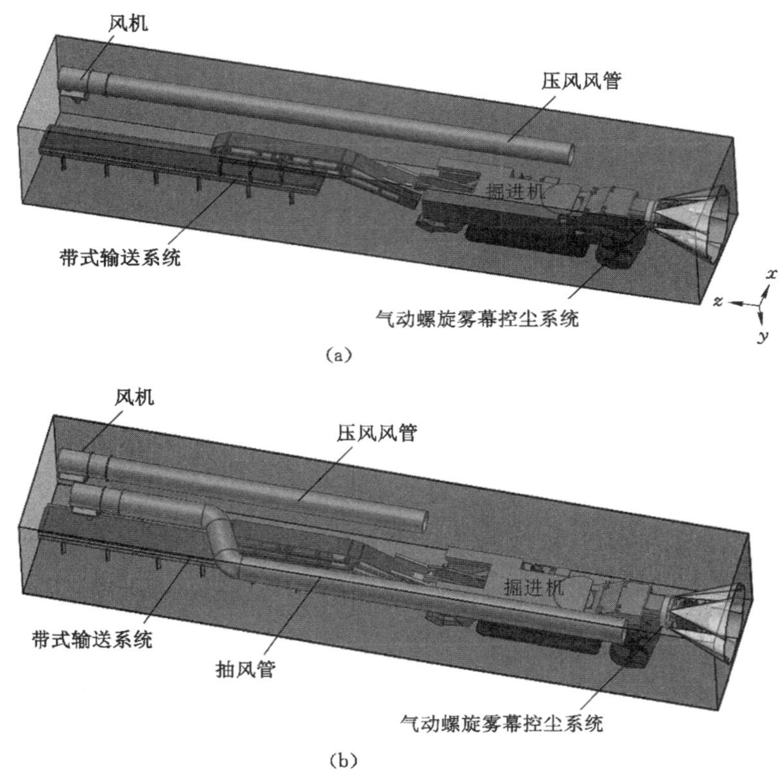

图 6-2　综掘工作面气动螺旋雾幕综合控尘系统物理模型

(a) 压风联合式;(b) 长压短抽联合式

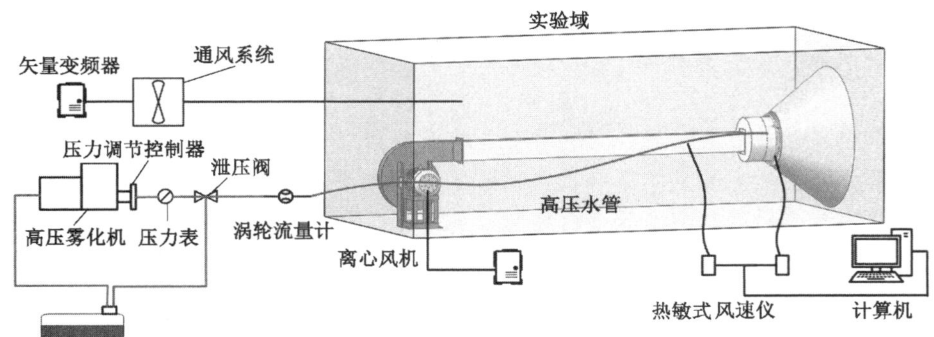

图 6-3　综合控尘实验系统三维示意图

图 6-4　综合控尘系统实验平台

碎后，使用筛孔尺寸为 0.045 mm 筛网去除较大粒径煤尘，发尘量按 30 g/min 进行发尘作业。采用粉尘检测设备便携直读式 CCZ1000 粉尘检测仪和 AKFC-92A型矿用粉尘采样器对不同通风条件下的降尘性能进行实验。当气动螺旋雾幕控尘系统设备开启时，实验空间内湿度较大，空间内部随压风流场运动的小液滴布满整个巷道，受限空间内的湿度会严重影响粉尘浓度仪的控尘精度，对此需改用粉尘采样器对空气中的粉尘进行采样。

（3）综掘工作面粉尘源产尘特性

因地下矿井采用现代机械进行高效掘进作业，掘进机掘齿截割破碎挖掘工作过程中掘齿破煤挤压产生大量的粉尘，产生的大量煤尘占据了整个工作面 80%以上。鉴于煤料的疏水特性，普通喷雾所产生的雾滴粒径较大，对悬浮的呼吸性煤尘捕集效果并不明显。因此掘进工作面截割产生的高分散度、高浓度粉尘随压风风流可运移距离更远、悬浮时间更长、扩散面积更广、危害性和治理难度更大。小粒径粉尘团自掘进机截割破煤尘源点生成后，受通风系统压风风流裹挟随风流扩散方向运移，另一方面受空气场中压力梯度及阻力而发生横向扩散。即所产生粉尘团随风流发生扩散后，大多分布于掘进机回风侧，且距离越远沿横向粉尘浓度分布越均匀。在地下矿井通风系统条件下，受限矿井空间内含尘气流沿巷道回风侧缓慢排出，进而遍布整条巷道[155]。因此，在掘进机破煤尘源点设计抑制措施，采用新技术防止高浓度粉尘进一步扩散，是拦截地下矿井受限空间内粉尘污染的有效途径，更是粉尘治理工作中的重要任务。

6.2.2 气动影响模拟

(1) 压风联合除尘系统

根据前文研究结果，对综掘工作面采用压入式通风除尘方式条件下的气动螺旋控尘雾幕形成效果进行模拟分析。首先设定模拟基础工作条件，气动螺旋雾幕主要参数：射流风速 $v=30$ m/s，工作夹角为 75°，喷雾压力为 4 MPa；由于半封闭实验箱设计的相似掘进断面积 S 为 15.75 m²，根据国家相关规定，当 9 m/min$\leqslant v \leqslant$240 m/min 时，煤巷掘进工作面 $9S\leqslant Q_{压}\leqslant 240S$，即岩巷掘进工作面压入式通风风量范围最低为 141.75 m³/min，煤巷掘进工作面最低为 236.25 m³/min，最高为 3 780 m³/min。因此，设定 $Q_{压}$ 为 150、300、400、500 m³/min。以 3.4.1 中相似理论为基础，设定 $Q_{压}$ 为 1.5、3、4、5 m³/min。采用 COMSOL 软件数值模拟了不同压风风量条件下的压风口对雾滴运动轨迹的影响，获得粒子轨迹随时间变化规律，如图 6-5 至图 6-8 所示。

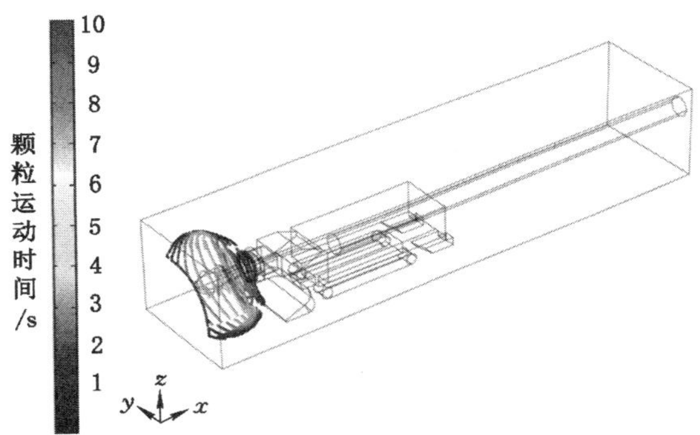

图 6-5 压风风量为 1.5 m³/min 时的粒子运动轨迹

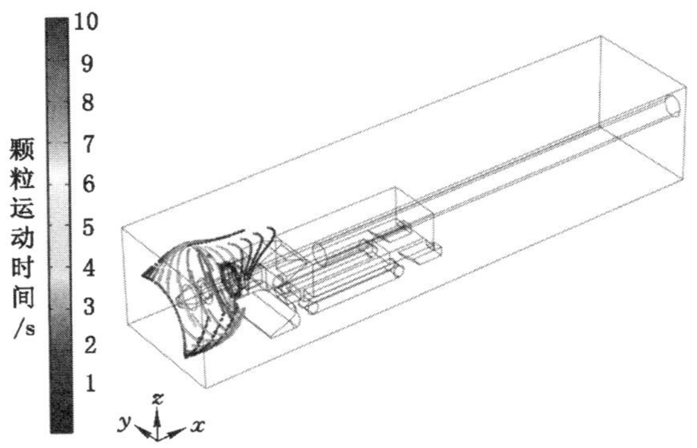

图 6-6 压风风量为 3 m³/min 时的粒子运动轨迹

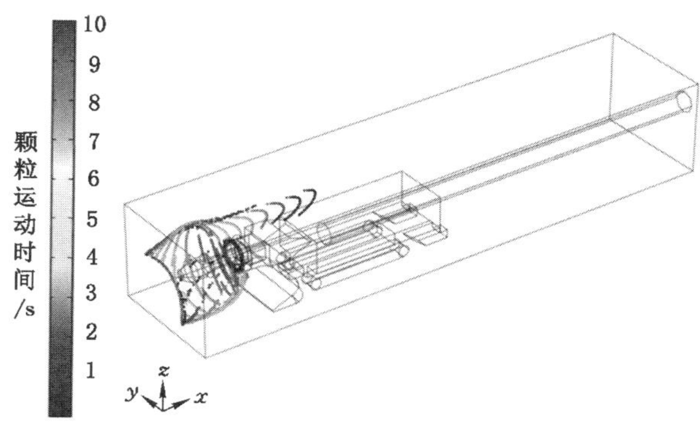

图 6-7　压风风量为 4 m^3/min 时的粒子运动轨迹

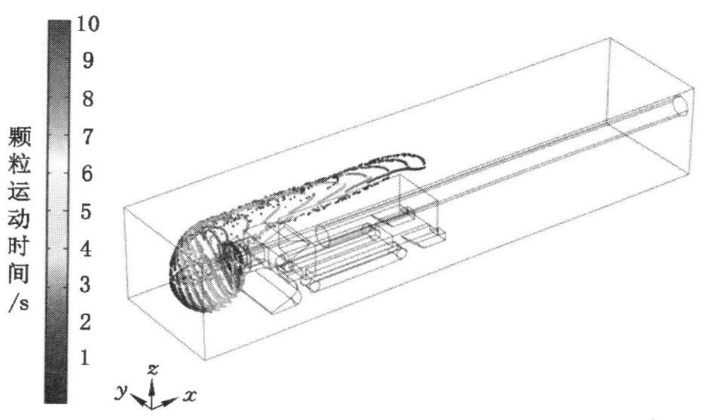

图 6-8　压风风量为 5 m^3/min 时的粒子运动轨迹

由 4 幅模拟结果图可知：当气动螺旋雾幕发生装置工作稳定时，空气从压风口流出后，在风速较大的压风口前端形成了指向壁面的射流场，同时射流冲击壁面发生反弹。随着压风口风速的增大，压风风流有效射流场冲击强度逐渐增大。在射流冲击强度及断面逐渐扩大的过程中，卷吸液滴随流场运动，压风射流冲击旋转液滴脱离旋转轨迹，指向 x 轴负方向运动，随着压风强度的逐渐增大，旋转雾幕的变化也随之变大，即由图 6-5 中略微干扰到图 6-8 中完全干扰雾幕的形成。由于压风气幕冲击壁面后，风流流动方向指向 x 轴正方向，与掘进机前的气动螺旋雾幕扩散方向相反，使雾滴被大量地吸入风流场向外扩散。

(2) 长压短抽联合除尘系统

本节对采用压入式通风除尘方式的掘进工作面进行模拟分析，模拟了气动螺旋控尘雾幕在掘进工作面通风系统工程中雾幕的形成与作用效果。为保证实验具有对比性，设定模拟基础工作条件与本节气动螺旋雾幕综合控尘系统中所介绍的实验系统条件一致。长压短抽通风条件设置时，为壁面通风条件对设备的影响，根据前人研究结果[156]，压抽比为 1.5，掘进工作面断面积 S 为 15.75 m^2。因此，原型应设定压风口 $Q_{压}$ 为 150、300、400、500 m^3/min；$Q_{抽}$ 为 100、200、285、333 m^3/min。压风口距离掘进壁面的距离 L_E 为 15 m，抽风口的距离 L_F 为 5 m。以相似理论为基础，$Q_{压}$ 为 1.5、3、4、5 m^3/min；$Q_{抽}$ 为 1、2、2.85、3.33 m^3/min，L_E 为 1.5 m，L_F 为 0.5 m。采用 COMSOL 软件数值模拟了不同压风风量条件下的压风口对雾滴运动轨迹的影响，获得粒子轨迹随时间变化的规律，如图 6-9 至图 6-12 所示。

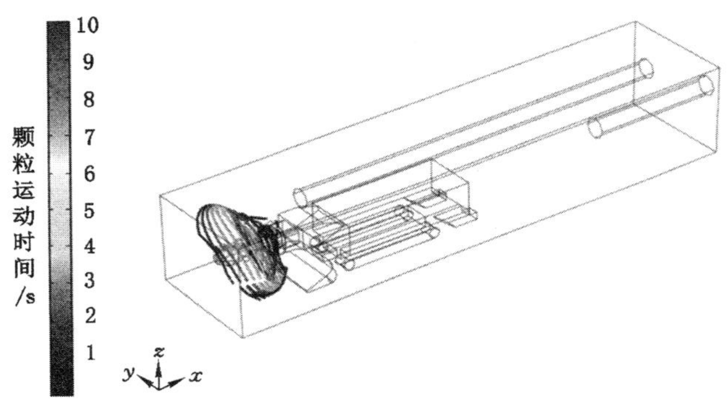

图 6-9　压风风量为 1.5 m^3/min、抽风风量为 1 m^3/min 时的粒子轨迹

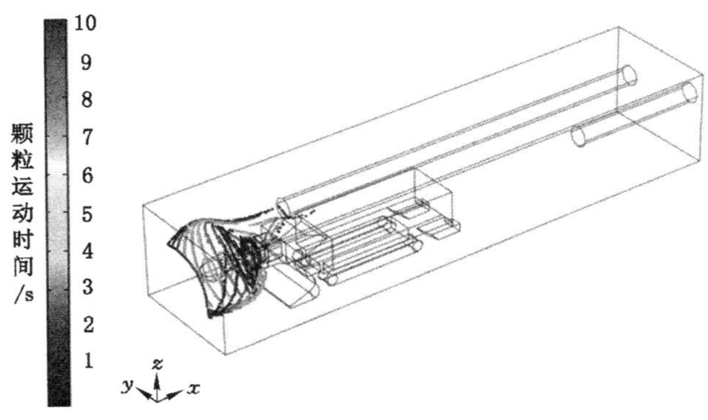

图 6-10　压风风量为 3 m^3/min、抽风风量为 2 m^3/min 时的粒子轨迹

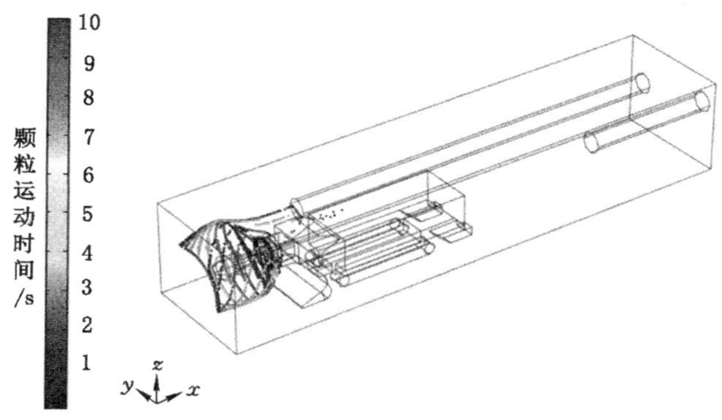

图 6-11　压风风量为 4 m^3/min、抽风风量为 2.85 m^3/min 时的粒子轨迹

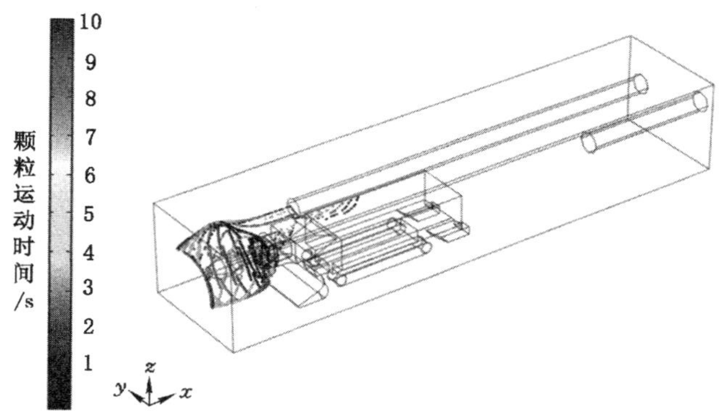

图 6-12　压风风量为 5 m^3/min、抽风风量为 3.33 m^3/min 时的粒子轨迹

由 4 幅模拟结果图可知：开启掘进机外压风风筒，空气从压风口流出后，因压风风管出风口风速距离掘进断面较远，所形成高速压风射流场受场中压力梯度、沿程阻力及空气自身的黏滞性影响，至发尘处时风速降低，使得射流风速冲击力较小，对气动螺旋雾幕控尘系统所形成的雾幕影响变小，干涉液滴运动强度变小。但当气动螺旋雾幕发生装置工作稳定时，随着压风口风速的增大，压风风流有效射流场冲击强度逐渐增大。在射流冲击强度逐渐扩大的过程中，压风射流冲击旋转液滴脱离，当风速超过 13.3 m/s 时发生较大规律干涉，影响粒子旋转轨迹，指向 x 轴负方向运动，而当开启抽风风机时，进风口距离壁面较近，则在图 6-9 中略微干扰粒子轨迹。根据相似理论分析可知，当实际工况压风风量超过 300 m^3/min 时，可以看出大部

分液滴脱离旋转轨迹，被吸入抽风风筒即图 6-10 中粒子扩散加剧；随着风量的增大，当抽风风量达到 285 m^3/min 时，抽风筒处对旋转雾滴形成的雾幕破坏较大，雾滴向后运动在巷道内扩散，即图 6-11 和图 6-12 中气动螺旋雾幕已经完全被破坏，使得气动螺旋雾幕控尘系统失效。

6.3 掘进工作面螺旋气动雾幕联合通风方式控尘实验研究

6.3.1 联合雾化干扰实验

联合雾化干扰相似实验采用的与 6.2 中物理模型相同的比例进行，并采用与模拟条件中相同的雾化条件与通风参数的实验参数进行实验。通过等比例模型相似实验的方法，主要考察了不同工况通风条件下对气动螺旋雾幕的形成的影响，并给出气动螺旋雾幕在压入式通风除尘及长压短抽通风条件下的抗干扰性能，取气动螺旋雾幕主要参数：射流风速为 $v=30$ m/s，工作夹角为 75°，喷雾压力4 MPa。通风条件分别为 6.2 节中压入式及长压短抽通风条件。先开启气动螺旋雾幕控尘系统，然后开启通风系统至工况条件，获得的实验结果如表 6-13 所示。

表 6-13 抗干扰性能实验结论

编号	通风条件	相似位置/m		相似风量/($m^3\cdot min^{-1}$)		雾幕完整度
		$L_{压}$	$L_{抽}$	$Q_{压}$	$Q_{抽}$	
1	压入式通风	0.5	—	1.5	—	完整
2	压入式通风	0.5	—	3.00	—	较完整
3	压入式通风	0.5	—	4.0	—	较发散
4	压入式通风	0.5	—	5.0	—	发散
5	长压短抽	1.5	0.5	1.5	1.0	完整
6	长压短抽	1.5	0.5	3.0	2.0	较完整
7	长压短抽	1.5	0.5	4.0	2.8	发散
8	长压短抽	1.5	0.5	5.0	3.3	发散

6.3.2 联合雾化降尘实验

因综合降尘设备开启时，井下受限空间内湿度大，空间内部分随压风流场运动的小液滴布满整个巷道，严重影响激光粉尘浓度仪的控尘精度，对此需改用粉尘采样器对空气中的粉尘进行采样。实验时，在半封闭实验箱壁面设置自制发尘器作为发尘源，实验用粉尘选用阜新电厂原煤经破碎后，使用筛孔尺为寸 0.045 mm筛网去除较大粒径煤尘进行发尘作业，与 6.2 中发尘实验方式一致，结合粉尘采样器采样前后滤膜的单位质量的增加和设备采样流量，依据公式(6-6)可获得空气中的粉尘质量浓度。

$$C=\frac{m_2-m_1}{Qt}\times 1\ 000 \tag{6-6}$$

式中　C——空气中粉尘质量浓度，mg/m^3；

m_2——采样后的滤膜质量，mg；

m_1——采样前的滤膜质量，mg；

Q——采样流量，L/min；

t——采样时间，min。

根据 6.2 中实验结论，降尘实验选择能形成较完整雾幕的工况条件下，对工作面粉尘浓度分布进行测量，实验工况包括：

① 单独开启发尘器(采用 CCZ1000 激光粉尘浓度采样器)；

② 开启气动螺旋雾幕控尘系统，开启压风风管，采用粉尘采样器对测点位置粉尘浓度分布规律进行测量(雾化压力 4 MPa，雾化工作夹角 75°，射流风速 30 m/s；压风风量选择 1.5、3、4 m^3/min)；

③ 开启气动螺旋雾幕控尘系统，开启长压短抽通风设备，采用粉尘采样器对测点位置粉尘浓度分布规律进行测量(雾化压力 4 MPa，雾化工作夹角 75°，射流风速 30 m/s；压风风量选择 1.5 m^3/min、3 m^3/min，抽风风量选择 1 m^3/min、2 m^3/min)。

依据国家安全生产行业标准《煤矿井下粉尘综合防治技术规范》(AQ 1020—2006)关于粉尘检测的要求，在图 6-13 中掘进机司机位置、掘进机机体后方 0.5 m 处(距底板工作人员呼吸带高度 1.5 m)布置两个测尘点，对粉尘浓度进行测量。定量测试气动螺旋雾幕控尘技术联合通风系统在封闭实验巷道内的降尘效果，测点 1 为司机位置 0.75 m、呼吸带高度 0.15 m 处，测点 2 为机组后回风侧 1.5 m、呼吸带高度0.15 m处，测点位置布置如图 6-13。

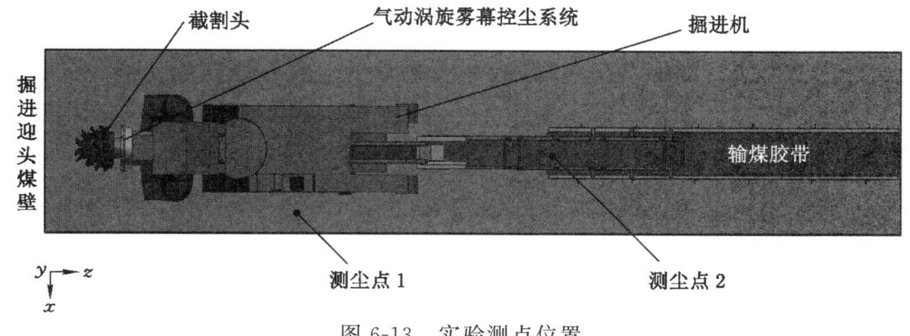

图 6-13　实验测点位置

当模拟发尘实验稳定发尘作业时，无防尘措施（干式作业）对所设置的测点1、2处采用CCZ1000型直读式测尘仪检测；联合控尘（湿式作业）时改为粉尘采样器进行检测。分别测得无防尘措施、气动螺旋雾幕联合压入式通风除尘、气动螺旋雾幕联合长压短抽通风除尘3种抑尘作业工况条件下的总粉尘（全尘）与呼吸性粉尘（呼吸性粉尘）浓度的五组数据，获得的不同工况条件下的粉尘浓度分布情况如表6-14和表6-15所示。

表6-14　全尘采样浓度

工况	条件						
	测点位置	采样时间/min	流量/(L·min^{-1})	滤膜自重/mg	滤膜增大/mg	净重/mg	全尘浓度/(mg·m^{-3})
工况一	1	—	—	—	—	—	563.9
工况一	2	—	—	—	—	—	326.8
工况二(1)	1	2	20	89.8	91.5	1.7	42.5
工况二(1)	2	2	20	88.9	90	1.1	27.5
工况二(2)	1	2	20	85.4	86.7	1.3	32.5
工况二(2)	2	2	20	87.3	88.9	1.6	40
工况二(3)	1	2	20	90.1	91.2	1.1	27.5
工况二(3)	2	2	20	82.3	84.3	2	50
工况三(1)	1	2	20	85.4	87.1	1.7	42.5
工况三(1)	2	2	20	91.3	92	0.7	17.5
工况三(2)	1	2	20	86.9	88.2	1.3	32.5
工况三(2)	2	2	20	88.5	89.4	0.9	22.5

表6-15　呼吸性粉尘采样浓度

工况	条件						
	测点位置	采样时间/min	流量/(L·min^{-1})	滤膜自重/mg	滤膜增大/mg	净重/mg	全尘浓度/(mg·m^{-3})
工况一	1	—	—	—	—	—	150.2
工况一	2	—	—	—	—	—	80.2
工况二(1)	1	2	20	89.8	90.3	0.5	12.5
工况二(2)	2	2	20	87.3	87.6	0.3	7.5
工况二(1)	1	2	20	85.4	85.9	0.5	12.5
工况二(2)	2	2	20	89.9	90.3	0.4	10

表 6-15(续)

工况	条件						
	测点位置	采样时间/min	流量/(L·min^{-1})	滤膜自重/mg	滤膜增大/mg	净重/mg	全尘浓度/(mg·m^{-3})
工况二(1)	1	2	20	87.3	87.5	0.2	5
工况二(2)	2	2	20	85.7	86.2	0.5	12.5
工况三(1)	1	2	20	88.4	89	0.6	15
工况三(2)	2	2	20	89.2	89.4	0.2	5
工况三(1)	1	2	20	88	88.4	0.4	10
工况三(2)	2	2	20	90.1	90.4	0.3	7.5

6.3.3　联合雾化效率实验分析

表 6-14 和表 6-15 为多工况雾化降尘效果粉尘浓度分布，从表中可以看出，工况一中为不开启任何除尘设备自沉降实验，作为本次实验的实验参考；工况二为同时开启控尘系统与通风系统时测点粉尘浓度分布情况；工况三为同时开启长压短抽及气动螺旋雾幕控尘系统时测点粉尘浓度。

不同工况条件下的气动螺旋雾幕控尘系统联合雾化半封闭实验平台降尘效果数据，根据表中数据和以下降尘效率公式计算：

$$\eta=\frac{C_o-C_t}{C_o}\times 100\% \tag{6-7}$$

式中　η——粉尘的除尘效率，%；

C_o——粉尘的初始浓度，mg/m^3；

C_t——t 时间的粉尘浓度，mg/m^3。

计算求得工况二时测点 1 处的全尘及呼吸性粉尘的降尘效率分别为：

$$\eta_{DCI}=\frac{563.9-42.5}{563.9}\times 100\%=92.5\% \tag{6-8}$$

$$\eta_{RDCI}=\frac{80.2-12.5}{80.2}\times 100\%=91.7\% \tag{6-9}$$

同理可得气动螺旋雾幕联合压入式通风系统条件下，掘进巷道测点 2 处的全尘及呼吸性粉尘的降尘效率分别为 91.6%和 90.6%。其他两种工况时掘进巷道测点 1 处的全尘降尘效率为 94.2%和 95.1%，呼吸性粉尘降尘效率为91.7%和 96.7%；而测点 2 处全尘降尘效率 87.8%和 84.7%，呼吸性粉尘降尘效率为87.5%和 84.4%。掘进机测点 1、2 处压入式通风联合气动螺旋雾幕控尘系统降尘效率对比如图 6-14 所示。

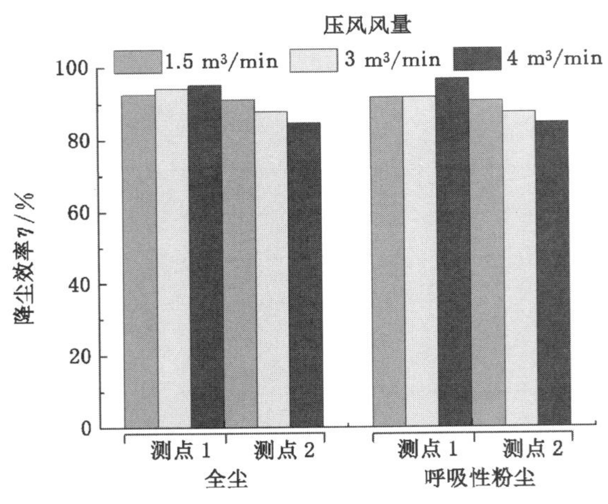

图 6-14　压入式通风联合降尘效率对比

通过图 6-14 压入式通风联合气动螺旋雾幕控尘系统降尘效率对比中可以看出，随着压风风量 1.5 m^3/min 增大到 4 m^3/min 的过程中，测点 1 司机位置粉尘浓度下降，除尘效率上升；测点 2 位置降尘效率微弱的上升之后，快速下降，这是由于压风风量的增大，使得由压风风筒喷出的射流风速增大，冲击掘进壁面反弹后，使得气动螺旋雾幕出现缺口，部分粉尘随射流风流从缺口处逃逸，使得掘进机后方的粉尘浓度上升。因此，设定当压入式风筒设置位置为 0.5 m 时，气动螺旋雾幕控尘系统所能承受的通风风流干扰最大为 4 m^3/min。

同理根据式(6-5)可得气动螺旋雾幕联合长压短抽式通风条件下，掘进巷道测点 1 处的全尘降尘效率为 92.5%和 94.6%，呼吸性粉尘降尘效率为 91.8%和 92.7%；而测点 2 处全尘降尘效率为 94.2%和 94.7%，呼吸性粉尘降尘效率为 93.1%和 90.6%。

掘进机测点 1、2 处长压短抽式通风联合气动螺旋雾幕控尘系统降尘效率对比如图 6-15 所示。

通过图 6-15 长压短抽通风联合降尘效率对比中可以看出，随着风量的增大，测点 1 司机位置粉尘浓度下降，除尘效率稳步上升最高可达 94.2%；而测点 2 位置降尘效率先上升后下降，这是由于压风风量的增大，对气动螺旋雾幕的冲击增大，同时由于抽风产生的负压，导致部分雾滴脱离原有旋转轨迹，对巷道的封闭形成了缺口，使得测点 2 粉尘浓度上升，除尘效率下降。

6.3.4　实验研究结果讨论

(1) 不同工况对雾化性能的影响规律

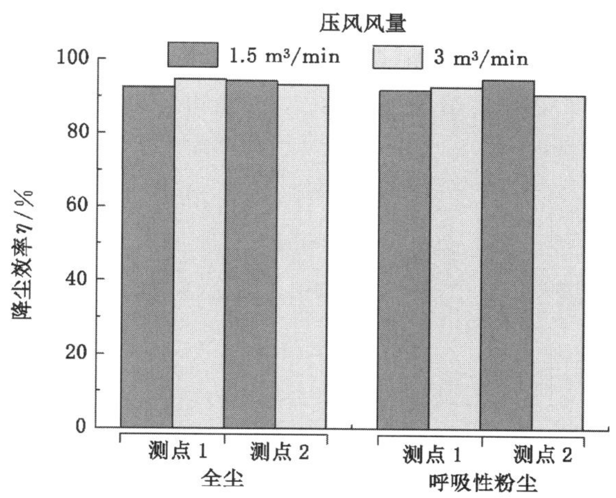

图 6-15　长压短抽式通风联合降尘效率对比

由 6.2 节中联合除尘系统雾化性能模拟结果可知：

① 选定气动螺旋雾幕工作条件射流风速为 $v=30$ m/s，工作夹角为 75°，喷雾压力 4 MPa。单独使用压入式风筒风量 $Q_{压}$ 分别为 1.5、3、4、5 m^3/min 时，随着压风风筒产生的射流风速逐渐增大，压风风流与气动螺旋雾幕运动干涉随风筒射流风速的增大较为明显，使得原本旋转扩散的雾滴运动方向发生改变，气动螺旋雾幕雾化性能表征随风速的增大逐渐现呈现出缺口。当压风风管位置距工作壁面 5 m 时，压风风量超过 3 m^3/min，液滴在工作面扩散距离随风速的增大而增大，对气动螺旋雾幕形成较大的冲击扩散，当压风风量达到 5 m^3/min 之后随压风风量的增大，雾滴扩散现象加剧，缺口处不断扩大压风完全破坏雾滴形成的旋转雾幕，在巷道内的扩散，使得气动螺旋雾幕控尘系统逐渐失效。

② 当选定气动螺旋雾幕工作条件保持不变时，改为长压短抽工况条件，$Q_{压}$ 分别为 1.5、3、4、5 m^3/min，$Q_{抽}$ 为 1、2、2.85、3.33 m^3/min。随着 $Q_{压}$ 和 $Q_{抽}$ 的逐渐增大，所产生风流与气动螺旋雾幕运动干涉较为明显，原本旋转扩散的雾滴受长压短抽通风条件联合影响，运动雾滴轨迹发生改变更剧烈，在 $Q_{压}$ 为 3 m^3/min、$Q_{抽}$ 为 2 m^3/min 时，逐渐进入不稳定状态，气动螺旋雾幕旋转液滴进入抽风风口，原本与巷道壁面封闭处呈现出缺口，缺口随 $Q_{压}$ 和 $Q_{抽}$ 风量的改变而加剧。

(2) 联合雾化降尘效率结论

根据表 6-14 和表 6-15 中降尘实验粉尘浓度结果可知：

① 单独压入式通风联合雾化

$Q_{压}$分别为 1.5、3、4 m^3/min 时，测点 1 位置处全尘降尘效率分别为 92.5%、94.2%、95.1%；呼吸性粉尘降尘效率分别为 91.2%、87.8%、84.7%。测点 2 位置处全尘降尘效率分别为 91.7%、91.7%、96.7%；呼吸性粉尘降尘效率分别为 90.6%、87.5%、84.4%。测点 1 处随压风风量的增大粉尘降尘效率增大，是由于压风风速的增大，粉尘随风流扩散未回流至司机位，所以司机位测点 1 处，粉尘浓度下降。而当风量的增大，原本与巷道壁面封闭的气动雾幕呈现出缺口，造成前端粉尘突破雾幕缺口向后扩散，因此，掘进机后方测点 2 处粉尘浓度增大。

② 长压短抽通风联合雾化

粉尘下降规律与结论(1)相似，但是由于压风口与抽风口联合作用，气动螺旋雾幕破坏更为剧烈，实验仅考虑雾化除尘效率，故而只选择了两种通风条件 $Q_{压}$ 分别为 1.5、3 m^3/min，$Q_{抽}$ 为 1、2 m^3/min 时，同时获得了测点 1 位置处全尘降尘效率分别为 92.5%、94.2%；呼吸性粉尘降尘效率分别为 94.6%、93.1%。测点 2 位置处全尘降尘效率分别为 91.8%、92.7%；呼吸性粉尘降尘效率分别为 94.7%、90.6%。而测点 2 位置处表现出的降尘规律与结论(1)一致，皆因通风条件破坏雾幕而发生粉尘逃逸，造成后方粉尘浓度上升。

6.4 煤矿井下回风巷超音速螺旋气动雾化控尘系统工程应用研究

(1) 超音速螺旋磁雾雾化装置构成

超音速螺旋磁雾雾化装置构成如图 6-16 所示。

(2) 现场安装

控尘系统布置位置如图 6-17 所示，对该位置的粉尘浓度分布进行测定，测定结果显示该位置粉尘粒度在呼吸性粉尘区间内占比 90%以上，并且一般生产时呼吸性粉尘浓度在 15～30 mg/m^3，因此常规湿式降尘难以对该位置粉尘进行有效捕集。

控制箱主体结构均采用 4 mm 厚白钢板制作，保障煤矿井下经久耐用，控制箱设置全并联喷头单独供压控制，保证每个喷头的雾化效果。

控制系统实现定时、触控、光控多种自动控制功能。光控传感器布置在断面降尘雾幕前后 10 m 处，保证行人关闭，无人开启，防止雾幕影响工人正常行走。控尘系统线路、传感器、喷头布置位置如图 6-18 所示。

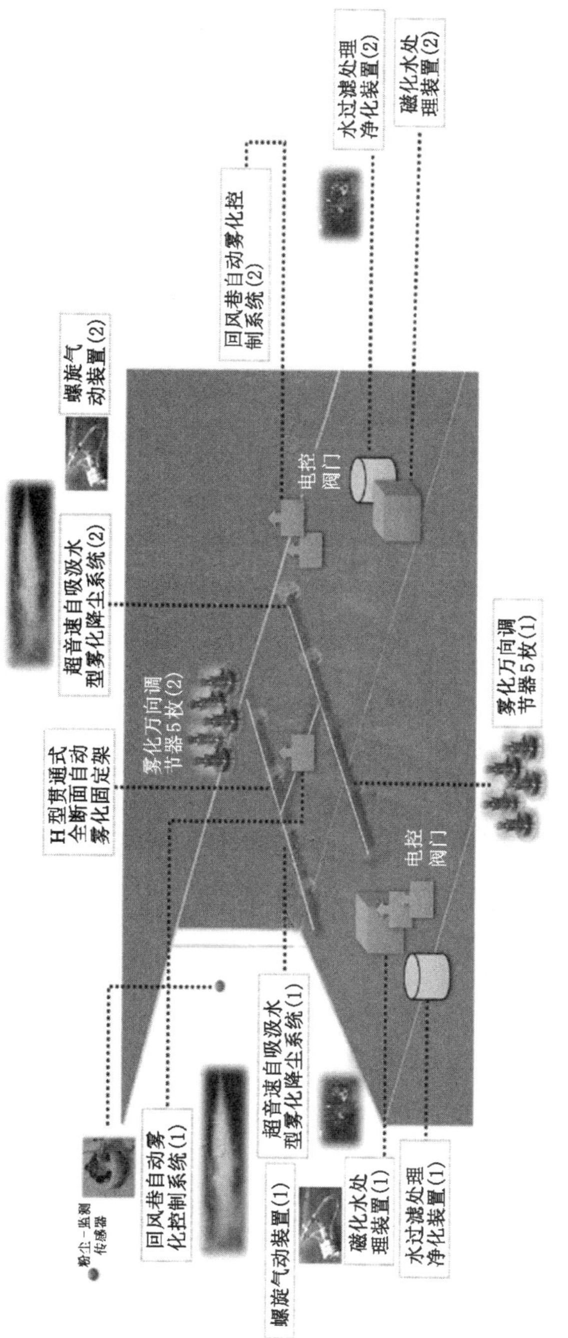

图 6-16　超音速螺旋磁雾化装置构成图

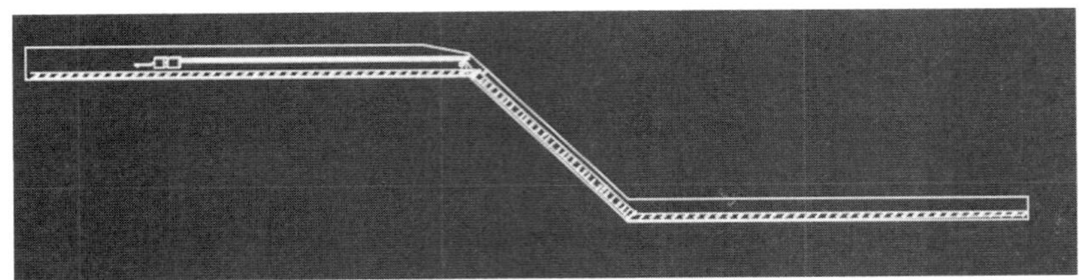

图 6-17 控尘系统布置位置

图 6-18 控尘系统线路、传感器、喷头布置位置

实际现场安装、调试工作已全部进行完毕，所有管路均按照相关标准铺设，且软管外用阻燃平包塑管嵌套，用阻燃挂钩排挂在巷道侧壁。喷雾支架采用 2.5 mm 厚镀锌板，系统现场布置及螺旋气动磁雾效果如图 6-19 和图 6-20 所示。

图 6-19 系统控制箱现场布置、调试实物图

回风顺槽全断面，系统共设计安装 7 枚喷头，实际调试后四枚喷头可覆盖全断面，行人侧将雾幕流量调小，防止对行人侧地面环境造成污染，雾幕在横向风流 0.8 m/s 的干扰作用下，逆风喷射穿透距离超过 3.2 m。

通过粉尘采样器采样收集雾幕前后位置的粉尘浓度，确定了回风顺槽内雾幕前后段的粉尘浓度分布，获得了应用全断面降尘雾幕后各测点治理后的粉尘

图 6-20　全断面降尘雾化效果

浓度对比结果，如表 6-16 所示。

表 6-16　全断面超音速磁化螺旋气动雾幕应用前后粉尘浓度对比数据

编号	测点名称	治理前煤尘浓度 /(mg·m^{-3})	治理后煤尘浓度 /(mg·m^{-3})	测点类型	降尘效率 /%
1	回风顺槽绞车轨道行人侧呼吸带 1	15.67	1.32	呼吸性粉尘	91.58
2	回风顺槽绞车轨道行人侧呼吸带 2	20.14	1.9	呼吸性粉尘	90.57
3	回风顺槽绞车轨道行人侧呼吸带 3	22.35	2.08	呼吸性粉尘	90.69
4	回风顺槽绞车轨道行人侧呼吸带 4	16.13	2.03	呼吸性粉尘	86.80
5	断面降尘雾幕后行人呼吸带 1	17.26	1.81	呼吸性粉尘	90.60
6	断面降尘雾幕前车闸行人呼吸带 1	20.17	—	呼吸性粉尘	—
7	断面降尘雾幕前坡中行人呼吸带 1	15.65	—	呼吸性粉尘	—
8	断面降尘雾幕前坡下行人呼吸带 1	23.57	—	呼吸性粉尘	—

粉尘治理水平得到有效提高，降尘效率各点均达到 85%以上。

6.5　回风顺槽随变电列车移动式超音速全断面螺旋气动控尘雾幕工程应用

(1) 系统现场布置环境

如图 6-21 所示，为回风顺槽内现场布置环境，该顺槽因煤层含水量大，软煤岩结构，巷道顶板、底板、侧壁变形严重，巷道空间狭窄，巷道截面变化大，列车上机电设备所占巷道截面空间大，还存在空车、满车等复杂风流运移环境，由此便造成了巷道内风流运动速度大、运动过程紊乱现象，最大风流速度可达 2 m/s 以上，最小处在 0.1 m/s 以下，分布极不均匀。因此对上节全断面磁化螺旋雾幕系统进行优化，得到随变电列车移动式全断面螺旋气动控尘雾幕。

图 6-21　回风顺槽变电列车处巷道环境

(2) 系统构成及参数设定

经过系统的分析论证，在试点的实际应用环境条件下，并且能够满足矿方要求，协同高效降尘达到技术效果，首先不可能在巷道壁面任何位置悬挂，其次系统必须布置在列车上，并且将供气、水管路延伸至前后接头，按照现场条件水源可从列车上取得，取水位置如图 6-22 所示。

图 6-22　变电列车上循环水净化器

压风则配备 30 m 长管路，保证每隔 50 m 的压风接头情况下，可取得气路供给。

另外，现场布置为达到全断面且适应巷道变化，系统整体构成采用交错式贯穿喷雾，用雾场中后半部分交错在三维空间中形成厚度为 2 m 左右的断面雾幕。

系统由交错形式固定支架、螺旋气动喷头、控制器、气水分配多功能控制箱、光控传感器、不锈钢分体箱等部分构成，如图 6-23 所示。各部分功能为：交错形式固定支架，将其他部件固定支撑在变电列车平板车上，随着车辆后撤移动；螺旋气动喷头，超音速螺旋气动雾幕喷射装置，能够凭借气动过程自吸汲取气水分配多功能控制箱内的清水；控制器接 127 V 电源，具有光控喷雾、定时喷雾等功能，主要通过传感器信号控制气水分配多功能控制箱内的防爆型电控球阀以控制喷头工作；气水分配多功能控制箱，具有多喷头气量分配控制、调节功能，电控球阀失效时可采用将电控球阀短路的方式为系统配给气源，实现应急手动操控；光控传感器，检测人员信号，当工作人员经过时可向控制箱中传递信号控制电控球阀开闭达到喷雾自动控制目的；不锈钢分体箱主要保护气水连接管路、为喷头做固定支撑等部分构成。

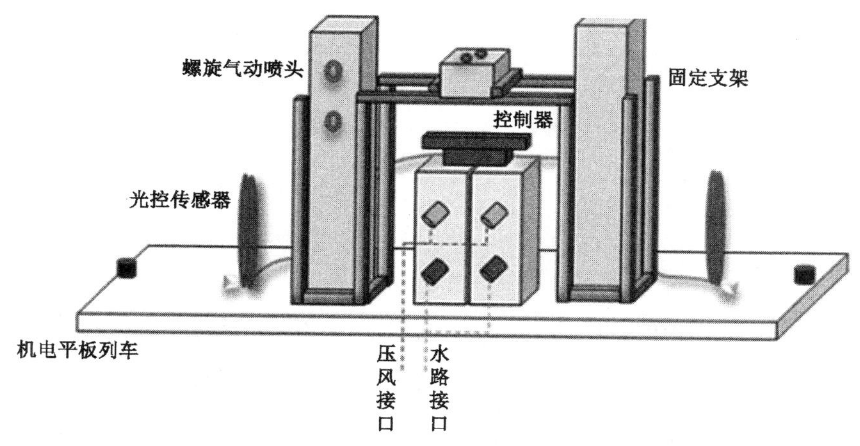

图 6-23　随变电列车移动式超音速全断面螺旋气动控尘雾幕系统

气水分配多功能控制箱构成如图 6-24 所示。

箱体内主要包括防爆型电控球阀、减压阀、手动阀门、浮球控制阀门、沉淀水箱、气水流量分配区、可配备显示仪表等。雾化供压主要通过限流阀门调节，通过气压流量大小控制喷雾雾量，不需要额外控制水路，水量完全受到气压节制，保证最佳喷雾效果。控制箱内气路为透明管路，水路为橙色管路，分别经平包塑黑胶软管与螺旋喷雾喷头气水接头相连，其中供压阀门在喷雾运行时必须保证开启。

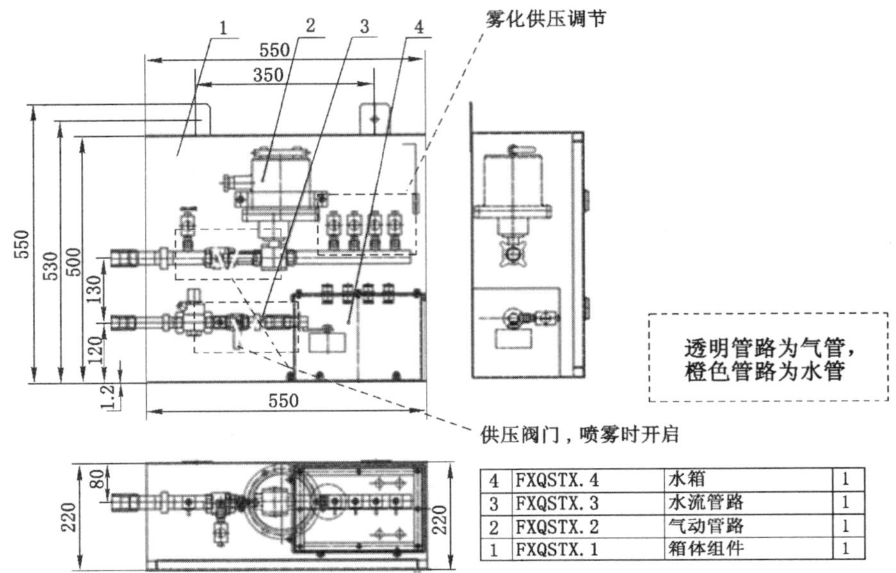

4	FXQSTX.4	水箱	1
3	FXQSTX.3	水流管路	1
2	FXQSTX.2	气动管路	1
1	FXQSTX.1	箱体组件	1

图 6-24　螺旋气动控尘雾幕系统气水分配多功能控制箱内部构成示意图

（3）控尘雾幕治理效果

下风侧和上风侧喷雾效果如图 6-25 和图 6-26 所示。

图 6-25　随变电列车移动式全断面螺旋气动控尘雾幕治理效果（下风侧）

图 6-26　随变电列车移动式全断面螺旋气动控尘雾幕治理效果(上风侧)

如图所示，在矿灯光照下，微米级细雾清晰可见，细雾将巷道右侧断面全覆盖，与之对称，巷道左侧，无矿灯穿透照射，实际气雾与右侧相同，在下风侧相片中，全巷道被微米级气雾覆盖，但不影响工人视线，且地面无任何积水。

经测量该系统处于断面风速 1～1.6 m/s 范围内，实现全断面喷雾，气雾必须在 1.5 m/s 横向风流下穿透风阻达到巷道壁面。可见系统的雾化效果和横风中抗干扰性能。另外，系统实际耗水量极低，全系统每分钟耗水量 300 ml，耗气量 480 L/min。

经粉尘采样器采样测量，全断面螺旋气动雾幕前 10 m 处气流含呼吸性煤尘浓度为 31.75 mg/m^3，断面后 10 m 处气流含尘浓度为 4.31 mg/m^3，降尘效率达到 84.43%，符合设计要求。

参考文献

[1] World Health Organization.9 out of 10 people worldwide breathe polluted air, but more countries are taking action[EB/OL].(2018-05-02)[2019-11-23]. https://www. who. int/news/item/02-05-2018-9-out-of-10-people-worldwide-breathe-polluted-air-but-more-countries-are-taking-action.

[2] 金龙哲.我国作业场所粉尘职业危害现状与对策分析[J].安全,2020,41(1):1-6.

[3] 国家卫生健康委办公厅.国家卫生健康委办公厅关于在矿山、冶金、化工等行业领域开展尘毒危害专项治理工作的通知:国卫办职健函〔2019〕406 号[A/OL].(2019-04-28)[2019-05-13]. http://www. scio. gov. cn/32344/32345/39620/40413/xgzc40419/Document/1654215/1654215. htm? from=timeline.

[4] 国家卫生健康委办公厅.国家卫生健康委办公厅关于开展尘毒危害专项执法工作的通知:国卫办监督函〔2019〕544 号[A/OL].(2019-06-10)[2019-06-10].http://www.hzldzy.com/detail-4816.html.

[5] MAERTENS R M,GAGNÉ R W,DOUGLAS G R,et al.Mutagenic and carcinogenic hazards of settled house dust II: salmonella mmutagenicity [J].Environmental science & technology,2008,42(5):1754-1760.

[6] JANG M, KAMENS R M. A predictive model for adsorptive gas partitioning of SOCs on fine atmospheric inorganic dust particles[J]. Environmental science & technology,1999,33(11):1825-1831.

[7] 李振.典型燃煤电厂烟气系统中 $PM_{2.5}$ 变化规律及排放特征研究[D].北京:清华大学,2017.

[8] LI Z,JIANG J K,MA Z Z,et al.Influence of flue gas desulfurization (FGD) installations on emission characteristics of $PM_{2.5}$ from coal-fired power plants equipped with selective catalytic reduction (SCR)[J].Environmental

pollution,2017,230:655-662.

[9] TIAN S H,LIANG T,LI K X.Fine road dust contamination in a mining area presents a likely air pollution hotspot and threat to human health[J]. Environment international,2019,128:201-209.

[10] 新华社.中共中央关于制定国民经济和社会发展第十四个五年规划和二〇三五年远景目标的建议[EB/OL].(2020-10-29)[2020-11-03].http://www.gov.cn/zhengce/2020-11/03/content_5556991.htm.

[11] 胡建林,赵禹来,刘剑,等.海拔和湿度对电机定子绕组相间绝缘起晕电压的影响及校正试验研究[J].中国电机工程学报,2020,40(22):7460-7469.

[12] WANG P F,TAN X H,CHENG W M,et al.Dust removal efficiency of high pressure atomization in underground coal mine[J]. International journal of mining science and technology,2018,28(4):685-690.

[13] HUANG L B,ZHAO Y,LI H,et al.Kinetics of heterogeneous reaction of sulfur dioxide on authentic mineral dust:effects of relative humidity and hydrogen peroxide[J]. Environmental science & technology, 2015, 49(18): 10797-10805.

[14] PARK J,HAM S,JANG M,et al.Spatial-temporal dispersion of atomizationized nanoparticles during the use of consumer spray products and estimates of inhalation exposure[J].Environmental science & technology, 2017,51(13):7624-7638.

[15] YANG S B,NIE W,LV S,et al.Effects of spraying pressure and installation angle of nozzles on atomization characteristics of external spraying system at a fully-mechanized mining face[J].Powder technology,2019, 343:754-764.

[16] SINHA A,BALASUBRAMANIAN S,GOPALAKRISHNAN S.A numerical study on dynamics of spray jets[J]. Sadhana, 2015, 40(3): 787-802.

[17] 李孔清,龚光彩.悬浮颗粒数值研究进展综述[C]//陈贻谅,杨爱丽.第十二届全国暖通空调技术信息网大会文集.北京:中国建材工业出版社,2003: 55-62.

[18] COURTNEY W G,CHENG L,DIVERS E F.Deposition of respirable coal dust in an airway[R].[S.l.:s.n.],1986:1-18.

[19] COLINET J F, RIDER J P, LISTAK J M, et al. Best practices for dust control in coal mining[R]. Washington: NIOSH, 2010.

[20] ELPERIN T, KLEEORIN N, L'VOV V S, et al. The clustering instability of inertial particles spatial distribution in turbulent flows[EB/OL]. (2002-04-12)[2020-11-12]. https://arxiv.org/abs/nlin/0204022. DOI: 10.1103/PhysRevE.66.036302.

[21] 王阳洋.重心有理插值在微分方程中的应用[D].长沙:中南大学,2012.

[22] 任玉新,陈海昕.计算流体力学基础[M].北京:清华大学出版社,2006.

[23] VAINSHTEIN P B, YARIN A L. Multiphase fluid dynamics: by S.L. Soo. Science Press/Gower Technical, Beijing/Sydney (1990) [J]. International journal of multiphase flow, 1992, 18(1): 157-158.

[24] BHASKAR R, RAMANI R V. Behavior of dust clouds inmine airways[J]. Transactions of the American Institute of Mining, Metallurgical, and Petroleum, Engineers, Society, 1986, 20(pt A): 2051-2059.

[25] CANTERO M I, GARCÍA M H, BALACHANDAR S. Effect of particle inertia on the dynamics of depositional particulate density currents[J]. Computers & geosciences, 2008, 34(10): 1307-1318.

[26] 李恩良,王秉权.井巷污染物横向紊流扩散系数的研究[J].东北工学院学报,1986(1):91-96.

[27] 李恩良,王秉权,王振诚.井巷紊流扩散与弥散的实验研究[J].东北工学院学报,1986(2):38-43.

[28] 杨胜来.综采工作面粉尘运移和粉尘浓度三维分布的数值模拟研究[J].中国安全科学学报,2001,11(4):61-64.

[29] 刘毅,蒋仲安,蔡卫,等.综采工作面粉尘运动规律的数值模拟[J].北京科技大学学报,2007,29(4):351-353,362.

[30] 葛少成,齐庆杰,邵良山.选煤厂毛煤仓仓顶粉尘析出机理与控制技术[J].辽宁工程技术大学学报,2007,26(3):325-327.

[31] 张大明,马云东.巷道内粉尘二次飞扬规律的数值模拟研究[J].能源环境保护,2010,24(2):10-12.

[32] 秦跃平,姜振军,张苗苗,等.综掘面粉尘运移规律模拟及实测对比[J].辽宁工程技术大学学报(自然科学版),2014,33(3):289-293.

[33] 胡方坤,陆新晓,王德明,等.基于 CFD 数值模拟分析综掘工作面粉尘迁移

规律研究[J].中国煤炭,2012,38(6):94-98,103.

[34] WEI N,JIANG Z G,TIAN D M.Numerical simulation of the factors influencing dust in drilling tunnels:Its application[J].Mining science and technology (China),2011,21(1):11-15.

[35] 尚建国,杨风玲,程芳琴.爆矿井下煤尘治理技术研究进展[J].科技情报开发与经济,2009,19(33):112-114.

[36] 温禄淳,刘邱祖.粒径对矿井粉尘表面润湿性影响的实验研究[J].中国粉体技术,2015,21(4):99-102.

[37] WANG Z G,LI S G,REN T,et al.Respirable dust pollution characteristics within an underground heading face driven with continuous miner:A CFD modelling approach[J].Journal of cleaner production,2019,217:267-283.

[38] 王洪胜,谭聪,蒋仲安,等.综放面多尘源粉尘分布规律数值模拟及实测[J].哈尔滨工业大学学报,2015,47(8):106-112.

[39] 杨静,刘丹丹,祝秀林,等.化学抑尘剂的研究进展[J].化学通报,2013,76(4):346-353.

[40] 谢宏,王凯.煤层注水防尘技术研究现状及发展趋势[J].华北科技学院学报,2015,12(6):10-13.

[41] 石发恩.多场耦合下的汇聚型空气幕射流理论与实验研究[D].天津:天津大学,2012.

[42] GRASSMUCK G. The dust control and ventilation services of the quebec metal mines accident prevention association[J]. Industrial medicine & surgery,1960,29:278-282.

[43] 王海宁.矿用空气幕理论及其应用研究[D].长沙:中南大学,2005.

[44] GUYONNAUD L,SOLLIEC C.Mass transfer analysis of an air curtain system[C]//RAHMAN M,COMINI G,BREBBIA C A.Advances in fluid mechanics Ⅱ.[S.l:s.n],1998:139-148.

[45] 刘荣华.综采工作面隔尘理论及应用研究[D].长沙:中南大学,2010.

[46] 徐竹云,王英敏.无风墙辅扇通风过程的分析[J].东北工学院学报,1989,10(5):519-526.

[47] 王海宁,吴超,古德生.多机并联增阻空气幕的现场应用[J].中南大学学报(自然科学版),2005,36(2):307-310.

[48] WANG P F,FENG T,LIU R H.Numerical simulation of dust distribution

at a fully mechanized face under the isolation effect of an air curtain[J]. Mining science and technology (China),2011,21(1):65-69.

[49] LIU Q,NIE W,HUA Y,et al.Research on tunnel ventilation systems: dust diffusion and pollution behaviour by air curtains based on CFD technology and field measurement[J].Building and environment,2019,147: 444-460.

[50] 牛全振.矿用风水雾化降尘装置设计及其流场仿真研究[D].太原:太原理工大学,2008.

[51] 徐立成,孙和平.微细水雾捕尘理论与应用[J].通风除尘,1996(4):16-18.

[52] CHEN D W,NIE W,CAI P,et al.The diffusion of dust in a fully-mechanized mining face with a mining height of 7 m and the application of wet dust-collecting nets[J].Journal of cleaner production,2018,205:463-476.

[53] STERLING A M,SLEICHER C A.The instability of capillary jets[J]. Journal of fluid mechanics,1975,68(3):477-495.

[54] HAGERTY W W,SHEA J F.A study of the stability of plane fluid sheets [J].Journal of applied mechanics,1955,22(4):509-514.

[55] AN S M,LEE S Y.Maximum spreading of a shear-thinning liquid drop impacting on dry solid surfaces[J]. Experimental thermal and fluid science,2012,38:140-148.

[56] WANG H T,DU Y H,WEI X B,et al.An experimental comparison of the spray performance of typical water-based dust reduction media[J].Powder technology,2019,345:580-588.

[57] MEZHERICHER M,LEVY A,BORDE I.Probabilistic hard-sphere model of binary particle-particle interactions in multiphase flow of spray dryers [J].International journal of multiphase flow,2012,43:22-38.

[58] SWANSON J G,AGASTY A,LANGEFELD O.Wetting the coal face for dust control in longwall mining at high ventilation air speeds[C]//2012 SME Annual Meeting and Exhibit,February 19-22,2012.Seattle,Washington,USA.[S.l:s.n],2012:536-540.

[59] ARYA S, SOTTILE J, NOVAK T. Development of a flooded-bed scrubber for removing coal dust at a longwall mining section[J].Safety science,2018,110:204-213.

[60] 张延松.高压喷雾及其在煤矿井下粉尘防治中的应用[J].重庆环境科学,1994,16(6):32-36.

[61] 马素平,寇子明.喷雾降尘机理的研究[J].煤炭学报,2005,30(3):297-300.

[62] 张小艳.微细水雾除尘系统设计及试验研究[J].工业安全与环保,2001,27(8):1-4.

[63] 张明星,陈海焱,颜翠平,等.对喷流除尘性能影响因素的正交实验研究[J].热能动力工程,2006,21(5):500-504.

[64] 陈曦,葛少成.诱导气流对转载点雾化特性影响规律的数值模拟与试验[J].煤炭学报,2015,40(3):603-608.

[65] HAN F W, WANG D M, JIANG J X, et al. Modeling the influence of forced ventilation on the dispersion of droplets ejected from roadheader-mounted external sprayer[J]. International journal of mining science and technology, 2014, 24(1): 129-135.

[66] WANG H T, WU J L, DU Y H, et al. Investigation on the atomization characteristics of a solid-cone spray for dust reduction at low and medium pressures[J]. Advanced powder technology, 2019, 30(5): 903-910.

[67] ANDREWS M J, O'ROURKE P J. The multiphase particle-in-cell (MP-PIC) method for dense particulate flows[J]. International journal of multiphase flow, 1996, 22(2): 379-402.

[68] TORANO J, TORNO S, MENÉNDEZ M, et al. Auxiliary ventilation in mining roadways driven with roadheaders: Validated CFD modelling of dust behaviour[J]. Tunnelling and underground space technology, 2011, 26(1): 201-210.

[69] WASHINO K, TAN H S, SALMAN A D, et al. Direct numerical simulation of solid-liquid-gas three-phase flow: fluid-solid interaction[J]. Powder technology, 2011, 206(1/2): 161-169.

[70] SUTKAR V S, DEEN N G, PADDING J T, et al. A novel approach to determine wet restitution coefficients through a unified correlation and energy analysis[J]. AIChE journal, 2015, 61(3): 769-779.

[71] CHEN F Z, QIANG H F, ZHANG H, et al. A coupled SDPH-FVM method for gas-particle multiphase flow: methodology[J]. International journal for numerical methods in engineering, 2017, 109(1): 73-101.

[72] ZHANG G B,ZHOU G,ZHANG L C,et al.Numerical simulation and engineering application of multistage atomization dustfall at a fully mechanized excavation face[J].Tunnelling and underground space technology,2020,104:103540-1-13.

[73] FANG X M,YUAN L,JIANG B Y,et al.Effect of water-fog particle size on dust fall efficiency of mechanized excavation face in coal mines[J].Journal of cleaner production,2020,254:120146-1-9.

[74] SUN Z K,YANG L J,WU H,et al.Agglomeration and removal characteristics of fine particles from coal combustion under different turbulent flow fields[J].Journal of environmental sciences,2020,89:113-124.

[75] LI A G,CHEN X,GU C C,et al.Prediction of particle deposition in rectangular ventilation ducts[J].International journal of ventilation,2012,11(1):69-78.

[76] 葛少成,荆德吉,黄莹品.基于数值模拟的高压微雾除尘原理及其技术参数确定[J].辽宁工程技术大学学报(自然科学版),2012,31(1):17-20.

[77] 刘邱祖,寇子明,韩振南,等.基于格子 Boltzmann 方法的液滴沿固壁铺展动态过程模拟[J].物理学报,2013,62(23):252-258.

[78] ZHOU G,CHENG W M,ZHANG R,et al.Numerical simulation and disaster prevention for catastrophic fire airflow of main air-intake belt roadway in coal mine:A case study[J].Journal of central south university,2015,22(6):2359-2368.

[79] GENG F,LUO G,ZHOU F B,et al.Numerical investigation of dust dispersion in a coal roadway with hybrid ventilation system[J].Powder technology,2017,313:260-271.

[80] 王鹏飞,谭烜昊,刘荣华,等.出口直径对内混式空气雾化喷嘴雾化特性及降尘性能的影响[J].煤炭学报,2018,43(10):2823-2831.

[81] 孙其飞,邹常富,栾旭东,等.高压喷嘴雾化参数的实验研究[J].金属矿山,2018(8):164-168.

[82] 从晓春,赵建建,景洲,等.基于动态质量平衡的室内颗粒物沉降规律研究[J].中国环境科学,2018,38(4):1265-1273.

[83] 许圣东,李德文,陈芳.8 m 大采高综采工作面风流及呼吸尘分布规律数值模拟[J].煤矿安全,2018,49(12):160-163,168.

[84] 李刚,王运敏,金龙哲.移动式矿用湿式振弦旋流除尘器的机理分析及实验研究[J].金属矿山,2019(9):167-171.

[85] 蒋仲安,王亚朋,王九柱.高溜井卸矿气流诱导粉尘污染研究[J].湖南大学学报(自然科学版),2019,46(12):114-123.

[86] O'BRIEN N D.Development and evaluation of a liquid jet atomization and spray evolution simulation[D].Knoxville:The University of Tennessee,2000.

[87] LIU A B,REITZ R D.Mechanisms of air-assisted liquid atomization[J].Atomization and sprays,1993,3(1):55-75.

[88] 张安明,郭科社.高压喷雾降尘的原理及其应用[J].煤矿安全,1998(4):2-5.

[89] 杨志刚.掘进机机载喷雾技术改造及应用[J].水力采煤与管道运输,2011(4):70-71.

[90] 马超,曲广军,林建新.自动喷雾洒水消尘装置的实践[J].黑龙江科技信息,2012(17):61.

[91] 赵丽娟,田震,王野.采煤机外喷雾系统数值模拟研究[J].煤炭学报,2014,39(6):1172-1176.

[92] 周建平,王海舰.综采面采煤机喷雾降尘控制系统改进优化研究[J].机电工程,2015,32(2):211-214.

[93] HINZE J O.Fundamentals of the hydrodynamic mechanism of splitting in dispersion processes[J].AIChE Journal,1955,1(3):289-295.

[94] LEFEBVRE A H,WANG X F,MARTIN C A.Spray characteristics of aerated-liquid pressure atomizers[J].Journal of propulsion and power,1988,4(4):293-298.

[95] WADE R A,WEERTS J M,GORE J P,et al.Effervescent atomization at injection pressures in the MPa range[J].Atomization and sprays,1999,9(6):651-667.

[96] BUCKNER H N,SOJKA P E.Effervescent atomization of high-viscosity fluids:part Ⅰ.Newtonian liquids[J].Atomization and sprays,1991,1(3):239-252.

[97] CHEN S K,LEFEBVRE A H,ROLLBUHLER J.Influence of ambient air pressure on effervescent atomization[J].Journal of propulsion and power,1993,9(1):10-15.

[98] FAETH G M,HSIANG L P,WU P K.Structure and breakup properties

of sprays[J].International journal of multiphase flow,1995,21:99-127.

[99] BERTHOUMIEU P,CARENTZ H,VILLEDIEU P,et al.Contribution to droplet breakup analysis[J].International journal of heat and fluid flow,1999,20(5):492-498.

[100] KIM D,DESJARDINS O,HERRMANN M,et al. Toward two-phase simulation of the primary breakup of a round liquid jet by a coaxial flow of gas[J].Center for turbulence research annual research briefs,2006,1:185-195.

[101] TOMAR G,FUSTER D,ZALESKI S,et al. Multiscale simulations of primary atomization[J].Computers & fluids,2010,39(10):1864-1874.

[102] 顾善建,黄勇,杨茂林,等.内混式气动喷嘴的雾化特性研究[J].航空动力学报,1993,8(4):412-414,422.

[103] 刘联胜,傅茂林,吴晋湘,等.气泡雾化喷嘴喷雾平均直径在下游流场中的分布[J].工程热物理学报,2001,22(5):653-656.

[104] 秦军,陈谋志,李伟锋,等.双通道气流式喷嘴加压雾化的实验研究[J].燃烧科学与技术,2005,11(4):384-387.

[105] 龚景松,傅维镳.旋转型气-液雾化喷嘴的雾化特性研究[J].热能动力工程,2006,21(6):632-634,639,659.

[106] 高春景,韩国跃.气力式喷嘴加压雾化性能研究[J].科技信息,2010(32):757,759.

[107] 张永良.离心喷嘴雾化特性实验研究和数值模拟[D].北京:中国科学院大学,2013.

[108] 李振祥,郭志辉,车俊龙,等.一种强剪切空气雾化喷嘴的流场和喷雾[J].航空动力学报,2014,29(11):2704-2709.

[109] 桂哲,刘荣华,王鹏飞,等.供水压强对气水喷雾雾化粒度的影响[J].矿业工程研究,2016,31(3):21-25.

[110] 陈卓如,金朝铭,王洪杰,等.工程流体力学[M].2版.北京:高等教育出版社,2004.

[111] 蔡卫,蒋仲安,刘毅.综采工作面喷雾降尘中相似准则数的探讨[J].煤炭学报,2005,30(2):151-154.

[112] 陈谟.论相似准则、风洞尺寸与数据精、准度与关系[J].宇航学报,1997,18(1):40-46.

[113] NIE W, LIU Y H, WANG H, et al. The development and testing of a novel external-spraying injection dedusting device for the heading machine in a fully-mechanized excavation face[J]. Process safety and environmental protection, 2017, 109: 716-731.

[114] 曹建明,马忠义.喷雾中液滴破裂机理的研究[J].车用发动机,1997(4):11-14.

[115] RHIM D R, FARRELL P V. Characteristics of air flow surrounding non-evaporating transient diesel sprays[C]//2000 International Fall Fuels and Lubricants Meeting and Exposition, October 16-19, 2000, Baltimore, MD. New York: SAE International, 2000: 1916-1932.

[116] CAO Z M, NISHINO K, MIZUNO S, et al. PIV measurement of internal structure of diesel fuel spray[J]. Experiments in fluids, 2000, 29(1): 211-219.

[117] 蒋斌,王子云,付祥钊,等.内混式扇形空气雾化喷嘴参数研究[J].化工进展,2011,30(2):269-274.

[118] ESPEY C, DEC J E, LITZINGER T A, et al. Planar laser rayleigh scattering for quantitative vapor-fuel imaging in a diesel jet[J]. Combustion and flame, 1997, 109(1/2): 65-86.

[119] 刘静.超声速气流中横向燃油喷雾的数值模拟和实验研究[D].北京:北京航空航天大学,2010.

[120] KUAN-YUN K K, RAGINI A. Fundamentals of turbulent and multiphase combustion[M]. [S.l.]: John Wiley & Sons, 2012.

[121] PATTERSON M A, REITZ R D. Modeling the effects of fuel spray characteristics on diesel engine combustion and emission[J]. SAE transactions, 1998, 106(3): 27-43.

[122] 刘日超,乐嘉陵,杨顺华,等.KH-RT 模型在横向来流作用下射流雾化过程的应用[J].推进技术,2017,38(7):1595-1602.

[123] 金仁瀚,刘勇,朱冬清,等.连续均匀气流中单液滴破碎特性试验[J].推进技术,2016,37(2):273-280.

[124] CHEN J J, ZHENG J J, ZHENG Y, et al. Tetrahedral mesh improvement by shell transformation[J]. Engineering with computers, 2017, 33(3): 393-414.

[125] 李东印,许灿荣,熊祖强.采煤工作面瓦斯流动模型及 COMSOL 数值解算[J].煤炭学报,2012,37(6):967-971.

[126] WILCOX D C. Reassessment of the scale-determining equation for advanced turbulence models[J].AIAA journal,1988,26(11):1299-1310.

[127] SHILLER L, NAUMANN A. A drag coefficient correlation [J]. Zeitschrift des vereines deutscher ingenieure,1935,77:318-320.

[128] 王立锋,滕爱萍,叶文华,等.超声速流体 Kelvin-Helmholtz 不稳定性速度梯度效应研究[J].物理学报,2009,58(12):8426-8431.

[129] TROITSKAYA Y,KANDAUROV A,ERMAKOVA O,et al.The “bag breakup” spume droplet generation mechanism at high winds.Part Ⅰ: spray generation function[J].Journal of physical oceanography,2018,48(9):2168-2188.

[130] 孟凡英.流体力学与流体机械[M].修订本.北京:煤炭工业出版社,2011.

[131] SQUIRE H B.Investigation of the instability of a moving liquid film[J]. British journal of applied physics,1953,4(6):167-169.

[132] HAGERTY W W,SHEA J F.A study of the stability of plane fluid sheets[J].Journal of applied mechanics,1955,22(4):509-514.

[133] FRASER R P, EISENKLAM P, DOMBROWSKI N, et al. Drop formation from rapidly moving liquid sheets[J].AIChE journal,1962,8(5):672-680.

[134] DOMBROWSKI N,FRASER R P.A photographic investigation into the disintegration of liquid sheets[J].Philosophical transactions of the royal society of London Series A,mathematical and physical sciences,1954,247(924):101-130.

[135] REITZ R D,BRACCO F B.On the dependence of spray angle and other spray parameters on nozzle design and operating conditions [C]//SAE Technical Paper Series. 400 Commonwealth Drive, Warrendale, PA, United States:SAE International,1979:790494-1-24.

[136] HIROYASU H, ARAI M.Structures of fuel sprays in diesel engines [C]//SAE Technical Paper Series.400 Commonwealth Drive,Warrendale,PA,United States:SAE International,1990:1050-1061.

[137] NABER J D,SIEBERS D L.Effects of Gas Density and Vaporization on

Penetration and Dispersion of Diesel Sprays [C]//SAE Technical Paper Series.400 Commonwealth Drive, Warrendale, PA, United States: SAE International, 1996:82-111.

[138] NAGULIN K Y, GIL'MUTDINOV A K, HERMANN G. Dynamics of the spatial distribution of atomic and molecular absorbing layers in the electrothermal vaporization and electrostatic precipitation of an analyte in anatomizer[J].Journal of analytical chemistry, 2003, 58(1):55-60.

[139] RAKOPOULOS C D, RAKOPOULOS D C, GIAKOUMIS E G, et al. Validation and sensitivity analysis of a two zone diesel engine model for combustion and emissions prediction[J]. Energy conversion and management, 2004, 45(9/10):1471-1495.

[140] 秦承森，王裴，张凤国. 可压缩流体的 Rayleigh-Taylor 和 Kelvin-Helmholtz 不稳定性[J].力学学报，2004，36(6):655-663.

[141] 刘日超，乐嘉陵，杨顺华，等.KH-RT 模型在横向来流作用下射流雾化过程的应用[J].推进技术，2017，38(7):1595-1602.

[142] LEE T H, HONG S J. Microstructure and mechanical properties of Al-Si-X alloys fabricated by gas atomization and extrusion process[J]. Journal of alloys and compounds, 2009, 487(1/2):218-224.

[143] 荆德吉，葛少成，刘剑.基于欧拉-欧拉模型的落煤塔控尘技术研究[J].中国安全科学学报，2012，22(10):126-132.

[144] MILOVAN P.A finite volume method for the prediction of three-dimensional fluid flow in complex ducts [D].London: Imperial College, 1985.

[145] PLANCHE M P, KHATIM O, DEMBINSKI L, et al. Velocities of copper droplets in the De Laval atomization process[J]. Powder technology, 2012, 229:191-198.

[146] 陶文铨.计算传热学的近代进展[M].北京：科学出版社，2000.

[147] 阎超.计算流体力学方法及应用[M].北京：北京航空航天大学出版社，2006.

[148] NAKAMURA S, SPRADLING M L, FRADL D P, et al. A grid generating system for automobile aerodynamic analysis [C]//SAE Technical Paper Series. 400 Commonwealth Drive, Warrendale, PA, United States: SAE International, 1991:910598-1-11.

[149] 徐景德,周心权.通风除尘和风流速度关系的试验研究[J].矿业安全与环保,1999,(4):21-22,37.

[150] 李战军,郑炳旭.尘粒起动机理的初步研究[J].爆破,2003,20(4):17-19,23.

[151] 杨伦,谢一华.气力输送工程[M].北京:机械工业出版社,2006.

[152] 塞恩菲尔德.空气污染:物理和化学基础[M].北京:科学出版社,1986.

[153] 刘洪涛.气固两相流中微细颗粒沉积与扩散特性的数值研究[D].重庆:重庆大学,2010.

[154] CAI P,NIE W,CHEN D W,et al.Effect of air flowrate on pollutant dispersion pattern of coal dust particles at fully mechanized mining face based on numerical simulation[J].Fuel,2019,239:623-635.

[155] 马云东,罗根华,郭昭华.转载点粉尘颗粒扩散运动规律的数值模拟[J].安全与环境学报,2006,6(2):16-18.

[156] 曾卓雄,胡春波,姜培正,等.密相、湍流、可压、气固两相流理论及在管道中的应用[J].空气动力学学报,2001,19(1):109-118.